新装版 好きになる数学入門　2 図形を考える —— 幾何

新装版

好きになる数学入門

宇沢弘文 著

2

図形を考える
―― 幾何

岩波書店

本シリーズは『好きになる数学入門』シリーズ全6巻(初版1998〜2001年)の判型を変更し，新装版として再刊したものです．

はしがき

　『好きになる数学入門』（全6巻）は中学1年，2年から高校の高学年のみなさんを念頭に入れながら，数学の考え方をできるだけやさしく解説したものです．算数のごく初歩的な知識だけを前提として，一歩一歩ていねいに説明してありますので，社会に出た大人の人も理解できるのではないかと思っています．
　この『好きになる数学入門』は，みなさんが数学の考え方をたんに知識として理解するだけでなく，数学の考え方を使っていろいろな問題をじっさいに解いたり，また必要に応じて新しい考え方を自分でつくり出せるようになることを目的として書きました．その内容も，数学の考え方を体系的に説明するのではなく，いろいろな数学の問題をどのような考え方を使って解くかということが中心となっています．みなさんの一人一人ができるだけ数多くの問題をじっさいに自分で解くことを通じて，数学の考え方を身につけることができるように配慮してあります．

　数学を学ぶプロセスは言葉を身につけるのと同じです．母親は生まれたばかりの赤ちゃんに対して絶えず話しかけます．赤ちゃんが母親の言葉を理解できないのはわかっていますが，母親はそれでも，赤ちゃんがおもしろいと思い，興味をもてそうなテーマをえらんで，愛情をもって絶えず話しかけるわけです．赤ちゃんもそれに応えて，できるだけ母親の言葉を理解しようとし，また不完全ながら自分で話すことを練習し，努力を積み重ねて，やがて完全な言葉を身につけてゆきます．数学を学ぶプロセスもまったく同じです．この『好きになる数学入門』も，みなさんがおもしろいと思い，興味をもつことができそうな問題をできるだけ数多くえらんで，いろいろな数学の考え方を説明すると同時に，みなさんが自分でじっさいに問題を解くことを通じて，「数学」という言葉を身につけることができるようにという意図をもって書きました．

数学は言葉とならんで，人間が人間であることをもっとも鮮明にあらわすものです．しかも文学や音楽と同じように，毎日毎日の努力を積み重ねてはじめて身につけることができます．この点，数学は山登りと同じ面をもっています．山登りは自分のペースに合わせて，ゆっくり，あせらず，一歩一歩確実に登ってゆくと，気がついたときには信じられないほど高いところまで来ていて，すばらしい展望がひらけています．数学も，決してあせらず，一歩一歩確実に学んでゆくと，とてもむずかしくて，理解できないと思っていた問題もすらすら解けるようになります．この『好きになる数学入門』の最終巻の最後の章では，太陽と惑星の運動にかんするケプラーの法則からニュートンの万有引力の法則を導き出すという有名な命題を証明します．この命題から輝かしい近代科学が生まれたわけですが，その証明はたいへんむずかしく，ニュートンの天才的頭脳をもってしてはじめて可能になったものです．しかし，このシリーズをていねいに一歩一歩確実に学んでゆけば，ニュートンの命題の証明もかんたんに理解できるようになります．

　『好きになる数学入門』はつぎの6巻から構成されています．
　　1　方程式を解く——代数
　　2　図形を考える——幾何
　　3　代数で幾何を解く——解析幾何
　　4　図形を変換する——線形代数
　　5　関数をしらべる——微分法
　　6　微分法を応用する——解析

　各巻のタイトルからわかると思いますが，内容的にはかなりむずかしい，高度な数学が取り上げられています．なかには，大学ではじめて学ぶ数学も少なくありません．しかし，上に述べたように，中学1,2年のみなさんはもちろん，社会に出た人にもわかるように書いてあります．また，むずかしいと思うところは自由に飛ばしてさきに進んでも大丈夫なようになっています．とくにむずかしいと思われる箇所には☆印がつけてありますので，あとになってから好きなときに読めばよいようになっています．

問題がついている章がありますが，問題の性格はかならずしも統一されていません．比較的かんたんな問題と非常にむずかしい問題とがまざっています．なかには，本文でお話ししようと思いながら，お話しできなかった考え方を使わなければ解けない問題もあり，全体としてむずかしすぎる問題が多くなってしまって申し訳ないと思っています．すべての問題にくわしい解答がついていますので，むずかしいと思ったら遠慮せずに解答をみてください．

　なお，みなさんのなかには，大学受験のことを気にしている人もいると思いますが，この『好きになる数学入門』を理解すれば，大学の入学試験に出てくる程度の問題はらくらく解くことができます．数学はちょっとだけ高度の数学の考え方を身につけるとむずかしい問題もかんたんに解けるようになるからです．

　この『好きになる数学入門』は，さきに岩波書店から刊行していただいた『算数から数学へ』をもとにして，その内容をもっとくわしくして，さらに発展させたものです．とくに第1巻と第2巻は説明，問題ともに『算数から数学へ』と重複するところが少なくないことをあらかじめお断わりしておきたいと思います．

　『算数から数学へ』に述べたことのくり返しになって恐縮ですが，私は数学ほどおもしろいものはないと思っています．すこし見方を変えたり，これまでと違った考え方をとると，まったく新しい世界が開けてきて，不可能だとばかり思っていた問題がすらすら解けるようになったり，それまで気づかなかった大事なことに気づくようになったりします．しかも数学の世界は美しく，深山幽谷にあそんでいるような気分になります．数学の世界の幽玄さは音楽にたとえられることがよくあります．

　数学はまた，たいへん役にたつものです．数学が役にたつというと，みなさんは，計算をうまくして，もうけを大きくすることだと考えるかもしれませんが，それとはまったく違ったことを意味しています．数学の本質は，そのときどきの状況を冷静に判断し，しかも全体の大きな流れを見失うことなく，論理的に，理性的に考えを進めることにあります．数

学は，すべての科学の基礎であるだけでなく，私たち一人一人が人生をいかに生きるかについて大切な役割をはたすものだといってもよいと思います．

　この『好きになる数学入門』は，みなさんの一人一人がほんとうに数学を好きになってほしいという思いを込めて書いたものです．みなさんのなかから，このシリーズを読んで，数学を好きになり，さらにさきに進んで，数学の高い山々を目指す人が一人でも多く出ることを願って止みません．

　『好きになる数学入門』を書くにあたって，数多くの方々のご協力を得ることができました．とくに細田裕子さんには，図の作成から，問題の解答のチェックにいたるまでていねいにしていただきました．また，岩波書店の大塚信一，宮内久男，宮部信明，浅枝千種の方々には，このシリーズの企画から刊行にいたるまでのすべての段階でたいへんお世話になりました．これらの方々に心から感謝したいと思います．

　　1998年6月

　　　　　　　　　　　　　　　　　　　　宇 沢 弘 文

　『好きになる数学入門』を書くにあたって，数多くの書物，とくにつぎの書物を参照させていただきました．

　　ジュルジュ・イフラー『数字の歴史』(1981)，松原秀一・彌永昌吉監修，彌永みち代・丸山正義・後平隆訳，平凡社，1988
　　ヴァン・デル・ウァルデン『数学の黎明——オリエントからギリシアへ』(1950)，村田全・佐藤勝造訳，みすず書房，1984
　　フロリアン・カジョリ『数学史』(1913)，石井省吾訳註，津軽書房，1970〜74
　　カール・ボイヤー『数学の歴史』(1968)，加賀美鐵雄・浦野由有訳，朝倉書店，1983〜85

目　次

　　はしがき

第1章　三　角　形 ……………………………………… 1
　　1　三角形を考える ……………………………… 2
　　2　二等辺三角形 ………………………………… 8
　　3　三角形の中点をとる ………………………… 15
　　4　三角形の五心 ………………………………… 17
　　問　題 …………………………………………… 22

第2章　円 ………………………………………………… 27
　　1　円を考える …………………………………… 28
　　2　円と四角形 …………………………………… 34
　　問　題 …………………………………………… 40

第3章　ピタゴラスの定理 ……………………………… 47
　　1　ピタゴラスの定理 …………………………… 48
　　2　三角形の中線定理 …………………………… 51
　　3　ピタゴラス数 ………………………………… 52
　　問　題 …………………………………………… 55

第4章　相似と比例 ……………………………………… 57
　　1　相似と比例の考え方 ………………………… 58
　　2　相似と比例の例題 …………………………… 61
　　3　方ベキの定理☆ ……………………………… 64
　　4　相似の中心にかんする定理☆ ……………… 67
　　問　題 …………………………………………… 70

第5章　最大最小問題 …………………………………… 75
　　1　最短距離と直線 ……………………………… 76
　　2　面積を考える ………………………………… 80
　　3　最大面積を求める …………………………… 83
　　問　題 …………………………………………… 85

第6章 軌　跡 …………………………………… 87
1 軌跡の考え方 …………………………… 88
2 軌跡の例題 ……………………………… 90
3 アポロニウスの軌跡 …………………… 97
問　題 ……………………………………… 101

第7章 作　図 …………………………………… 107
1 作図の考え方 …………………………… 108
2 作図の例題 ……………………………… 112
3 正五角形の作図 ………………………… 118
問　題 ……………………………………… 122

第8章 アポロニウスの十大問題 ……………… 127
1 アポロニウスの十大問題(I) …………… 128
2 アポロニウスの十大問題(II)☆ ………… 130
問　題 ……………………………………… 135

第9章 ギリシアの数学 ………………………… 137

問題解答 …………………………………… 151

装画・カット／飯箸　薫

第1章
三角形

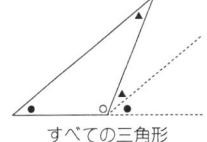 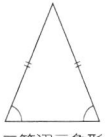 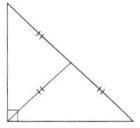
すべての三角形　　二等辺三角形　　直角三角形

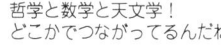

タレスの定理

　数学の歴史で最初に名前の出てくる数学者はタレスです．タレスはまた，ギリシアの7賢人の筆頭に位置づけられた人で，哲学の始祖ともいわれています．タレスの一生については，はっきりしたことはなにものこっていません．タレスが日蝕を予言して，人々をおどろかせたという有名な話が伝わっていますが，その日蝕が紀元前585年の日蝕で，タレスが40歳前後だったといわれています．また，タレスが亡くなったのは78歳のときだったことから，タレスの生まれた年と亡くなった年が推定されています．

　この章でお話しする三角形については，タレスの定理といわれる命題がいくつも出てきます．三角形の3つの内角の和は180°である，二等辺三角形の2つの等辺に対する角は等しい，直角三角形の斜辺の中点は3つの頂点から等しい距離にある，という命題は，いずれもタレスによるといわれています．

　この第2巻では，三角形にかんするタレスの定理にはじまって，ピタゴラス，アルキメデス，アポロニウスなどの偉大なギリシアの数学者たちがつくり出した幾何の考え方をできるだけわかりやすいようにお話ししたいと思います．

1

三角形を考える

三角形の内角の和は 180° である

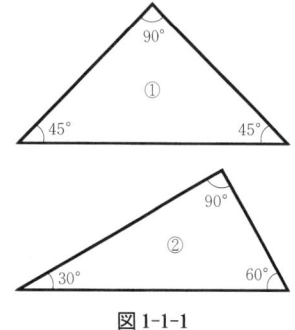

図 1-1-1

「任意の」とは自由に選んでよいという意味です．

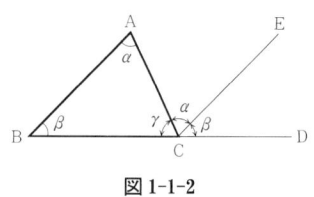

図 1-1-2

2ページの練習問題のヒント
(1) 四角形 □ABCD を 2 つの三角形 △ABC, △ACD に分けて考える． (2) 五角形 ABCDE を三角形 △ABC, 四角形 □ACDE に分けて考える．

三角定規には，2 つのタイプがありますが，どちらも 3 つの角を足し合わせると 180° になることはすぐわかると思います．これらの角は，正確には内角といいます．

じつは，どんな三角形をとってきても，3 つの角の和は 180° になります．このことはつぎのようにして証明することができます．

任意の三角形 △ABC を考えます．この三角形 △ABC の 3 つの角 ∠A, ∠B, ∠C の大きさをそれぞれ α, β, γ であらわします．

$$\alpha = \angle A, \quad \beta = \angle B, \quad \gamma = \angle C$$

左下の図で，CD は三角形 △ABC の辺 BC を延長した直線とし，CE は辺 BA と平行となるようにとります．この図からすぐわかるように

$$\alpha = \angle A = \angle ACE, \quad \beta = \angle B = \angle ECD$$
$$\alpha + \beta + \gamma = \angle ACE + \angle ECD + \angle ACB = \angle BCD = 180°$$

すなわち，つぎの定理が証明されたわけです．

定理 三角形 △ABC の 3 つの内角 ∠A, ∠B, ∠C の和は 180° となる．

$$\angle A + \angle B + \angle C = 180°$$

また，

$$\angle ACD = \angle A + \angle B$$

練習問題

(1) 四角形 □ABCD の 4 つの内角 ∠A, ∠B, ∠C, ∠D の和が 360° となることを証明しなさい：∠A + ∠B + ∠C + ∠D = 360°．

(2) 五角形 ABCDE の 5 つの内角 ∠A, ∠B, ∠C, ∠D, ∠E の和を計算しなさい．

2つの直線の交点

2つの直線 ℓ, m が交わるとき,その交点 O のまわりには,4つの角 $\alpha, \beta, \gamma, \delta$ ができます.

このとき,α と γ,あるいは β と δ を対頂角といいます.対頂角はお互いに等しくなります.

$$\alpha = \gamma, \quad \beta = \delta$$

証明　　$\alpha+\beta = \beta+\gamma = \gamma+\delta = \delta+\alpha = 180°$

$\alpha = 180°-\beta = \gamma, \quad \beta = 180°-\gamma = \delta$　　Q. E. D.

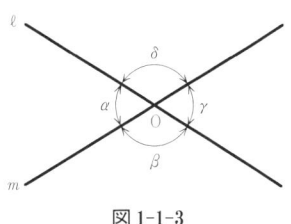

図 1-1-3

Q. E. D. は第1巻『方程式を解く―代数』にも出てきましたが,Quod erat demostrandum というラテン語の略です.文字どおり訳すと「そのことは証明せらるべきものなり」です.数学では,「証明終り」を意味する記号としてよく使われます.

練習問題　つぎの命題を証明しなさい.
(1) 点 O からはじまる4つの半直線 OA, OB, OC, OD の間の4つの角 $\alpha, \beta, \gamma, \delta$ について,$\alpha=\gamma$,$\beta=\delta$ という関係が成立すれば,AOC および BOD はそれぞれ直線となる.
(2) 点 O で交わる2つの直線 ℓ, ℓ' によってつくられる2つの角 α, β を二等分する2つの直線 m, m' の間の角は $90°$ となる.

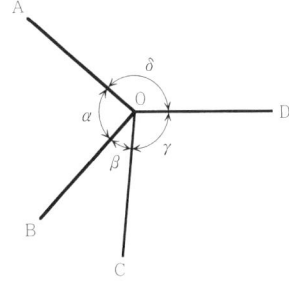

図 1-1-練習問題(1)

3ページの練習問題のヒント
(1) $\alpha+\beta = \gamma+\delta = \dfrac{1}{2} \times 360° = 180°$.

(2) $\angle mOm' = \dfrac{1}{2}\alpha + \dfrac{1}{2}\beta = \dfrac{1}{2}(\alpha+\beta) = \dfrac{1}{2} \times 180° = 90°$.

平行な2つの直線

2ページの定理の証明で,C を通って辺 BA に平行な直線 CE を引きました.2つの直線 ℓ, m がどこまでいっても交わらないとき,ℓ と m は平行だといい,$\ell \parallel m$ と書きます.

平行な2つの直線 ℓ, m が図 1-1-5 のようにもう1つの直線 n とそれぞれ A, A' で交わっているとき,2つの角 α, α' のような関係にある角を同位角といい,また α と γ' のような関係にある2つの角を錯角といいます.

2つの直線 ℓ, m が平行のとき,同位角や錯角はすべてお

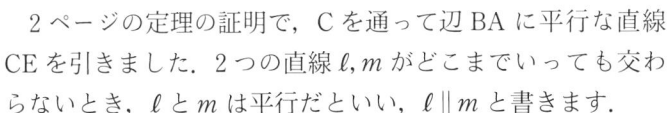

図 1-1-4

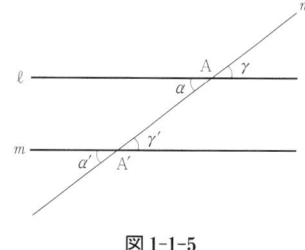

図 1-1-5

互いに等しくなります.
$$\alpha = \alpha' = \gamma = \gamma'$$

逆に，2つの直線 ℓ, ℓ' について，1組の同位角または錯角がお互いに等しいときには，ℓ, ℓ' は平行になります.

二等辺三角形

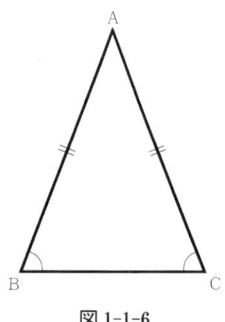

図 1-1-6

2つの辺 AB, AC の長さが等しくなるような三角形 △ABC を二等辺三角形といいます．このとき，等辺に対する角 ∠B, ∠C は等しくなります：
$$\overline{AB} = \overline{AC} \Rightarrow \angle B = \angle C$$

ここで，$\overline{AB}, \overline{AC}$ はそれぞれ辺 AB, AC の長さをあらわします．また，⇒ は「ならば」とよみます．

証明 辺 BC の中点 D をとって，頂点 A とむすぶ直線 AD を考えます.

2つの三角形 △ABD, △ACD の3辺はそれぞれ等しいことがわかります.

辺 AD は共通, $\overline{AB} = \overline{AC}$ （仮定によって），
$\overline{BD} = \overline{CD}$ （D は辺 BC の中点だから）

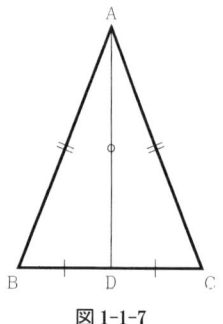

図 1-1-7

したがって，△ABD と △ACD は完全に一致し，∠B＝∠C となります．　　　　　　　　　　　　　　　Q. E. D.

以上の議論をまとめると，つぎの定理が証明されたわけです.

定理 三角形 △ABC について，2つの辺 AB, AC の長さが等しいとき，それぞれの辺に対する角 ∠B, ∠C が等しくなる．
$$\overline{AB} = \overline{AC} \Rightarrow \angle B = \angle C$$

二等辺三角形 △ABC について，$\overline{AB}=\overline{AC}$ のとき，∠A を頂角，BC を底辺といいます．

この定理を最初に発見したのは，古代ギリシアの大数学者タレスだったといわれています．このほかにも，タレスの定理とよばれるものが数多くありますが，ここでは，二等辺三角形にかんする定理をタレスの定理ということにします．

練習問題 つぎの命題を証明しなさい．

(1) 二等辺三角形 △ABC の頂角 ∠A を二等分する直線が底辺 BC と交わる点を D とすれば，D は辺 BC の中点となり，∠ADB＝∠ADC＝90°．
(2) 二等辺三角形 △ABC の 1 つの等辺 AC 上に点 D，底辺 BC 上に点 E を $\overline{DE}=\overline{DC}$ となるようにとれば，DE は AB と平行になる．

4 ページの練習問題のヒント
(1) △ABD, △ACD は AD を軸として折り返すと完全に一致する．(2) △DEC は二等辺三角形となり，∠DEC ＝ ∠DCE ＝ ∠ABC．

正三角形

3 つの辺が等しいような三角形 △ABC を正三角形といいます．
$$\overline{AB} = \overline{AC} = \overline{BC}$$
三角形 △ABC について，タレスの定理を使うと
$$\overline{AB} = \overline{AC} \Rightarrow \angle B = \angle C$$
$$\overline{AB} = \overline{BC} \Rightarrow \angle A = \angle C$$
したがって，
$$\angle A = \angle B = \angle C$$
三角形の内角の和は，∠A＋∠B＋∠C＝180° だから
$$\angle A = \angle B = \angle C = \frac{1}{3} \times 180° = 60°$$

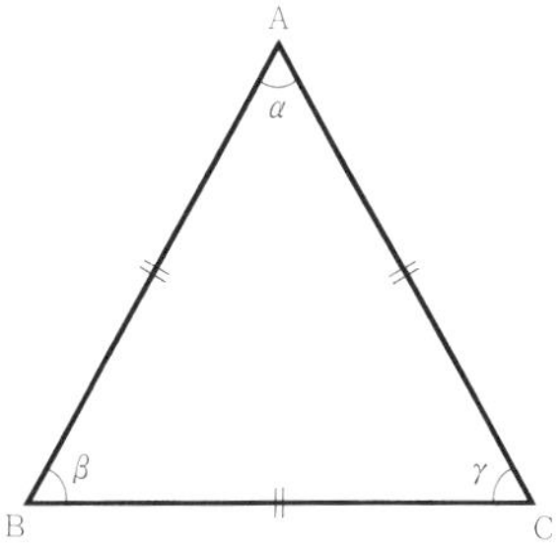

図 1-1-8

定理 正三角形 △ABC の 3 つの角 ∠A, ∠B, ∠C は等しく，60° である．
$$\overline{AB} = \overline{AC} = \overline{BC} \Rightarrow \angle A = \angle B = \angle C = 60°$$

三角形の合同

タレスの定理の証明で，2 つの三角形が合同となることを使いました．2 つの三角形 △ABC, △A'B'C' が合同であるというのは，△ABC を移動して △A'B'C' と完全に一致するようにできるときです．このとき，三角形 △ABC を裏返すことも許されます．三角形の合同を記号でつぎのようにあらわします：△ABC≡△A'B'C'．
つぎの条件のいずれか 1 つがみたされるとき，△ABC, △A'B'C' は合同になります．
（ⅰ） 3 辺の長さがそれぞれ等しいとき

だいじだね．

$$\overline{AB} = \overline{A'B'}, \quad \overline{BC} = \overline{B'C'}, \quad \overline{CA} = \overline{C'A'}$$

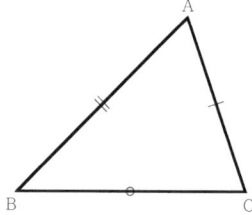

図 1-1-9

（ⅱ）1 辺とその両端の角が等しいとき
$$\overline{BC} = \overline{B'C'}, \quad \angle B = \angle B', \quad \angle C = \angle C'$$

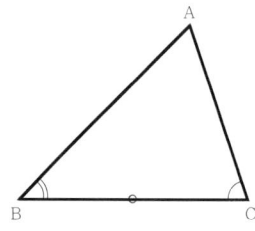 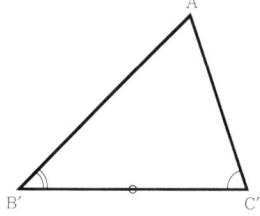

図 1-1-10

（ⅲ）2 辺とその間の角が等しいとき
$$\overline{AB} = \overline{A'B'}, \quad \overline{BC} = \overline{B'C'}, \quad \angle B = \angle B'$$

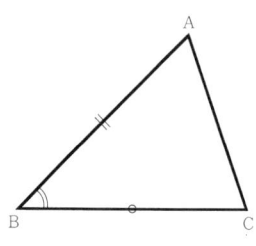 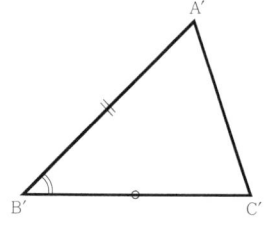

図 1-1-11

（ⅳ）1 角が直角で，斜辺ともう 1 辺がそれぞれ相等しいとき
$$\angle C = \angle C' = 90°, \quad \overline{AB} = \overline{A'B'}, \quad \overline{AC} = \overline{A'C'}$$

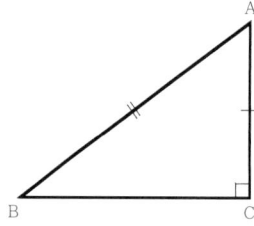 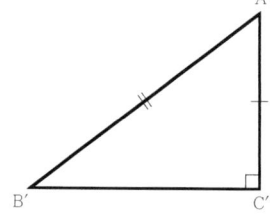

図 1-1-12

(iv)の場合は，2つの三角形 △ABC, △A'B'C' を背中合わせにしてならべてみると，図1-1-13のような形になります．二等辺三角形にかんするタレスの定理を使うと，△ABC, △A'B'C' が合同になることがわかります．

じつは，つぎの場合も考えられます．
(#) 2辺と1つの辺に対する角が相等しいとき
$$\overline{AB} = \overline{A'B'}, \quad \overline{AC} = \overline{A'C'}, \quad \angle B = \angle B'$$
しかし，この場合には，8ページの図1-1-14に示されているような可能性があります．

したがって，合同定理が成立するのは鈍角三角形の場合だけです．
(v) 鈍角三角形について，2辺と1つの角がお互いに等しいとき
$$\overline{AB} = \overline{A'B'}, \quad \overline{AC} = \overline{A'C'}, \quad \angle B = \angle B'$$

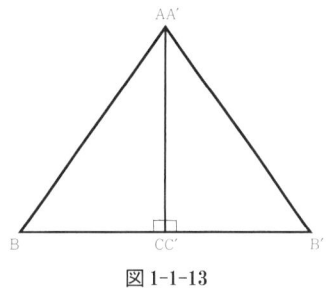

図1-1-13

鈍角は90°より大きく，180°より小さい角，鋭角は90°より小さい角です．鈍角をもつ三角形を鈍角三角形といいます．

この場合，対応する角が鈍角でなければなりません．

三角形の合同定理の証明

（ⅰ） 3辺の長さがそれぞれ等しいとき
証明 △ABCの辺BCと△A'B'C'の辺B'C'を重ね，頂点B＝B'，C＝C'を中心として，それぞれ半径 $\overline{A'B'}$, $\overline{A'C'}$ の円をえがきます．この2つの円の交点をP, Qとすれば，
$$\overline{PB} = \overline{A'B'} = \overline{AB}, \quad \overline{PC} = \overline{A'C'} = \overline{AC}$$
したがって，P＝A または Q＝A となります． Q. E. D.

［上の証明で，2つの円の交点が2つあることを使いました．2つの円の交点の数は0, 1, 2にかぎられます．このことは明らかですが，厳密にいうと証明を必要とします．のちほどその証明についてお話ししますが，みなさんも自分で考えてみてください．］

（ⅱ） 1辺とその両端の角が等しいとき
証明 △ABCの辺BCを△A'B'C'の辺B'C'に重ね，頂点B＝B'，C＝C'からそれぞれ ∠B＝∠B'，∠C＝∠C' の角をもつ直線を辺BC＝B'C'の同じ側に引けば，1点A＝A'で交わります． Q. E. D.

（ⅲ）　2辺とその間の角が等しいとき

証明　△ABCの辺BCを△A′B′C′の辺B′C′に重ね，頂点B=B′から∠B=∠B′の角をもつ直線を引けば，AとA′は一致します。　　　　　　　　　　　　　　　　　Q. E. D.

（ⅳ）　1角が直角で，斜辺ともう1辺がそれぞれ相等しいとき

証明　∠C=∠C′=90°，$\overline{AB}=\overline{A'B'}$，$\overline{AC}=\overline{A'C'}$とする。△A′B′C′を裏返して，その辺A′C′を△ABCの辺ACに重ねます。B，C=C′，B′の3点は一直線上にあり，△ABB′は二等辺三角形となり，∠B=∠B′。したがって，∠C=∠C′より∠A=∠A′となり，合同定理(ⅱ)を使えばよい。
　　　　　　　　　　　　　　　　　　　　　　　　　Q. E. D.

（ⅴ）　鈍角三角形について，2辺と1つの角がお互いに等しいとき

証明　∠C，∠C′が鈍角の場合，△ABCの辺ABと△A′B′C′の辺A′B′を重ねると，辺BCと辺B′C′は同じ直線上にあります。頂点A=A′を中心として，半径$\overline{AC}=\overline{A'C'}$の円をえがき，直線BCと交わる交点Pについて，∠APBが鈍角となるのは1点しかない。　　　　　　Q. E. D.

この図から，∠Cが鈍角という条件をはずすと，交点Pが2つあることがわかります．

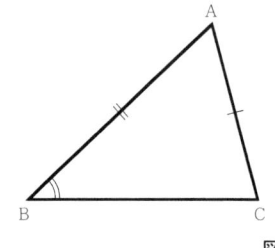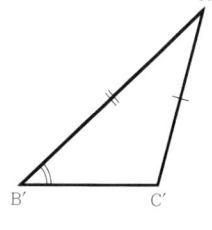

図1-1-14

幾何の問題の多くは三角形の合同を使って証明されます．

2

二等辺三角形

二等辺三角形にかんするタレスの定理の逆も成立します．

タレスの定理の逆

三角形 △ABC について，2 つの角 ∠B, ∠C が等しいとき，対辺 AB, AC の長さは等しくなる．すなわち
$$\angle B = \angle C \Rightarrow \overline{AB} = \overline{AC}$$

証明 頂点 A から辺 BC に下ろした垂線の足を D とすれば，2 つの三角形 △ABD, △ACD について，∠ABD = ∠ACD, ∠ADB = ∠ADC = 90° より ∠BAD = ∠CAD, 辺 AD は共通．したがって，△ABD, △ACD は合同となり，.
Q. E. D.

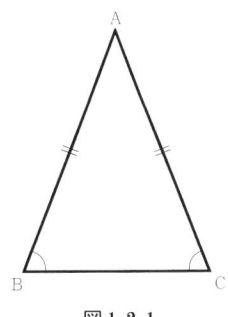

図 1-2-1

系 3 つの角 ∠A, ∠B, ∠C が等しい三角形 △ABC は正三角形となる．

「系」とは，定理からすぐ導かれる命題のことです．

練習問題 つぎの命題を証明しなさい．
(1) 2 辺 AB, AC が等しい二等辺三角形 △ABC の頂角 ∠A の二等分線は底辺 BC に対して垂直である．
(2) 三角形 △ABC の角 ∠A の二等分線が対辺 BC に対して垂直となっているとすれば，△ABC は二等辺三角形である．
(3) 2 辺 AB, AC が等しい二等辺三角形 △ABC の頂角 ∠A の二等分線が底辺 BC と交わる点 D は BC の中点となる．
(4) 三角形 △ABC の角 ∠A の二等分線が対辺 BC の中点 M を通るとすれば，△ABC は二等辺三角形となる．
(5) 2 辺 AB, AC が等しい二等辺三角形 △ABC の頂点 A から底辺 BC に下ろした垂線の足 D は BC の中点となる．
(6) 三角形 △ABC の頂点 A から対辺 BC に下ろした垂線の足 D が BC の中点となっているとすれば，△ABC は二等辺三角形である．

9 ページの練習問題のヒント
(1)〜(3) 2 つの三角形 △ABD, △ACD が合同となることを使う．(4) AM を M をこえて等しい長さだけ延長した点 K をとる．△ABM ≡ △KCM ⇒ ∠MKC = ∠MAB = ∠MAC ⇒ AC = KC = AB.
(5)〜(6) 2 つの三角形 △ABD, △ACD が合同となることを使う．

例題 1 二等辺三角形 △ABC の等辺 AB, AC に対する角 ∠B, ∠C を二等分する直線が AC, AB と交わる点をそれぞれ D, E とすれば，$\overline{BD} = \overline{CE}$．

証明 辺 BC は共通，∠B = ∠C, ∠BCE = ∠CBD ⇒ △BCE

$\equiv \triangle \text{CBD} \Rightarrow \overline{\text{BD}} = \overline{\text{CE}}.$ Q. E. D.

練習問題 つぎの命題を証明しなさい．
(1) 二等辺三角形 △ABC について，等辺 AB, AC に対する角 ∠B, ∠C の二等分線が交わる点を D とすれば，△DBC も二等辺三角形となる．
(2) 二等辺三角形 △ABC の等辺 AC, AB の中点を D, E とすれば，$\overline{\text{BD}} = \overline{\text{CE}}$．
(3) 二等辺三角形 △ABC の頂点 B, C から等辺 AC, AB に下ろした垂線の足をそれぞれ D, E とすれば，$\overline{\text{BD}} = \overline{\text{CE}}$，$\overline{\text{BE}} = \overline{\text{CD}}$ となる．
(4) 三角形 △ABC の頂点 B, C から対辺 AC, AB に下ろした垂線 BD, CE の長さが等しいとすれば，△ABC は二等辺三角形である．
(5) 三角形 △ABC の辺 BC の中点 M から 2 つの対辺 AB, AC に下ろした垂線の長さ MD, ME が等しいとすれば，△ABC は二等辺三角形である．

10 ページの練習問題（上）のヒント
(1) ∠DBC = $\frac{1}{2}$∠B, ∠DCB = $\frac{1}{2}$∠C ⇒ ∠DBC = ∠DCB ⇒ $\overline{\text{DB}} = \overline{\text{DC}}$．(2) BC は共通，$\overline{\text{CD}} = \frac{1}{2}\overline{\text{AC}} = \frac{1}{2}\overline{\text{AB}} = \overline{\text{BE}}$，∠DCB = ∠EBC ⇒ △DBC ≡ △ECB．(3) 2 つの直角三角形 △DBC, △ECB が合同となることを使う．(4) 2 つの三角形 △DBC, △ECB が合同となることを使う．(5) 2 つの三角形 △MDB, △MEC が合同となることを使う．

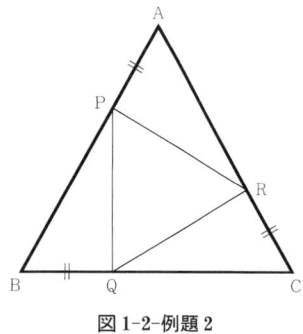

図 1-2-例題 2

例題 2 正三角形 △ABC の各辺 AB, BC, CA の上に $\overline{\text{AP}} = \overline{\text{BQ}} = \overline{\text{CR}}$ となるように P, Q, R をとれば，△PQR は正三角形となる．
証明 $\overline{\text{AP}} = \overline{\text{BQ}} = \overline{\text{CR}}$, $\overline{\text{AR}} = \overline{\text{BP}} = \overline{\text{CQ}}$，∠A = ∠B = ∠C ⇒ △APR ≡ △BQP ≡ △CRQ ⇒ $\overline{\text{RP}} = \overline{\text{PQ}} = \overline{\text{QR}}$． Q. E. D.

練習問題 つぎの命題を証明しなさい．
(1) 三角形 △ABC の各頂点 A, B, C から対辺 BC, CA, AB に下ろした垂線の足 D, E, F が各辺の中点となっていれば，△ABC は正三角形である．
(2) 三角形 △ABC の 2 つの角 ∠A, ∠B の二等分線が対辺 BC, CA と交わる点 D, E が各辺の中点となっていれば，△ABC は正三角形である．

10 ページの練習問題（下）のヒント
(1) △ABD, △ACD および △ABE, △CBE がそれぞれ合同となることを使う．(2) 9 ページの練習問題(4)を使う．

直角三角形

1 つの角の大きさが直角（90°）である三角形を，直角三角形といいます．

例題 3 ∠C を直角とする直角三角形 △ABC の斜辺 AB の中点を M とするとき，$\overline{MA}=\overline{MB}=\overline{MC}$ となり，△AMC，△BMC はともに二等辺三角形となる．

証明 A を通って辺 BC に平行な直線が CM の延長と交わる点を D とすれば $\overline{AM}=\overline{BM}$，∠DAM＝∠CBM，∠AMD＝∠BMC⇒△AMD≡△BMC⇒$\overline{AD}=\overline{BC}$．さらに AC は共通，∠ACB＝∠CAD($=90°$) より △ABC≡△CDA⇒$\overline{AB}=\overline{CD}$．

したがって，$\overline{MC}=\overline{MD}=\frac{1}{2}\overline{CD}=\frac{1}{2}\overline{AB}=\overline{MA}=\overline{MB}$ となり，△AMC，△BMC はともに二等辺三角形となる．　Q. E. D.

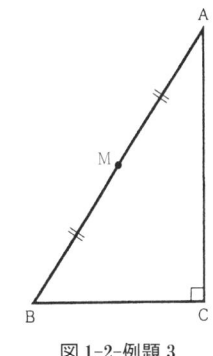

図 1-2-例題 3

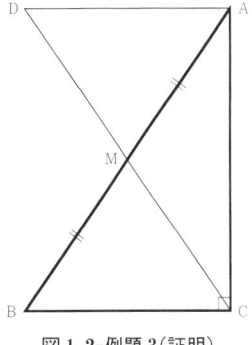

図 1-2-例題 3（証明）

練習問題 つぎの命題を証明しなさい．
(1) 三角形 △ABC の 1 辺 AB の中点を M とするとき，$\overline{MA}=\overline{MB}=\overline{MC}$ ならば，三角形 △ABC は ∠C が直角であるような直角三角形である．
(2) 2 つの平行な直線 ℓ,ℓ' の上にそれぞれ点 A, B がある．直線 AB と ℓ,ℓ' とのなす角 ∠A，∠B の二等分線を図のようにとり，その交点を C とすれば，△ABC は直角三角形となる．
(3) 点 O で交わる 2 つの直線 ℓ,ℓ' によってつくられた角の二等分線上にある任意の点 P から直線 ℓ,ℓ' に下ろした垂線 PA，PB の長さは等しい．
(4) 任意の点 P から点 O で交わる 2 つの直線 ℓ,ℓ' に下ろした垂線 PA，PB の長さが等しいとき，P は ∠AOB の二等分線上にある．

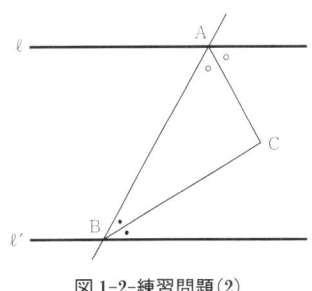

図 1-2-練習問題(2)

平行四辺形

角が 4 つあって，4 つの辺にかこまれた図形を四角形（四辺形）といいます．図 1-2-2 の □ABCD のように，2 組の相対する 2 辺がお互いに平行のとき，すなわち，AD∥BC，AB∥DC のとき，平行四辺形といいます．長方形は 4 つの角がすべて直角（$90°$）となるような平行四辺形です．

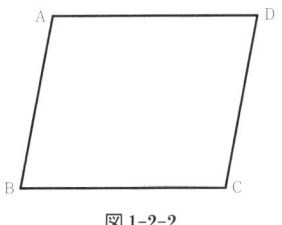

図 1-2-2

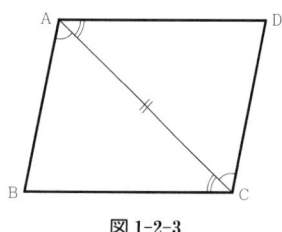

図 1-2-3

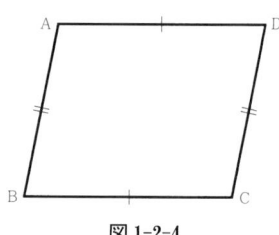

図 1-2-4

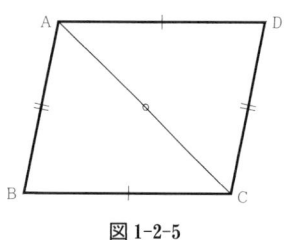

図 1-2-5

定理 平行四辺形 □ABCD の相対する 2 つの辺の長さは等しい.

$$AD \parallel BC, \ AB \parallel DC \ \Rightarrow \ \overline{AD} = \overline{BC}, \ \overline{AB} = \overline{DC}$$

証明
$$AD \parallel BC \ \Rightarrow \ \angle BCA = \angle DAC$$
$$AB \parallel DC \ \Rightarrow \ \angle BAC = \angle DCA$$

辺 AC は共通だから,

$$\triangle ABC \equiv \triangle CDA \ \Rightarrow \ \overline{AD} = \overline{BC}, \ \overline{AB} = \overline{DC} \quad Q.E.D.$$

定理 四角形 □ABCD について,相対する 2 辺の長さが等しいとき,四角形 □ABCD は平行四辺形となる.

$$\overline{AD} = \overline{BC}, \ \overline{AB} = \overline{DC} \ \Rightarrow \ AD \parallel BC, \ AB \parallel DC$$

証明 2 つの三角形 △ABC, △CDA について,AC は共通,$\overline{AB} = \overline{CD}, \ \overline{BC} = \overline{DA}$.

したがって,△ABC≡△CDA⇒∠BCA = ∠DAC, ∠BAC = ∠DCA となり,□ABCD は平行四辺形となります.

Q. E. D.

練習問題 つぎの命題を証明しなさい.

(1) 平行四辺形 □ABCD の 2 つの対角線の長さが等しいとき,□ABCD は長方形である.

(2) 四角形 □ABCD の 1 組の相対する 2 辺 AD, BC が平行で,その長さが等しいとき,□ABCD は平行四辺形である.

(3) 平行四辺形 □ABCD の 2 つの対角線 AC, BD の交点を O とすれば,O は対角線 AC, BD の中点となる.

(4) 四角形 □ABCD の 2 つの対角線 AC, BD の交点 O が対角線 AC, BD の中点となっていれば,四角形 □ABCD は平行四辺形である.

(5) 三角形 △ABC の 2 つの辺 AB, AC の上に正方形をつくり,それぞれの正方形の頂点 A に隣接する頂点を P, Q とすれば,$\overline{BQ} = \overline{CP}$.

11 ページの練習問題のヒント
(1) △AMC, △BMC は二等辺三角形となり,∠MBC = ∠MCB, ∠MAC = ∠MCA⇒∠C = ∠MCB+∠MCA = ∠A +∠B = 90°. (2) ∠A+∠B = 180°, ∠CAB+∠CBA = $\frac{1}{2}$(∠A+∠B) = 90° ⇒∠C = 90°. (3) ∠POA = ∠POB, ∠PAO = ∠PBO = 90°, PO は共通⇒ △POA ≡ △POB⇒$\overline{PA} = \overline{PB}$. (4) $\overline{PA} = \overline{PB}$, ∠PAO = ∠PBO = 90°, PO は共通⇒△POA ≡ △POB⇒∠POA = ∠POB.

三角形の辺の大小と角の大小

定理 三角形 △ABC の 2 つの辺について,大きい方の辺に対する角は小さい方の辺に対する角より大きい.すなわち,

$$\overline{AB} > \overline{AC} \Rightarrow \angle C > \angle B$$

証明 辺 AB の上に $\overline{AC'} = \overline{AC}$ となる点 C' をとれば，△AC'C は二等辺三角形となり，∠AC'C = ∠ACC' ⇒ ∠C > ∠ACC' = ∠AC'C = ∠B + ∠BCC' > ∠B. Q. E. D.

逆に，つぎの定理が成立します．

定理 三角形 △ABC の 2 つの辺について，大きい方の角に対する辺は小さい方の角に対する辺より長い．

$$\angle C > \angle B \Rightarrow \overline{AB} > \overline{AC}$$

証明 かりに $\overline{AB} < \overline{AC}$ とすれば，上の定理によって，∠B > ∠C となり，仮定に反します．また，かりに $\overline{AB} = \overline{AC}$ とすれば，∠B = ∠C となって，これも定理の仮定に反します．ゆえに，$\overline{AB} > \overline{AC}$ とならなければならない． Q. E. D.

定理 2 つの三角形 △ABC, △A'B'C' の 2 つの辺の長さがそれぞれ等しいとき，この 2 つの辺にはさまれる角の大小と対辺の長短は一致する．すなわち，$\overline{AB} = \overline{A'B'}$, $\overline{BC} = \overline{B'C'}$ のとき，∠B > ∠B' ⇔ $\overline{AC} > \overline{A'C'}$.

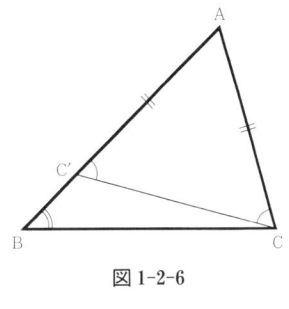

図 1-2-6

⇔ は，⇒ かつ ⇐ を意味します．

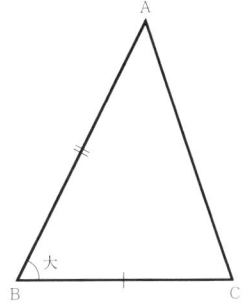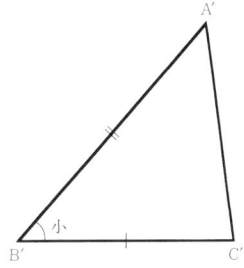

図 1-2-7

証明 ∠B > ∠B' の場合を考えます．△A'B'C' の辺 B'C' を △ABC の辺 BC に重ねると三角形 △BAA' は二等辺三角形となり

$$\angle BAA' = \angle BA'A$$
$$\angle CA'A > \angle BA'A = \angle BAA' > \angle CAA'$$

△CAA' に注目して，$\overline{AC} > \overline{A'C} = \overline{A'C'}$.

逆に，$\overline{AC} > \overline{A'C'}$ とします．もしかりに，∠B < ∠B' とすれば，$\overline{AC} < \overline{A'C'}$ となって矛盾します．また ∠B = ∠B' とすれば，$\overline{AC} = \overline{A'C'}$ となって矛盾します．ゆえに，∠B > ∠B' でなければならない． Q. E. D.

12 ページの練習問題のヒント
(1) 2 つの三角形 △ABC, △DCB が合同になることを使う． (2) 2 つの三角形 △ABD, △CDB が合同になることを使う． (3)〜(4) 2 つの三角形 △AOB, △COD が合同になることを使う． (5) 2 つの三角形 △PAC, △BAQ が合同になることを使う．

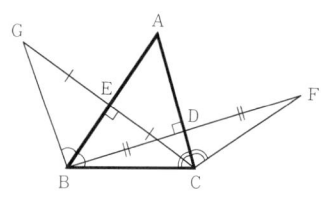

図 1-2-例題 4(証明)

例題 4 三角形 △ABC の 2 つの頂点 B, C から対辺 AC, AB に下ろした垂線の足を D, E とすれば,
$$\overline{AB} > \overline{AC} \Leftrightarrow \overline{BD} > \overline{CE}$$

証明 BD を D をこえて等しい長さだけ延長した点を F とすれば, △BCF は二等辺三角形となり, $\overline{BF} = 2\overline{BD}$, $\overline{CF} = \overline{BC}$, $\angle BCF = 2\angle ACB$.

CE を E をこえて等しい長さだけ延長した点を G とすれば, △CBG は二等辺三角形となり, $\overline{CG} = 2\overline{CE}$, $\overline{BG} = \overline{BC}$, $\angle CBG = 2\angle ABC$.

2 つの三角形 △BCF, △CBG を比較して
$$\overline{CF} = \overline{BC} = \overline{BG}$$
$$\angle BCF = 2\angle ACB, \quad \angle CBG = 2\angle ABC$$
ゆえに, $\overline{BD} > \overline{CE} \Leftrightarrow \overline{BF} > \overline{CG} \Leftrightarrow \angle BCF > \angle CBG \Leftrightarrow \angle ACB > \angle ABC \Leftrightarrow \overline{AB} > \overline{AC}$.　　　Q. E. D.

練習問題 つぎの命題を証明しなさい.

(1) 三角形 △ABC の頂点 A から対辺 BC に下ろした垂線の足を H とすれば
$$\overline{AB} > \overline{AC} \Leftrightarrow \angle BAH > \angle CAH$$

(2) 三角形 △ABC の頂点 A から対辺 BC に下ろした垂線の足を H とすれば
$$\overline{AB} > \overline{AC} \Leftrightarrow \overline{BH} > \overline{CH}$$

(3) 三角形 △ABC の角 ∠A の二等分線が対辺 BC と交わる点を D とすれば
$$\overline{AB} > \overline{AC} \Leftrightarrow \angle ADB > \angle ADC$$

(4) 三角形 △ABC の角 ∠A の二等分線が対辺 BC と交わる点を D とすれば
$$\overline{AB} > \overline{AC} \Leftrightarrow \overline{BD} > \overline{CD}$$

(5) 三角形 △ABC の 1 辺 BC の中点を M とすれば
$$\overline{AB} > \overline{AC} \Leftrightarrow \angle AMB > \angle AMC$$

14 ページの練習問題のヒント
(1) $\overline{AB} > \overline{AC} \Leftrightarrow \angle B < \angle C \Leftrightarrow \angle BAH = 90° - \angle B > 90° - \angle C = \angle CAH$. (2) $\overline{AB} > \overline{AC} \Leftrightarrow \angle BAH > \angle CAH \Leftrightarrow BH$ 上に $\angle C'AH = \angle CAH$ となるような点 C' をとれば, $\overline{BH} > \overline{C'H} = \overline{CH}$. (3) D を通り, AD に垂直に引いた直線が AB, AC またはその延長と交わる点を B', C' とすれば, $\overline{B'D} = \overline{C'D}$, $\angle ADB' = \angle ADC' = 90°$. (4) (3)同様 B', C' をとり, B' を通り AC と平行な直線と BC との交点を E とすると CD=ED. (5) △ABM, △ACM について, BM=CM, AM は共通. したがって 12〜13 ページの 2 つの定理により $\overline{AB} > \overline{AC} \Leftrightarrow \angle AMB > \angle AMC$.

三角形の辺の長さ

定理 三角形 △ABC について, 2 辺の長さの和は 1 辺より大きい.
$$\overline{AC} + \overline{CB} > \overline{AB}$$

証明 AC を延長して，$\overline{CD} = \overline{CB}$ となるような点 D をとれば，△CBD は二等辺三角形となり，∠CDB＝∠CBD，∠ABD＞∠CBD＝∠CDB．

△ABD について，∠ABD＞∠ADB より，$\overline{AB} < \overline{AD} = \overline{AC} + \overline{CD} = \overline{AC} + \overline{CB}$.　　Q. E. D.

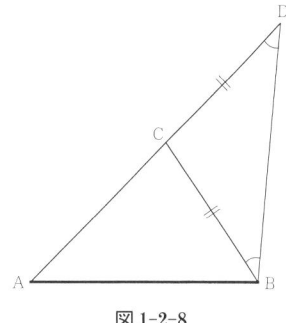

図 1-2-8

練習問題　つぎの命題を証明しなさい．

(1) 三角形 △ABC について，2辺の長さの差は1辺より小さい：$\overline{AC} \sim \overline{CB} < \overline{AB}$.

(2) 三角形 △ABC のなかに任意の点 P をとれば，$\overline{PB} + \overline{PC} < \overline{AB} + \overline{AC}$.

(3) 点 O で交わる2つの線分 AB, PQ について，$\overline{AB} + \overline{PQ} > \overline{AP} + \overline{BQ}$.

$\overline{AC} \sim \overline{CB}$ は $\overline{AC}$ と $\overline{CB}$ の差，すなわち $\overline{AC}, \overline{CB}$ の大きい方から小さい方を引いたものです．

3　三角形の中点をとる

　三角形の性質を考えるとき，線分の中点をとると，意外な発見をすることがよくあります．また，中点をとったときかならず，等しい長さだけ延長するようにするとうまく証明できることがよくあります．

定理　△ABC の辺 AB の中点を D とし，辺 AC の中点を E とすれば，DE は辺 BC と平行になり，DE の長さは BC の半分となる．

$$\overline{AD} = \overline{DB},\ \overline{AE} = \overline{EC} \Rightarrow DE \parallel BC,\ \overline{DE} = \frac{1}{2}\overline{BC}$$

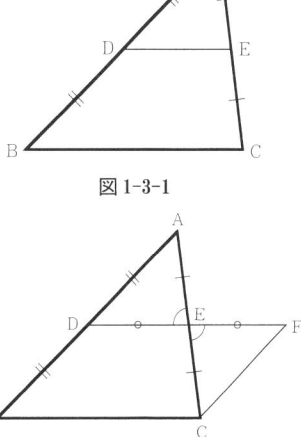

図 1-3-1

証明　DE を E をこえて延長して，$\overline{DE} = \overline{EF}$ となるような点 F をとります．△ADE, △CFE について，$\overline{AE} = \overline{CE}$，$\overline{DE} = \overline{FE}$，∠AED＝∠CEF．したがって，

△ADE ≡ △CFE ⇒ ∠DAE＝∠FCE ⇒ AB ∥ FC

さらに，$\overline{DB} = \overline{AD} = \overline{FC}$ より，四角形 □DBCF は平行四辺形となり（12 ページの練習問題(2)参照），$\overline{BC} = \overline{DF} = 2\overline{DE}$.

Q. E. D.

図 1-3-2

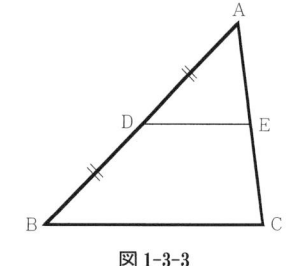

図 1-3-3

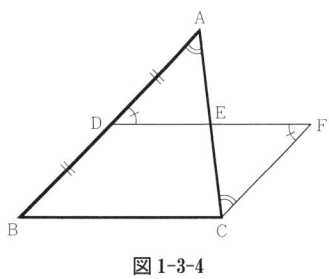

図 1-3-4

定理 三角形 △ABC の 1 辺 AB の中点 D を通って辺 BC に平行な直線と辺 AC との交点 E は辺 AC の中点となり，DE の長さは辺 BC の半分となる．

$$\overline{AD} = \overline{DB},\ DE \parallel BC\ \Rightarrow\ \overline{AE} = \overline{EC},\ \overline{DE} = \frac{1}{2}\overline{BC}$$

証明 C を通り，AB に平行な直線と DE の延長の交点を F とすれば

$$DF \parallel BC, \qquad DB \parallel FC$$

□DBCF は平行四辺形となり

$$\overline{DB} = \overline{FC}, \qquad \overline{DF} = \overline{BC}$$

$$\angle ADE = \angle CFE, \qquad \angle DAE = \angle FCE$$

ゆえに，△ADE≡△CFE，$\overline{DE}=\overline{EF}$，$\overline{AE}=\overline{EC}$．

$\overline{BC}=\overline{DF}=2\overline{DE}$ より，$\overline{DE}=\frac{1}{2}\overline{BC}$．

Q. E. D.

練習問題 つぎの命題を証明しなさい．

(1) 三角形 △ABC の 3 角の大きさが ∠A＝30°，∠B＝60°，∠C＝90° のとき，$\overline{AB}=2\overline{BC}$．

(2) 辺 AB の長さが辺 AC の 2 倍（$\overline{AB}=2\overline{AC}$）である三角形 △ABC の角 ∠A の二等分線が対辺 BC と交わる点を D とし，B から AD の延長に下ろした垂線の足を H とすれば，$\overline{AD}=2\overline{DH}$．

(3) 直線 ℓ とその外の同じ側に 2 つの点 A, B がある．2 つの点 A, B および線分 AB の中点 M から直線 ℓ に下ろした垂線の足をそれぞれ A′, B′, M′ とすれば，$\overline{MM'} = \frac{1}{2}(\overline{AA'}+\overline{BB'})$．

(4) 平行四辺形 □ABCD の各頂点 A, B, C, D から平行四辺形の外にある直線 ℓ に下ろした垂線の足を A′, B′, C′, D′ とすれば，$\overline{AA'}+\overline{CC'}=\overline{BB'}+\overline{DD'}$．

(5) 平行四辺形 □ABCD の 1 組の対辺 AD, BC の中点をそれぞれ M, N とすると，BM, DN が対角線 AC と交わる点 P, Q は対角線 AC を三等分する：$\overline{AP}=\overline{PQ}=\overline{QC}$．

15 ページの練習問題のヒント
(1) $\overline{AC}>\overline{CB}$ のとき，$\overline{AB}+\overline{CB}>\overline{AC}$．両辺から $\overline{CB}$ を引く．(2) BP を延長して，辺 AC との交点を考える．(3) △AOP, △BOQ に定理を適用する．

16 ページの練習問題のヒント
(1) BC を C をこえて等しい長さだけ延長した点を D とすれば，△ABD は正三角形となる．(2) BH の延長が AC の延長と交わる点を E とすれば，△ABE は二等辺三角形となり，$\overline{AE}=2\overline{AC}$．DH を H をこえて等しい長さだけ延長した点を K とすれば，□BKED が平行四辺形となり DC∥KE⇒$\overline{AD}=\overline{DK}=2\overline{DH}$．(3) AA′ の延長が BM′ の延長と交わる点を K として，△AKB を考えればよい．(4) □ABCD の 2 つの対角線の交点 O は線分 AC, BD の中点になり，問題(3)を使えばよい．(5) $\overline{MD}=\overline{BN}$，MD∥BN⇒□MBND は平行四辺形⇒MB∥DN，△AQD, △PBC に注目して，$\overline{AP}=\overline{PQ}$，$\overline{PQ}=\overline{QC}$．

4

三角形の五心

重 心

三角形 △ABC の各辺の中点をそれぞれ D, E, F とするとき，3 つの線分 AD, BE, CF はかならず 1 点 G で交わります．この点 G を三角形 △ABC の重心といいます．

3 つの線分 AD, BE, CF が 1 点 G で交わることを証明するために，BC の中点 D と AC の中点 E をとって，AD と BE の交点を G とします．

直線 CG を延長して，AB と交わる点を F としたとき，F が AB の中点であることを示せばよいわけです：$\overline{AF} = \overline{BF}$．

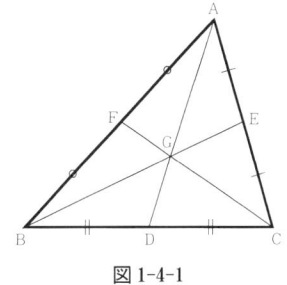

図 1-4-1

まず，線分 AD の延長上に，$\overline{HD} = \overline{GD}$ となるような点 H をとります．このとき，四辺形 □BHCG は平行四辺形となります．このことはつぎのようにしてわかります．2 つの三角形 △BDG，△CDH について

$$\overline{BD} = \overline{CD}, \quad \overline{GD} = \overline{HD}, \quad \angle BDG = \angle CDH$$

したがって，△BDG と △CDH は合同となり

$$\angle BGD = \angle CHD \Rightarrow BG \parallel HC$$
$$\overline{BG} = \overline{HC}$$

△AHC について，$\overline{AE} = \overline{EC}$，GE∥HC．ゆえに，G は辺 AH の中点となります．

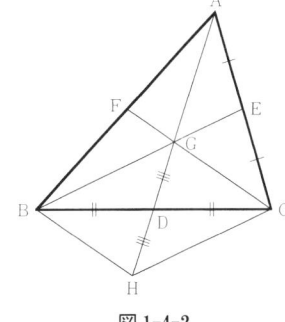

図 1-4-2

$$\overline{AG} = \overline{GH} = 2\overline{GD}$$

つぎに，△ABH を考えると，G は辺 AH の中点となり，FG ∥ BH．

したがって，$\overline{AF} = \overline{BF}$，F は辺 AB の中点となります．

3 つの辺の中点 D, E, F と相対する頂点 A, B, C とをむすぶ線分が 1 点 G で交わることが証明されたわけです．

Q. E. D.

上の証明からわかるように，重心 G は 3 つの線分 AD, BE, CF をそれぞれ 2 : 1 に分割する点となります．

$$\overline{AG} = 2\overline{GD}, \qquad \overline{BG} = 2\overline{GE}, \qquad \overline{CG} = 2\overline{GF}$$

ほー

この点 G を △ABC の重心とよぶのは，なぜでしょうか．あついボール紙で三角形を切り取って，その重心 G を中心にして持ち上げると，三角形のボール紙はちょうど水平に保たれます．重心は重さの中心という意味なのです．重心をふつう G であらわすのは，重力の英語が Gravity だからです．

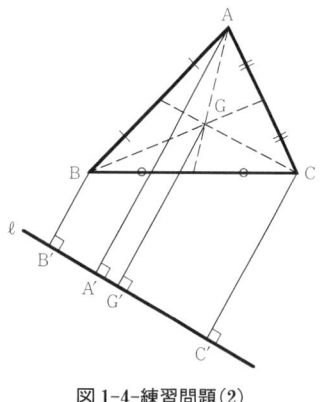

図 1-4-練習問題(2)

練習問題 つぎの命題を証明しなさい．

(1) 三角形 △ABC の頂点 A と辺 BC の中点 D をむすぶ線分 AD 上に，$\overline{AG} = 2\overline{GD}$ となるような点 G をとれば，G は △ABC の重心となる．

(2) △ABC の各頂点 A, B, C およびその重心 G から直線 ℓ に下ろした垂線の足をそれぞれ A′, B′, C′, G′ とすれば，
$$\overline{GG'} = \frac{1}{3}(\overline{AA'} + \overline{BB'} + \overline{CC'}).$$

(3) $\overline{AB} > \overline{AC}$ である三角形 △ABC について，辺 AC, AB の中点を D, E とすれば，$\overline{BD} > \overline{CE}$．

外　心

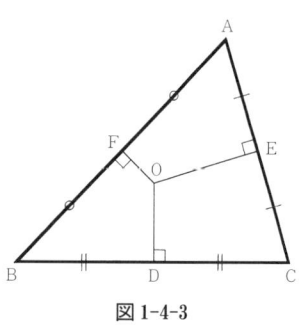

図 1-4-3

つぎに，三角形 △ABC について，その外心とよばれる点 O について説明しましょう．三角形 △ABC の各辺の中点 D, E, F において各辺に垂直な直線を立てます．この 3 つの垂直な直線はかならず 1 点 O で交わります．この点 O が外心です．

この 3 つの垂線が 1 点 O で交わるということはつぎのようにして証明できます．まず，辺 BC の中点 D, 辺 AC の中点 E でそれぞれの辺に立てた垂直な直線の交点を O とします．この点 O と辺 AB の中点 F をむすぶ直線 OF が辺 AB に対して垂直となることを示せば，外心が存在することを証明したことになるわけです．

△OBD と △OCD について
$\overline{BD} = \overline{CD}$, OD は共通，∠BDO = ∠CDO = 90°
$\Rightarrow$ △OBD ≡ △OCD, $\overline{OB} = \overline{OC}$

また，△OAE と △OCE について

$$\overline{AE} = \overline{CE},\ OE\ は共通,\ \angle AEO = \angle CEO = 90°$$
$$\Rightarrow\ \triangle OAE \equiv \triangle OCE,\ \overline{OA} = \overline{OC}$$

ゆえに,
$$\overline{OA} = \overline{OB} = \overline{OC}$$

ところで，△OAF と △OBF について
$$\overline{OA} = \overline{OB},\ \overline{AF} = \overline{BF},\ OF\ は共通$$
$$\Rightarrow\ \triangle OAF \equiv \triangle OBF,\ \angle OFA = \angle OFB = 90°$$

外心の存在が証明されたことになります． Q. E. D.

18 ページの練習問題のヒント
(1) GD を D をこえて等しい長さだけ延長した点を K とすれば，G は AK の中点となり，BG ∥ KC．したがって，BG の延長が AC と交わる点 F は AC の中点となる．(2) 前節の練習問題(3)の考え方を適用する．(3) BC の中点を M とすれば，$\overline{AB} > \overline{AC} \Rightarrow \angle AMB > \angle AMC$．△ABC の重心を G とし，△GBC を考えると，$\overline{BG} > \overline{CG},\ \overline{BG} = \frac{2}{3}\overline{BD},\ \overline{CG} = \frac{2}{3}\overline{CE}$.

外心の存在の証明の途中で，$\overline{OA}=\overline{OB}=\overline{OC}$ となることを示しました．したがって，O を中心として，半径 $\overline{OA}$ の円をえがくと，この円は △ABC の 3 つの頂点 A, B, C を通ることがわかります．この円を △ABC の外接円といいます．外心というのは，外接円の中心という意味なのです．

これまでお話しした外心の存在の証明は，△ABC が鋭角三角形の場合でした．つまり，3 つの角 ∠A, ∠B, ∠C がすべて 90° より小さい △ABC を考えていたのです．直角三角形あるいは鈍角三角形の場合にも，まったく同じようにして外心の存在を証明することができます．

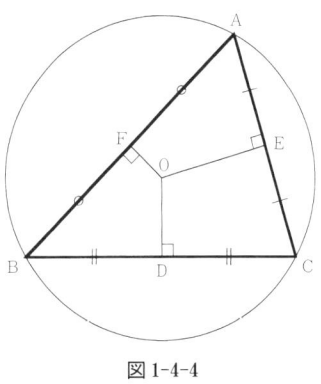

図 1-4-4

練習問題
(1) ∠A が直角であるような三角形 △ABC について，外心 O の存在を証明しなさい．
(2) ∠A が鈍角であるような三角形 △ABC について，外心 O の存在を証明しなさい．

19 ページの練習問題のヒント
(1) 外心 O は △ABC の斜辺 BC の中点になります．(2) 外心 O は △ABC の外にあります．

内 心

三角形 △ABC の 3 つの角 ∠A, ∠B, ∠C について，それぞれ角を二等分する直線を引きます．この 3 つの直線はかならず 1 点 I で交わります．この点 I を内心といいます．

内心の存在を証明するために，∠B, ∠C をそれぞれ二等分する 2 つの直線の交点を I として，I から辺 BC, CA, AB に下ろした垂線の足を D, E, F とします．2 つの三角形 △BDI, △BFI について

辺 IB は共通，∠IBD = ∠IBF，∠IDB = ∠IFB = 90°

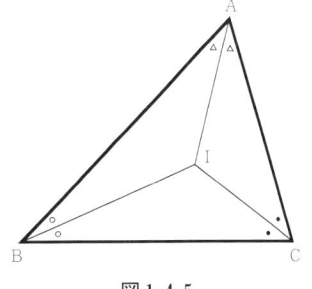

図 1-4-5

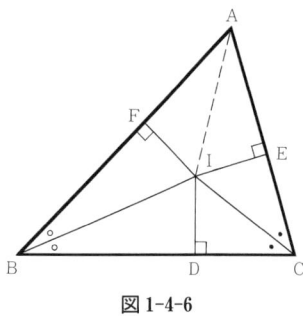

図 1-4-6

⇒ △BDI ≡ △BFI, $\overline{\text{ID}} = \overline{\text{IF}}$

同じように △CDI と △CEI について

　辺 IC は共通，∠ICD = ∠ICE，∠IDC = ∠IEC = 90°

　　⇒ △CDI ≡ △CEI, $\overline{\text{ID}} = \overline{\text{IE}}$

ゆえに，

$$\overline{\text{ID}} = \overline{\text{IE}} = \overline{\text{IF}}$$

ここで，IA が ∠A を二等分することを示せば，I が内心となることが示されたことになります．△AEI，△AFI に注目すれば

$\overline{\text{IE}} = \overline{\text{IF}}$，IA は共通，∠IEA = ∠IFA = 90°

　　⇒ △AEI ≡ △AFI, ∠IAE = ∠IAF　　Q. E. D.

　上の証明の途中で，$\overline{\text{ID}} = \overline{\text{IE}} = \overline{\text{IF}}$ となることを示しました．また

$$\angle \text{BDI} = \angle \text{CEI} = \angle \text{AFI} = 90°$$

したがって，内心 I を中心として，半径が $\overline{\text{ID}} = \overline{\text{IE}} = \overline{\text{IF}}$ に等しい円をえがくと図 1-4-7 に示すようになります．
三角形 △ABC の各辺 BC, CA, AB は円 I とそれぞれ 1 点 D, E, F だけで交わります．このとき，円 I は △ABC の内接円といいます．内心とは内接円の中心という意味だったのです．

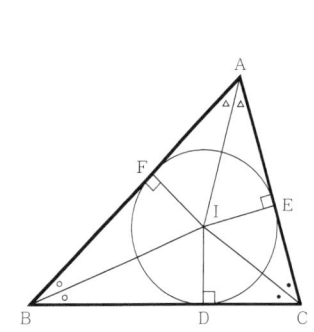

図 1-4-7

垂　心

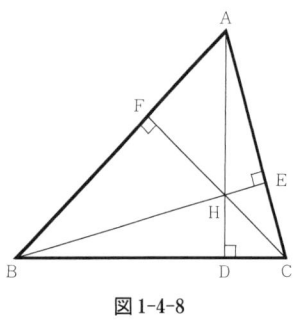

図 1-4-8

　三角形 △ABC の各頂点 A, B, C から対辺に下ろした垂線の足をそれぞれ D, E, F とします．このとき 3 つの直線 AD, BE, CF はかならず 1 点 H で交わります．この点 H を垂心といいます．

　3 つの垂線 AD, BE, CF が 1 点で交わるということを証明するために，各頂点 A, B, C を通って，対辺 BC, CA, AB に平行な直線を引き，その交点を図 1-4-9 のように A′, B′, C′ とします．四角形 □ABCB′，□C′BCA が平行四辺形になることから，A は B′C′ の中点になり，同様にして，△ABC の各頂点 A, B, C は △A′B′C′ の各辺 B′C′, C′A′, A′B′ の中点となり，HA, HB, HC は，各辺 B′C′, C′A′, A′B′ に対して垂直となります．したがって，△ABC の垂心 H は大きな三角形 △A′B′C′ の外心になることがわかります．

これまでお話しした垂心の存在の証明は，△ABC が鋭角三角形の場合でした．直角三角形あるいは鈍角三角形の場合にも，まったく同じようにして垂心 H の存在を証明することができます．

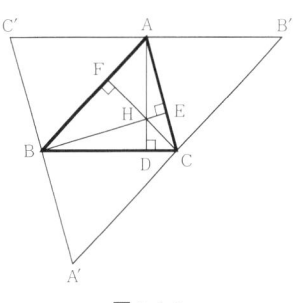

図 1-4-9

練習問題

(1) ∠A が直角であるような三角形 △ABC について，垂心 H の存在を証明しなさい．（この場合，垂心 H は △ABC の直角頂 A と一致します．）

(2) ∠A が鈍角であるような三角形 △ABC について，垂心 H の存在を証明しなさい．（この場合，垂心 H は △ABC の外にあります．）

傍　心

三角形 △ABC の 1 つの頂点 A の内角 ∠A，頂点 B, C の外角 ∠RBC, ∠QCB の二等分線は 1 点 I_A で交わります．しかも，I_A から △ABC の各辺 BC, CA, AB（あるいは，その延長）に下ろした垂線の足をそれぞれ P, Q, R とすれば，
$$\overline{I_AP} = \overline{I_AQ} = \overline{I_AR}$$
したがって，I_A を中心として，半径 $\overline{I_AP}$ の円をえがくと，△ABC の各辺 BC, CA, AB（あるいは，その延長）と接します．

図 1-4-11 のように，3 つの傍心 I_A, I_B, I_C があります．傍心の存在証明は練習問題として自分で考えなさい．

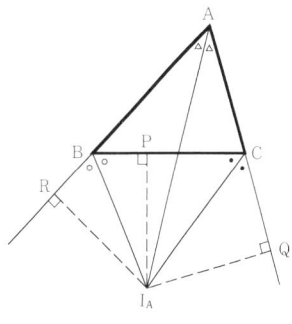

図 1-4-10

練習問題

(1) ∠A が直角であるような三角形 △ABC について，傍心 I_A の存在を証明しなさい．

(2) ∠A を頂角とする二等辺三角形 △ABC の場合，重心 G，外心 O，内心 I，垂心 H，傍心 I_A はすべて，∠A の二等分線上に位置することを証明しなさい．

(3) 三角形 △ABC が正三角形のとき，重心 G，外心 O，内心 I，垂心 H はすべて一致することを証明しなさい．

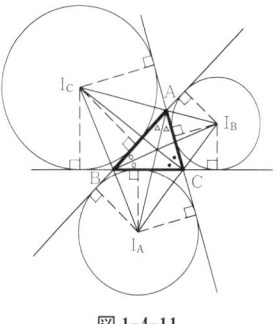

図 1-4-11

21 ページの練習問題のヒント
略

第 1 章 三角形 問題

問題 (I)

問題 1 三角形 $\triangle ABC$ のなかに任意の点 P をとり, $a=\overline{BC}$, $b=\overline{CA}$, $c=\overline{AB}$, $x=\overline{PA}$, $y=\overline{PB}$, $z=\overline{PC}$ とおけば, $x+y+z<a+b+c$.

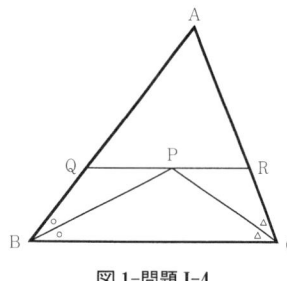

図 1-問題 I-4

問題 2 二等辺三角形 $\triangle ABC$ ($\overline{AB}=\overline{AC}$) のなかに任意の点 P をとるとき
$$\angle PAB > \angle PAC \Leftrightarrow \overline{PB} > \overline{PC}$$

問題 3 正三角形 $\triangle ABC$ の内部の任意の点 P から 3 辺 BC, CA, AB に下ろした垂線の足を D, E, F とすれば, $\overline{PD}+\overline{PE}+\overline{PF}$ は一定の値をとる.

問題 4 三角形 $\triangle ABC$ の角 $\angle B$, $\angle C$ の二等分線の交点を P とし, P を通り, 辺 BC に平行な直線が辺 AB, AC と交わる点を Q, R とすれば, $\overline{QR}=\overline{BQ}+\overline{CR}$.

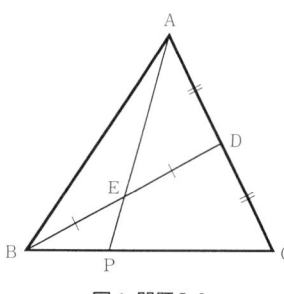

図 1-問題 I-6

問題 5 三角形 $\triangle ABC$ の辺 BC の中点を D とすれば, $\overline{AB}+\overline{AC}>2\overline{AD}$.

問題 6 三角形 $\triangle ABC$ の辺 AC の中点を D とし, 線分 BD の中点を E とする. 線分 AE の延長が辺 BC と交わる点を P とすると, $\overline{BP}=\frac{1}{3}\overline{BC}$.

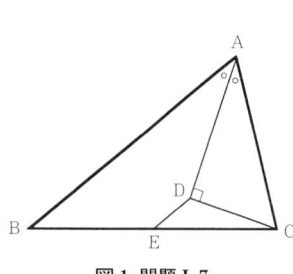

図 1-問題 I-7

$\overline{AB}\sim\overline{AC}$ は, 2 つの長さ $\overline{AB}$, $\overline{AC}$ の差をあらわします. 前にも言いましたね.

問題 7 三角形 $\triangle ABC$ の角 $\angle A$ の二等分線に頂点 C から下ろした垂線の足 D を通って, 辺 AB に平行な直線が辺 BC と交わる点を E とすれば, $\overline{DE}=\frac{1}{2}(\overline{AB}\sim\overline{AC})$.

問題 8 三角形 △ABC の頂点 A から内角 ∠B および外角 ∠C の二等分線に下ろした垂線の足をそれぞれ D, E とすれば，DE は辺 BC と平行となる．

問題 9 ∠A を直角とする直角二等辺三角形 △ABC の辺 AC の中点を D とし，頂点 A から BD に下ろした垂線が斜辺 BC と交わる点を E とすれば，∠ADB = ∠CDE．

問題 10 与えられた線分 AB の両端 A, B を通って，AB に垂直な 2 つの直線 ℓ, ℓ' がある．直線 ℓ, ℓ' それぞれの上に任意に 2 つの点 P, Q をとり，AB の中点 O に対して角 ∠POQ が直角になるようにすれば，$\overline{PQ} = \overline{PA} + \overline{QB}$．

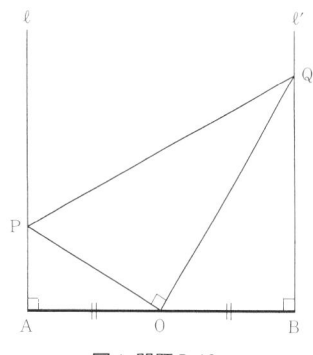

図 1-問題 I-10

問題 11 1 組の対辺 AB, CD の長さが等しい（$\overline{AB} = \overline{CD}$）ような四角形 □ABCD がある．□ABCD のもう 1 組の対辺 BC, AD の中点を M, N とし，線分 MN の延長が AB, CD の延長と交わる点を P, Q とすれば，∠BPM = ∠CQN．

問題 12 鋭角三角形 △ABC の 2 つの辺 AB, AC の中点 D, E でそれぞれの辺の半分の長さの垂線 DP, EQ を三角形の外側に立てる：DP⊥AB，$\overline{DP} = \frac{1}{2}\overline{AB}$，EQ⊥AC，$\overline{EQ} = \frac{1}{2}\overline{AC}$．このとき，辺 BC の中点を M とすれば，
$$\overline{MP} = \overline{MQ}$$

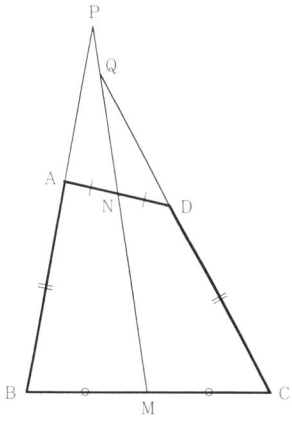

図 1-問題 I-11

問　題（II）

問題 1 三角形 △ABC の 3 辺 BC, CA, AB をそれぞれ 1 辺として，図に示すような形で正三角形をつくり，その頂点を P, Q, R とする．このとき，□PRAQ は平行四辺形となる．

問題 2 三角形 △ABC の外側に 2 つの辺 AB, AC をそれぞれ 1 辺としてつくった正方形を □ABDE, □ACFG とする（A と同じ辺の上にある点を E, G とする）．頂点 A から対辺 BC に下ろした垂線 AH の延長が線分 EG と交わる点 P は線分 EG の中点となる：$\overline{EP} = \overline{PG}$．

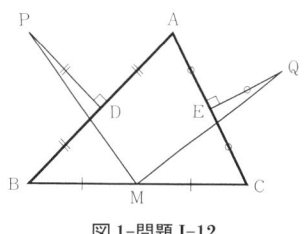

図 1-問題 I-12

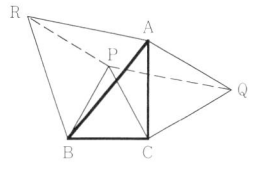

図 1-問題 II-1

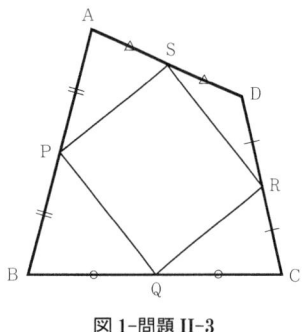

図 1-問題 II-3

問題 3 任意の四角形 □ABCD の各辺 AB, BC, CD, DA の中点 P, Q, R, S からつくられる四角形 □PQRS は平行四辺形である.

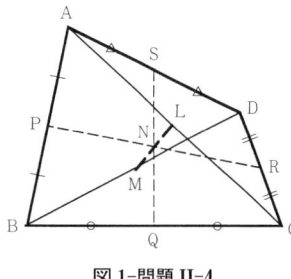

図 1-問題 II-4

問題 4 任意の四角形 □ABCD の各辺 AB, BC, CD, DA の中点を P, Q, R, S とし，PR, QS の交点を N とし，対角線 AC, BD の中点をそれぞれ L, M とすれば，3 つの点 L, M, N は一直線上にある.

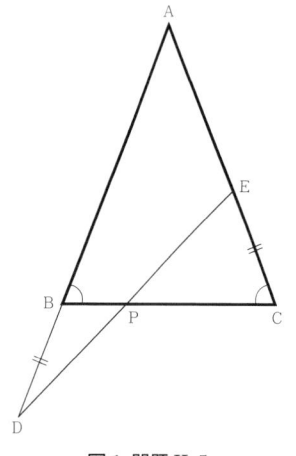

図 1-問題 II-5

問題 5 二等辺三角形 △ABC の 1 つの等辺 AB の延長上に点 D，もう 1 つの等辺 AC 上に点 E を $\overline{BD}=\overline{CE}$ となるようにとり，線分 DE と辺 BC の交点を P とすれば，$\overline{DP}=\overline{PE}$.

問題 6 三角形 △ABC の 3 つの角のうちで最大の角を ∠A とするとき，辺 AB, AC の上に任意の点 P, Q をとれば，$\overline{BC} > \overline{PQ}$.

問題 7 $\overline{AB}=\overline{DC}$ となるような四角形 □ABCD について
$$\angle A < \angle D \iff \angle C < \angle B$$

問題 8 三角形 △ABC の 2 つの角 ∠B, ∠C の二等分線が対辺 AC, AB と交わる点をそれぞれ D, E とすれば，$\overline{AB} > \overline{AC}$ $\iff \overline{BD} > \overline{CE}$.

問題 9 三角形 △ABC について，∠B=2∠C とする．頂点 A から底辺 BC に下ろした垂線の点を H とし，辺 BC の中点を M とすれば，$\overline{MH}=\frac{1}{2}\overline{AB}$.

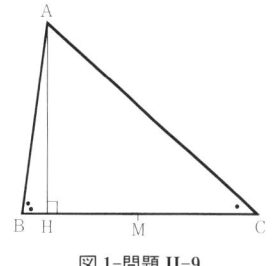

図 1-問題 II-9

問題 10 △ABC の辺 AC は辺 AB の半分より短いとする $\left(\overline{AC}<\frac{1}{2}\overline{AB}\right)$．角 ∠A の二等分線が対辺 BC と交わる点を D とし，B から線分 AD の延長に下ろした垂線の足を H とすれば，$\overline{AD}<2DH$.

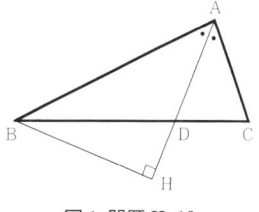

図 1-問題 II-10

問題 11 △ABC の辺 AB の長さが辺 AC の 3 倍であるとする（$\overline{AB}=3\overline{AC}$）．角 ∠A の二等分線が対辺 BC と交わる点を D とし，B から線分 AD の延長に下ろした垂線の足を H とすれば，$\overline{AD}=\overline{DH}$.

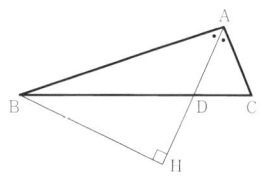

図 1-問題 II-11

問題 12 三角形 △ABC の頂点 B, C から対辺 AC, AB に下ろした垂線の足をそれぞれ D, E とし，辺 BC および線分 DE の中点を M, N とすれば，MN は DE に対して垂直となる．

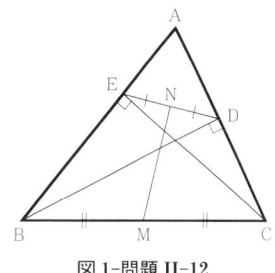

図 1-問題 II-12

第2章 円

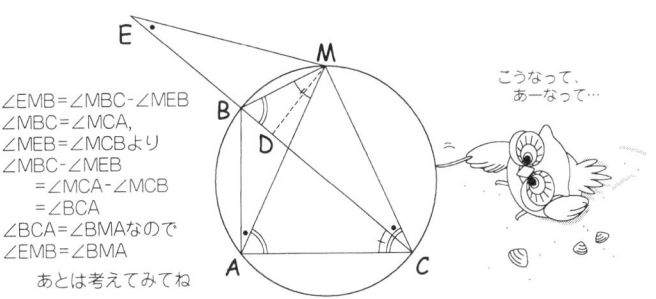

∠EMB=∠MBC−∠MEB
∠MBC=∠MCA,
∠MEB=∠MCBより
∠MBC−∠MEB
　　=∠MCA−∠MCB
　　=∠BCA
∠BCA=∠BMAなので
∠EMB=∠BMA
　　あとは考えてみてね

アルキメデスの「折れた弦」の定理

　円 O の円周上に折れた弦 ABC があり，弦 AB は弦 BC より短い（$\overline{AB} < \overline{BC}$）．弧 ABC の中点 M から弦 BC に下ろした垂線の足を D とすれば，D は折れた弦 ABC の中点となる（$\overline{AB} + \overline{BD} = \overline{DC}$）．

　この定理は，アルキメデスののこした数多くの幾何の定理のなかでもっとも有名なものの1つです．一見なにごともない平凡な命題にみえますが，じつは円にかんする大切な性質を明らかにする命題で，第3巻『代数で幾何を解く―解析幾何』でお話しする三角関数の加法定理そのものです．アルキメデスは，太陽や星の運行について複雑な計算をしましたが，かれの時代には三角関数はまだなかったので，「折れた弦」の定理を使って考えを進めたといわれています．

　「折れた弦」の定理を証明するためには，これからお話しする円の性質についての命題を使わなければなりませんが，直観的には比較的わかりやすいのではないでしょうか．証明のポイントは，弦 BC を B をこえて延長し，D が線分 EC の中点になるように点 E をとって（$\overline{ED} = \overline{DC}$），二等辺三角形 △MEC をつくることです．これからお話しする円周角の定理を使って ∠BCA=∠BMA，∠MBC=∠MAC となることを示し，△MBE と △MBA が合同になることをみればよいわけです．厳密な証明は第3巻でくわしくお話しします．

1

円を考える

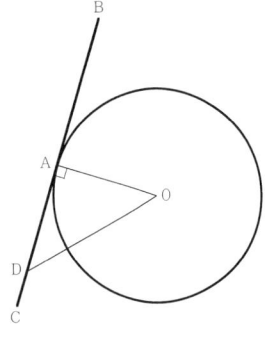

図 2-1-1

点 O を中心とする円上の 1 点 A をとり，OA と直角をなす直線 BC を引けば，直線 BC は円 O の接線になります．

それには，直線 BC 上に A 以外の任意の点 D をとったとき，$\overline{OD} > \overline{OA}$ となることを示せばよいわけです．三角形 △OAD は直角三角形となるから

$$\angle D + \angle O = 180° - \angle A = 90°, \quad \angle D < 90° = \angle A$$
$$\Rightarrow \quad \overline{OD} > \overline{OA}$$

A を通って，OA との角度が 90° ではない直線はかならず A 以外の点で円 O と交わります．このことはつぎのようにして証明できます．

A を通って，OA との角度が 90° ではない直線について，円の中心 O からこの直線に下ろした垂線の足を D とすれば，D は A とは異なった点になります．AD を D をこえて等しい長さだけ延長した点を B とすれば，$\overline{OB} = \overline{OA}$ で，B は直線 AD 上にあって，A とは異なる円 O 上の点となります．

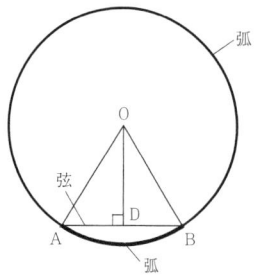

図 2-1-2

弧 AB というとき，上の図の太線と細線の両方が考えられますが，太線のほう（一般的には半円より小さいほう）を劣弧といいます．

円周角

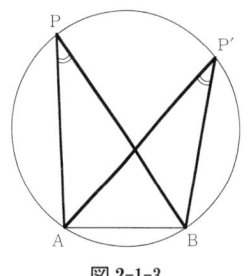

図 2-1-3

円 O の弧 AB が与えられているとき，弧 AB の反対側の円周上の任意の点 P をとります．このとき，∠APB を弧 AB の円周角といいます．ときには，弦 AB の円周角ということもあります．

定理　円 O の弧 AB の円周角はすべて等しい．

証明　円 O の弧 AB の円周角 ∠APB を考えます．線分 PO を延長して，弦 AB と交わる点を C とします．$\overline{OA} = \overline{OP}$ だから，△AOP は二等辺三角形

$$\angle \mathrm{APO} = \angle \mathrm{PAO}$$
$$\angle \mathrm{AOC} = \angle \mathrm{APO} + \angle \mathrm{PAO} = 2\angle \mathrm{APO}$$

$\overline{\mathrm{OB}} = \overline{\mathrm{OP}}$ だから，△BOP も二等辺三角形．

$$\angle \mathrm{BPO} = \angle \mathrm{PBO}$$
$$\angle \mathrm{BOC} = \angle \mathrm{BPO} + \angle \mathrm{PBO} = 2\angle \mathrm{BPO}$$
$$\angle \mathrm{AOB} = \angle \mathrm{AOC} + \angle \mathrm{BOC} = 2\angle \mathrm{APO} + 2\angle \mathrm{BPO}$$
$$\angle \mathrm{AOB} = 2\angle \mathrm{APB} \qquad \text{Q. E. D.}$$

円の中心 O に対する角 ∠AOB を弧 AB，あるいは弦 AB に対する中心角といいます．上の証明からすぐわかるように，つぎの定理が成立します．

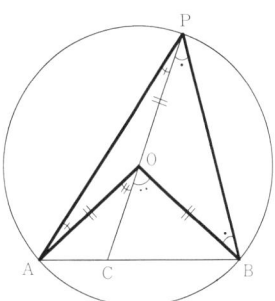

図 2-1-4

定理 円周角 ∠APB は中心角 ∠AOB の半分に等しい．

定理 弧 AB の反対側の中点を M とする．弧 AB 上の任意の点 P をとると，PM は円周角 ∠APB を二等分する：
$\overline{\mathrm{AM}} = \overline{\mathrm{BM}} \Rightarrow \angle \mathrm{APM} = \angle \mathrm{BPM}$．

証明 円の中心 O をとると，

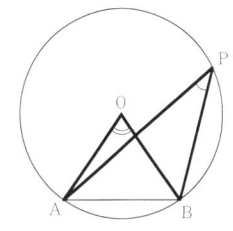

図 2-1-5

$$\angle \mathrm{APM} = \frac{1}{2}\angle \mathrm{AOM}, \qquad \angle \mathrm{BPM} = \frac{1}{2}\angle \mathrm{BOM}$$
$$\angle \mathrm{AOM} = \angle \mathrm{BOM} \quad \Rightarrow \quad \angle \mathrm{APM} = \angle \mathrm{BPM}$$
$$\text{Q. E. D.}$$

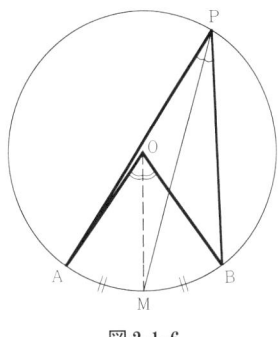

図 2-1-6

ラジアン

角度のはかり方によく使われるのはラジアンという単位です．上の証明で，弧の長さが等しいとき，中心角も等しいという性質を使いました．1 ラジアンは，弧の長さがちょうど半径に等しいときの中心角の大きさです．

ラジアンで角度をはかるとき，ラジアンという言葉を省略するのが普通です．たとえば，角の大きさが 2 ラジアンのとき，たんに角の大きさが 2 であるというわけです．

半径 r の円周の長さは $2\pi r$ になります．したがって，角度をラジアンであらわすとつぎのようになります．

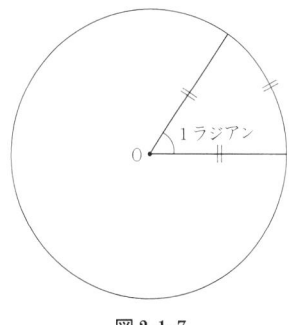

図 2-1-7

$$360° = 2\pi, \quad 180° = \pi, \quad 90° = \frac{\pi}{2}, \quad 60° = \frac{\pi}{3},$$
$$45° = \frac{\pi}{4}, \quad 30° = \frac{\pi}{6}, \quad 15° = \frac{\pi}{12}$$

円周率 π は
$$\pi = 3.1415926535897932\cdots$$
とどこまでもつづく数です．

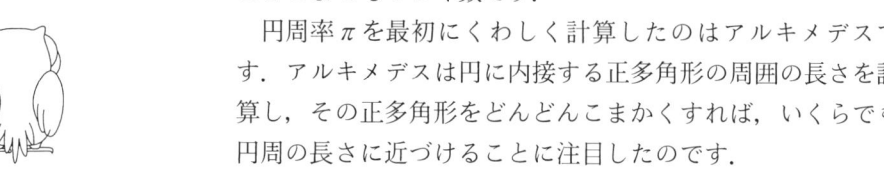

この話は第9章にも出てきます．

円周率 π を最初にくわしく計算したのはアルキメデスです．アルキメデスは円に内接する正多角形の周囲の長さを計算し，その正多角形をどんどんこまかくすれば，いくらでも円周の長さに近づけることに注目したのです．

円にかんする重要な性質

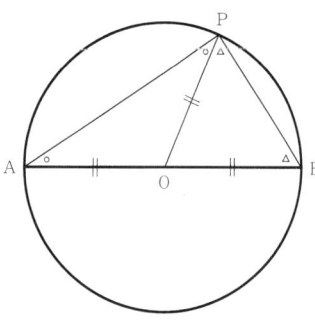

図 2-1-8

定理 直径の円周角は 90° となる．逆に，円周角が 90° となるような弦は直径である．

証明 弦 AB の任意の円周角 ∠APB を考える．円の中心 O と弦 AB の両端をむすんで，2 つの二等辺三角形 △OAP, △OBP について
$$\angle OAP = \angle OPA, \quad \angle OBP = \angle OPB$$
AB が直径のとき，∠APB = ∠OAP + ∠OBP = 90°．

逆に，∠APB = 90° とすれば，
$$\angle APB + \angle OAP + \angle OBP = 180°$$
したがって，AB は直径となります．　　　　Q. E. D.

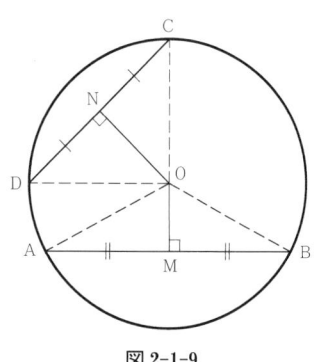

図 2-1-9

定理 円 O の 2 つの弦 AB, CD がともに劣弧の弦のとき，2 つの弦の長さの大小と中心角の大小は同じ関係にある．
$$\overline{AB} > \overline{CD} \quad \Leftrightarrow \quad \angle AOB > \angle COD$$
また，2 つの弦 AB, CD の長さの大小と中心 O からの距離の大小は逆の関係にある．
$$\overline{AB} > \overline{CD} \quad \Leftrightarrow \quad \overline{OM} < \overline{ON}$$
ここで，M, N は円の中心 O から弦 AB, CD に下ろした垂線の足とする．

証明 2 つの半径 OA, OD を重ねて，2 つの二等辺三角形 △BOA, △COD を比較すると
$$\overline{AB} > \overline{CD} \quad \Leftrightarrow \quad \angle ACB > \angle ABC$$

$$\Leftrightarrow \quad \angle AOB = 2\angle ACB > 2\angle ABC$$
$$= \angle AOC = \angle COD$$

また，△MAN を考えると，$\overline{AM} > \overline{AN} \Leftrightarrow \angle AMN < \angle ANM$.
$\angle NMO = 90° - \angle AMN$, $\angle MNO = 90° - \angle ANM$ より，
$$\angle NMO > \angle MNO \quad \Leftrightarrow \quad \overline{OM} < \overline{ON}$$
Q. E. D.

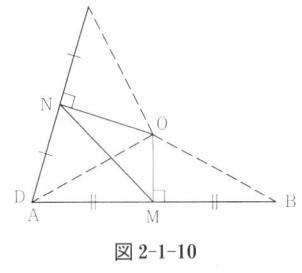

図 2-1-10

定理 弦 AB の中心角 ∠AOB を三等分する半径が AB と交わる点 P, Q は弦 AB を三等分しない．じじつ，つぎの関係が成り立つ．
$$\angle AOP = \angle POQ = \angle QOB \quad \Rightarrow \quad \overline{AP} = \overline{QB} > \overline{PQ}$$

逆に，弦 AB を三等分する点 P′, Q′ と円の中心 O をむすぶ線分は中心角を三等分しない．じじつ，つぎの関係が成り立つ．
$$\overline{AP'} = \overline{P'Q'} = \overline{Q'B} \quad \Rightarrow \quad \angle AOP' = \angle Q'OB < \angle P'OQ'$$

証明 OQ の延長が円周と交わる点を R とすれば △AOP ≡ △ROP となり，
$$\overline{AP} = \overline{RP}, \quad \angle OAP = \angle ORP$$
△AOQ を考えると，∠AQR = ∠OAQ + ∠AOQ より ∠AQR > ∠OAQ．

したがって，∠PQR > ∠PRQ．△PRQ に注目して，$\overline{PQ} < \overline{RP} = \overline{AP} = \overline{QB}$.

逆の証明も同じようにできる．
Q. E. D.

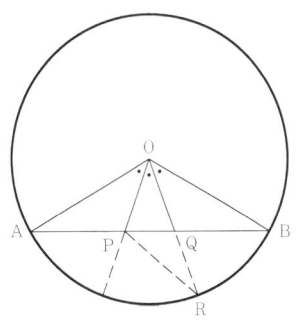

図 2-1-11

定理 2つの円 O, O′ の交点の数は 2つより多くない．

証明 もしかりに，2つの円 O, O′ が 3つの点 A, B, C で交わったとすれば，△OAB, △OBC は二等辺三角形だから
$$\angle OAB = \angle OBA < 90°, \quad \angle OBC = \angle OCB < 90°$$
$$\Rightarrow \quad \angle OBA + \angle OBC < 180°$$
同じようにして，∠O′BA + ∠O′BC < 180°．
$$(\angle OBA + \angle OBC) + (\angle O'BA + \angle O'BC) < 360°$$
となって矛盾する．
Q. E. D.

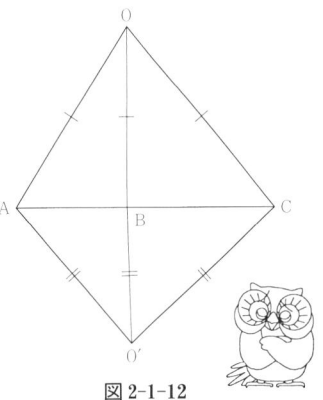

図 2-1-12

この図は，もちろん，正確ではありませんね．

1 円を考える

円の接線

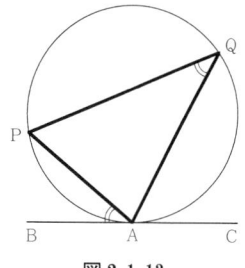

図 2-1-13

円 O 上の 1 点 A を通る円 O の接線 BC を考えます．円 O 上の任意の点 P をとると，接線 BC となす角 ∠PAB は円周角 ∠PQA に等しくなります．

この性質はつぎのようにして証明できます．三角形 △OAP は二等辺三角形だから，辺 AP の中点 D をとれば，$\overline{AD}=\overline{PD}$, $\overline{OA}=\overline{OP}$.

$$\angle ADO = \angle PDO = 90°$$

$$\angle AOD = \angle POD = \frac{1}{2}\angle POA = \angle PQA$$

$$\angle PAB = 90° - \angle DAO = \angle AOD$$

したがって，

$$\angle PAB = \angle PQA$$

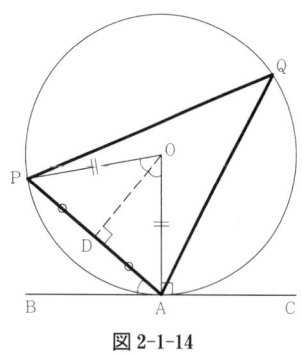

図 2-1-14

定理（円の接線にかんする基本定理） 円 O 上の 1 点 A を通る接線 BC が任意の弦 PA となす角 ∠PAB は円周角 ∠PQA に等しい．

この定理の逆も成立します．

定理 円 O 上の 1 点 A を通る直線 BC と 1 つの弦 PA との間の角 ∠PAB が円周角 ∠PQA に等しいとすれば，直線 BC は A における円 O の接線となる．

証明 弦 PA の中点を D とすれば

$$\angle DOA = \frac{1}{2}\angle POA = \angle PQA, \quad \angle PAB = \angle PQA$$

したがって，

$$\angle PAB = \angle DOA$$

$$\angle OAB = \angle OAP + \angle PAB = \angle OAP + \angle DOA = 90°$$

直線 BC は A における円 O の接線となります．　Q. E. D.

練習問題 つぎの命題を証明しなさい．

(1) 円 O の外にある点 A から円 O に引いた 2 つの接線の接点を P, Q とすると，AP, AQ の長さは等しい：$\overline{AP}=\overline{AQ}$.

(2) 円 O の外の点 A から円 O に引いた 2 つの接線 AP, AQ の間の角 ∠PAQ は，A と円の中心 O をむすぶ直線 AO によって二等分される．

(3) **三角形の内心**　三角形 △ABC に内接する円の中心 I と △ABC の頂点 A, B, C をむすぶ直線 AI, BI, CI はそれぞれ，∠A, ∠B, ∠C を二等分する．また，円 I の中心 I から △ABC の各辺 BC, CA, AB に下ろした垂線の足をそれぞれ P, Q, R とすれば，$\overline{AQ} = \overline{AR}$, $\overline{BR} = \overline{BP}$, $\overline{CP} = \overline{CQ}$.

(4) **三角形の傍心**　三角形 △ABC の 1 辺 BC に接し，他の 2 辺 AB, AC の延長と接する円の中心 I と △ABC の頂点 A, B, C をむすぶ直線 AI, BI, CI はそれぞれ ∠A の内角および ∠B, ∠C の外角を二等分する．また I から △ABC の各辺 BC, および AC, AB の延長に下ろした垂線の足を P, Q, R とすれば，
$$\overline{AQ} = \overline{AR}, \quad \overline{BR} = \overline{BP}, \quad \overline{CP} = \overline{CQ}$$

(5) **三角形の外心**　三角形 △ABC に外接する円の中心 O から △ABC の各辺 BC, CA, AB に下ろした垂線の足をそれぞれ P, Q, R とすれば，P, Q, R はそれぞれ △ABC の各辺 BC, CA, AB の中点となる：$\overline{BP} = \overline{CP}$, $\overline{CQ} = \overline{AQ}$, $\overline{AR} = \overline{BR}$.

(6) 底辺を BC とする二等辺三角形 △ABC の外接円 O の弧 BC 上の頂点 A と反対側に任意の点 P をとれば，AP は三角形 △PBC の角 ∠BPC を二等分する．

(7) 三角形 △ABC に内接する円 I が各辺 AB, BC, CA と接する点をそれぞれ D, E, F とし，$a = \overline{BC}$, $b = \overline{CA}$, $c = \overline{AB}$, $s = \frac{1}{2}(a+b+c)$ とおけば，
$$\overline{AD} = \overline{AF} = s-a, \quad \overline{BD} = \overline{BE} = s-b,$$
$$\overline{CE} = \overline{CF} = s-c$$

32 ページの練習問題のヒント
(1)〜(2) 円 O の中心 O と A, P, Q を直線でむすんで得られる 2 つの直角三角形 △APO, △AQO が合同となることを示す．(3) 頂点 A について，2 つの直角三角形 △IAQ, △IAR が合同となることを示す．他の頂点 B, C についても同様．円 I の中心 I は △ABC の内心となる．(4) 頂点 A について，2 つの直角三角形 △IAQ, △IAR が合同となることを示す．他の頂点 B, C についても同様．円 I の中心 I は △ABC の傍心となる．(5) 辺 BC について，2 つの直角三角形 △OBP, △OCP が合同となることを示す．他の辺 CA, AB についても同様．円 O の中心 O は △ABC の外心となる．(6) △ABC が二等辺三角形であることを使う．(7) たとえば，$x = \overline{AD} = \overline{AF}$ とおけば，$\overline{BD} = \overline{BE} = c-x$, $\overline{CE} = \overline{CF} = a-(c-x) = a-c+x$, $x = \overline{AF} = b-(a-c+x) = (a+b+c)-2a-x$, $2x = (a+b+c)-2a = 2s-2a$.

2

円と四角形

円に内接する四角形

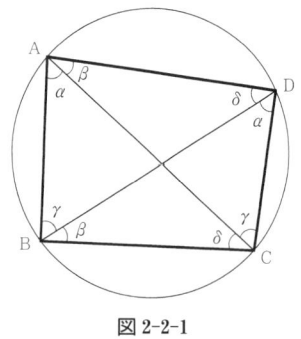

図 2-2-1

どんな三角形をとっても，外心を中心として外接円をえがくことができます．しかし，四角形の場合には，外接円が存在するとはかぎりません．

いまかりに，四角形 □ABCD について，外接円が存在しているとします．同じ弦の上の円周角はいつも等しいという定理を前に証明しました．図のように $\alpha, \beta, \gamma, \delta$ という4つの角度に分解して考えると

$$\angle A = \alpha+\beta, \quad \angle B = \beta+\gamma, \quad \angle C = \gamma+\delta, \quad \angle D = \delta+\alpha$$
$$\angle A + \angle C = \alpha+\beta+\gamma+\delta, \quad \angle B + \angle D = \beta+\gamma+\delta+\alpha$$
$$\angle A + \angle C = \angle B + \angle D$$

ところで，

$$\angle A + \angle B + \angle C + \angle D = 360°$$

したがって，

$$\angle A + \angle C = \angle B + \angle D = 180°$$

定理 四角形 □ABCD が円に内接するとき，対角の和は 180° となる．

逆もまた成立します．

定理 対角の和が 180° の四角形 □ABCD は円に内接する．

証明 三角形 △ABC の外心を求め，外接円をえがきます．もし，もう1つの頂点 D がこの外接円上にないとすれば，辺 AD，あるいはその延長が外接円と交わる点 D′ は D と異なります．□ABCD′ は外接円に内接するから，

$$\angle B + \angle D = \angle B + \angle D' = 180°$$

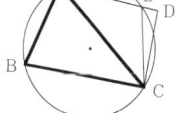

図 2-2-2

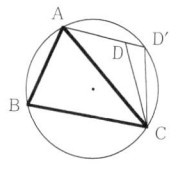

D′ が AD 上にある場合には，$\angle B+\angle D<\angle B+\angle D'=180°$．これは矛盾します．D′ が AD の延長上にある場合には，$\angle B+\angle D>\angle B+\angle D'=180°$．これも矛盾します．

したがって，D′ は常に D と一致し，□ABCD が円に内接

することが示されたわけです． Q. E. D.

　上の2つの定理は，つぎのように表現されることもあります．

定理 四角形が円に内接するために必要，十分な条件は，1つの頂点の内角が，その対角の外角に等しいことである．

証明 四角形□ABCDが円に内接するための必要，十分な条件は∠A+∠C=∠B+∠D=180°なので
　　　∠A = 180°－∠C，　　∠B = 180°－∠D　Q. E. D.

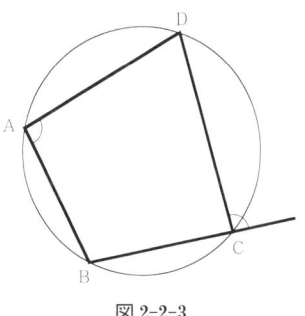

図 2-2-3

　与えられた四角形に外接円があるかどうかという問題をチェックするのに，もう1つの方法があります．いまかりに，与えられた四角形□ABCDが円に内接しているとします．円周角の定理によって，弦BCの2つの円周角∠BAC，∠BDCは等しくなります．
　　　　　　　∠BAC = ∠BDC

　逆に，四角形□ABCDの1辺BCに対する2つの角∠BAC，∠BDCが等しいとすれば，□ABCDは円に内接しています．いま，三角形△ABCの外接円をえがき，対角線BDとの交点をD′とします．もしかりに，この交点D′がDと異なっていたとします．たとえばD′が対角線BD上にあるとすれば，∠BD′C>∠BDC．□ABCD′は円に内接しているから，∠BAC=∠BD′C．したがって，∠BD′C>∠BDC=∠BAC=∠BD′Cとなって，矛盾します．

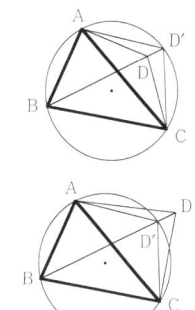

図 2-2-4

　D′が対角線BDの延長上にあるときにも，まったく同じようにして，矛盾することが示され，つぎの定理が証明されたわけです．

定理 四角形□ABCDが円に内接するために必要，十分な条件は，1つの辺BCに対する2つの角∠BAC，∠BDCが等しいことである．

定理 三角形△ABC，△A′B′C′の辺BC，B′C′の長さが等しいとき，∠A=∠A′，あるいは∠A+∠A′=180°とすれば，△ABC，△A′B′C′の外接円の大きさは等しい．

証明 ∠A=∠A′のとき，2つの辺BC，B′C′を重ね合わせると，∠BAC=∠BA′C．したがって，□ABCA′は円に内接

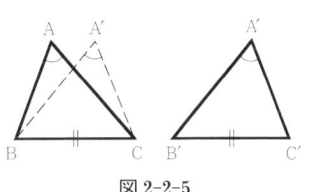

図 2-2-5

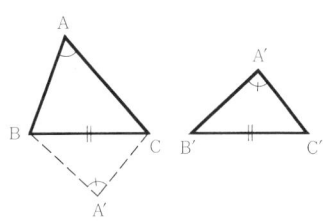

図 2-2-6

31ページ下の定理より，3点を通る円は1つしかないわけですから，三角形の外接円は1つしかないことがわかりますね．

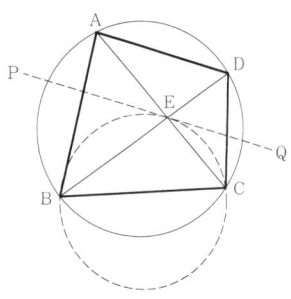

図 2-2-例題 1

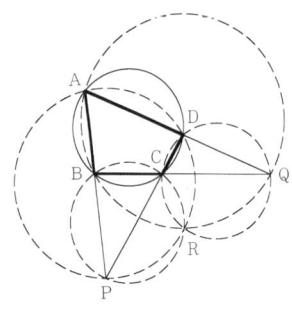

図 2-2-例題 2

し，△ABC，△A′B′C′ の外接円の大きさは等しくなります．∠A+∠A′=180° のときには，△A′B′C′ を裏返して，辺 BC に重ねると，∠BAC+∠BA′C=180°．ゆえに，四角形 □ABA′C は円に内接し，△ABC，△A′B′C′ の外接円の大きさは等しくなります． Q. E. D.

例題 1 円に内接する四角形 □ABCD について，2つの対角線 AC, BD の交点 E における三角形 △BCE の外接円の接線は辺 AD と平行となる．

証明 E における △BCE の外接円の接線を PEQ とします．□ABCD は円に内接しているから，∠CAD=∠CBD．PEQ は △BCE の外接円の接線だから，

  ∠CEQ = ∠CBE ⇒ ∠CEQ = ∠CAD ⇒ PQ∥AD
                                        Q. E. D.

例題 2 円に内接する四角形 □ABCD の 2 組の対辺 AB, DC と AD, BC の延長の交点をそれぞれ P, Q とすれば，4 つの三角形 △ABQ，△APD，△BPC，△CQD の外接円は 1 点で交わる．

証明 2 つの三角形 △BPC，△CQD の外接円の C 以外の交点を R とします．□CRQD は円に内接するから，∠CRQ=∠CDA．また，□ABCD も円に内接するから，∠PBC=∠CDA．したがって，∠CRQ=∠PBC．ゆえに，P, R, Q は一直線上にあることがわかります．

つぎに，□APRD を考えます．∠A=∠DCQ（□ABCD が円に内接する），∠DRQ=∠DCQ（□CRQD が円に内接する）．したがって，∠A=∠DRQ．ゆえに，□APRD は円に内接し，R は △APD の外接円上にある．同じく，R は △ABQ の外接円上にある． Q. E. D.

円に外接する四角形

どんな三角形をとっても内心を中心とすれば内接円をえがくことができます．しかし，四角形の場合には，内接円が存在するとはかぎりません．

かりに，□ABCD の内接円 O が存在しているとし，各辺 AB, BC, CD, DA と内接円 O の接点をそれぞれ P, Q, R, S と

します．

　円の外の点から引いた 2 つの接線の長さは等しくなります．たとえば，□ABCD の 1 つの頂点 A から円 O に引いた 2 つの接線 AP, AS について，$\overline{AP}=\overline{AS}$ となるわけです．A をかこむ 2 つの三角形 △APO, △ASO を比べてみると，辺 AO は共通，$\overline{OP}=\overline{OS}$，∠APO＝∠ASO＝90°．したがって，△APO≡△ASO，$\overline{AP}=\overline{AS}$．□ABCD の他の頂点 B, C, D についても，まったく同じようにして，

$$\overline{BP}=\overline{BQ}, \quad \overline{CQ}=\overline{CR}, \quad \overline{DR}=\overline{DS}$$
$$\overline{AB}=\overline{AP}+\overline{BP}, \quad \overline{BC}=\overline{BQ}+\overline{CQ},$$
$$\overline{CD}=\overline{CR}+\overline{DR}, \quad \overline{DA}=\overline{DS}+\overline{AS}$$
$$\overline{AB}+\overline{CD}=\overline{BC}+\overline{DA}$$

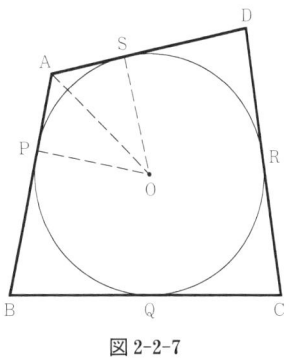

図 2-2-7

　このようにして，つぎの定理が証明されたわけです．

定理　四角形 □ABCD が円に外接するとき，2 組の対辺の和は等しい．

$$\overline{AB}+\overline{CD}=\overline{BC}+\overline{DA}$$

　この定理の逆も成立します．

定理　2 組の対辺の和が等しい四角形 □ABCD は，内接円が存在する．

証明　□ABCD の 1 つの角 ∠A の二等分線上に中心をおいて，A をはさむ 2 辺 AB, AD に接し，□ABCD の外に出ないような円のなかで，半径のもっとも大きい円 O を考えます．

　いまかりに，この円 O が四角形 □ABCD の内接円ではないとします．円 O は，2 辺 BC, CD のどちらかの辺，たとえば，BC に接しているとします．もう 1 つの辺 CD は円 O の外にあるから，C から円 O に引いた接線が AD と交わる点を D′ とすれば，D′ は辺 AD 上にあります．□ABCD′ は円 O に外接しているから，

$$\overline{AB}+\overline{CD'}=\overline{BC}+\overline{D'A}$$

一方，仮定から，
$$\overline{AB}+\overline{CD}=\overline{BC}+\overline{DA}$$
$$\overline{CD}-\overline{CD'}=\overline{DA}-\overline{D'A}$$

D′ は辺 AD 上にあるから，
$$\overline{DA}-\overline{D'A}=\overline{D'D}$$

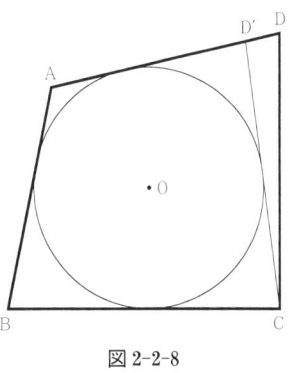

図 2-2-8

$$\overline{CD}-\overline{CD'} = \overline{D'D}, \quad \overline{CD} = \overline{CD'}+\overline{D'D}$$

△CD′D が三角形であることと矛盾します.

円 O が辺 CD と接する場合にも，まったく同じようにして，矛盾します．したがって，円 O は □ABCD の内接円となります．　　　　　　　　　　　　　　　Q. E. D.

練習問題　つぎの命題を証明しなさい．

(1) 二等辺三角形 △ABC の底辺 BC 上に任意に点 P をとれば，△PAB, △PAC の外接円の大きさは等しい．

(2) 点 A で交わる 2 つの直線 AX, AY の間の角 ∠XAY の二等分線上に定点 B がある．A, B を通る任意の円が直線 AX, AY と交わる点をそれぞれ P, Q とすれば，A, B を通る円の取り方にかかわらず $\overline{BP}=\overline{BQ}$.

(3) 2 つの平行な直線 ℓ, ℓ' と定点 A で直線 ℓ に接する定円 O がある．A を通る任意の 2 つの直線が直線 ℓ' および円 O と交わる点をそれぞれ P, Q, R, S とすれば，□PRSQ は円に内接する．

38 ページの練習問題のヒント
(1) 頂点 A を中心として，△ABP を回転し，辺 AB を AC に一致させて △ACP′ とすれば，□APCP′ は円に内接する．

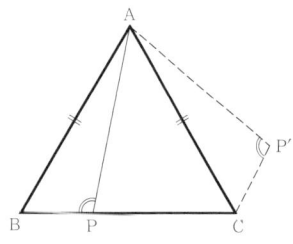

図 2-2-練習問題(1)ヒント

(2) B から AX, AY に下ろした垂線の足を P′, Q′ とすれば，△BPP′≡△BQQ′.
(3) ∠RSQ=∠QAℓ, ∠RPA=∠PAℓ ⇒∠RSQ=∠RPA.　(4) $a=\overline{AB}$, $b=\overline{BC}$, $c=\overline{CD}$, $d=\overline{DA}$ とおけば, $a+c=b+d$. 33 ページ練習問題(7)を使う．
(5) ∠ABC=∠ACB=∠BRC=∠ASC ⇒□ACSB は円に内接し，また ∠ABO =∠ACO=90° より □ABOC も円に内接し A, B, S, O, C は同一円周上にある．□ASOC を考えると，∠ASO=180°－∠ACO=90°.

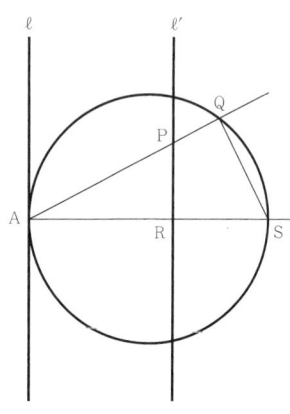

図 2-2-練習問題(3)

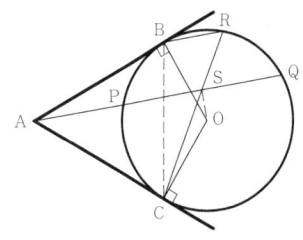

図 2-2-練習問題(5)ヒント

(4) 円に外接する四角形 □ABCD の対角線 AC によって分けられる 2 つの三角形 △ABC, △ADC の内接円はお互いに接する．

(5) 定点 A から円 O に引いた 2 つの接線の接点を B, C とする．A を通る任意の直線が円 O と 2 つの点 P, Q で交わるとき，B を通り，PQ に平行な直線が円 O と交わる点を R とすると，CR と PQ の交点 S は PQ の中

点となる．

(6) 三角形 △ABC の各頂点 A, B, C から対辺 BC, CA, AB に下ろした垂線の足を D, E, F とするとき，三角形 △DEF を三角形 △ABC の垂足三角形という．三角形 △ABC の垂心 H は垂足三角形 △DEF の内心となる．

(7) 直角三角形 △ABC の直角頂 A から対辺 BC に下ろした垂線の足を H とし，BH, CH を直径とする半円が辺 AB, AC と交わる点をそれぞれ P, Q とすれば，線分 PQ は 2 つの半円の接線となる．

(8) 三角形 △ABC の辺 AB, AC 上に $\overline{PB}=\overline{QC}$ となるように P, Q をとり，△ABC の外接円と，△APQ の外接円の交点を R とすれば，RA は頂点 A の外角を二等分する．

(6) □HDCE, □AFDC, □AFHE はともに円に内接するから，∠HED＝∠HCD，∠FCD＝∠FAD，∠FAH＝∠FEH．(7) ∠BPH, ∠CQH はともに 90° になるので □APHQ は円に内接するから，∠HPQ＝∠HAQ．∠A＝90° だから，∠HAC＝∠HBA ⇒ ∠HPQ＝∠HBP．(8) △RBP と △RCQ が合同になることを使う．

2　円と四角形

39

第 2 章　円　問　題

問　題 (I)

問題 1　三角形 △ABC の外接円を考える．∠A の外角の二等分線が △ABC の外接円と交わる点 P は弧 BC の中点となる：$\overline{PB} = \overline{PC}$.

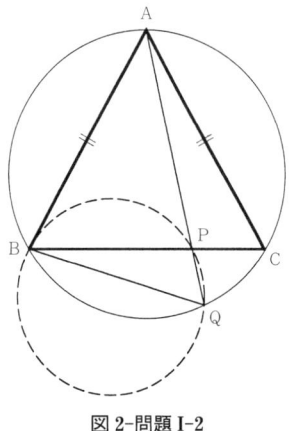

図 2-問題 I-1

問題 2　二等辺三角形 △ABC の頂点 A を通る任意の直線が底辺 BC と交わる点を P，外接円と交わる点を Q とすれば，辺 AB は B で △PBQ の外接円に接する．

図 2-問題 I-2

問題 3　正三角形 △ABC の外接円の劣弧 BC 上に任意の点 P をとると，$\overline{PA} = \overline{PB} + \overline{PC}$.

問題 4　円に内接する四辺形 □ABCD の相対する辺 BA, CD および AD, BC の延長の交点をそれぞれ P, Q とすれば，2 つの角 ∠P, ∠Q の二等分線は直交する．

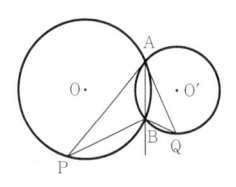

図 2-問題 I-5

問題 5　2 つの交点 A, B をもつ円 O, O' の 1 つの交点 A において円 O', O に引いた接線が円 O, O' と交わる点をそれぞれ P, Q とすれば，線分 AB は ∠PBQ を二等分する：∠PBA = ∠QBA．

問題 6 相接する 2 つの円 O, O′ の接点 A を通る 2 つの任意の直線が円 O, O′ と交わる点を図のように P, Q, R, S とすれば，PQ と SR は平行となる．

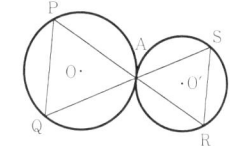

図 2-問題 I-6

問題 7 三角形 △ABC の各辺 BC, CA, AB の上に，正三角形 △PBC, △QCA, △RAB を三角形 △ABC の外側になるようにつくれば，3 つの直線 AP, BQ, CR は 1 点で交わる．

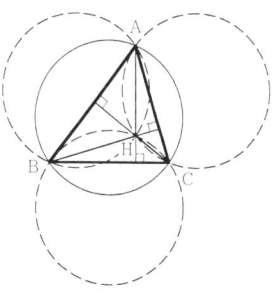

問題 8 三角形 △ABC の垂心を H とするとき，3 つの三角形 △HBC, △HCA, △HAB の外接円はいずれも，三角形 △ABC の外接円と同じ大きさをもつ．

図 2-問題 I-8

問題 9 正三角形 △ABC の外接円 O を考え，劣弧 AB, AC の中点を D, E とする．劣弧 BC 上の任意の点 P と D, E をむすぶ線分が 2 つの辺 AB, AC と交わる点をそれぞれ Q, R とすれば，線分 QR は △ABC の外接円の中心 O を通る．

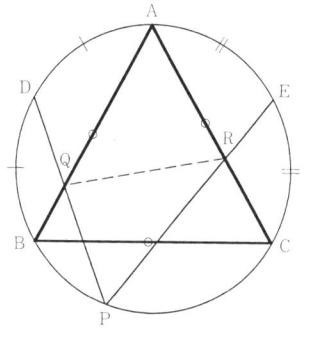

図 2-問題 I-9

問題 10 三角形 △ABC の辺 BC の中点を M とし，∠A の二等分線が辺 BC と交わる点を P とする．三角形 △AMP の外接円が辺 AB, AC と交わる点をそれぞれ Q, R とすれば，$\overline{BQ} = \overline{CR}$．

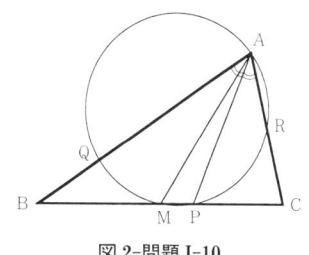

図 2-問題 I-10

問題 11 円 O の中心から，その外にある直線 ℓ に下ろした垂線の足を A とする．A を通る任意の直線と円 O との交点 B, C における円 O の接線が直線 ℓ と交わる点をそれぞれ P, Q とすれば，A は線分 PQ の中点となる：$\overline{PA} = \overline{QA}$．

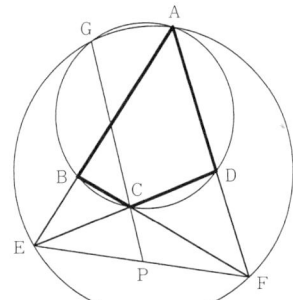

図 2-問題 I-12

問題 12 円に内接する四角形 □ABCD の 2 組の対辺 AB, DC と AD, BC の延長の交点をそれぞれ E, F とし，△AEF の外接円と □ABCD の外接円の A 以外の交点を G とする．このとき，GC の延長が弦 EF と交わる点を P とすれば，$\overline{PE}=\overline{PF}$.

問 題（II）

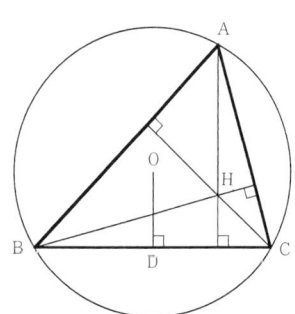

図 2-問題 II-1

問題 1（オイラーの定理） 鋭角三角形 △ABC の頂点 A と垂心 H の距離 $\overline{AH}$ は，△ABC の外接円の中心 O から辺 BC に下ろした垂線 OD の長さの 2 倍である：$\overline{OD}=\frac{1}{2}\overline{AH}$.

問題 2 問題 1 を三角形 △ABC の 1 つの角 ∠C が鈍角の場合に証明しなさい．

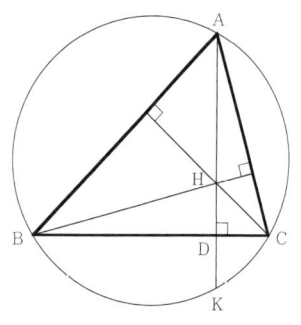

図 2-問題 II-3

問題 3 鋭角三角形 △ABC の垂心 H から辺 BC に下ろした垂線の足を D として，線分 AD の延長が外接円 O と交わる点を K とすれば，D は HK の中点となる：$\overline{HD}=\overline{DK}$.

問題 4 問題 3 を三角形 △ABC の 1 つの角 ∠C が鈍角の場合に証明しなさい．

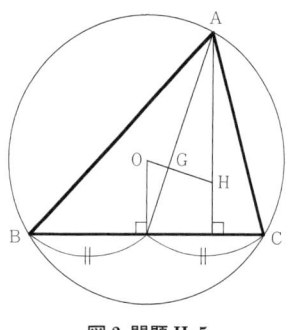

図 2-問題 II-5

問題 5 鋭角三角形 △ABC の垂心 H，重心 G，外心 O は一直線上にあり，垂心 H と重心 G との間の距離 $\overline{HG}$ は重心 G と外心 O との間の距離 $\overline{OG}$ の 2 倍となる：$\overline{HG}=2\overline{OG}$.

問題 6 鋭角三角形 △ABC の垂心 H は垂足三角形 △PQR の内心と一致し，さらに △ABC の各頂点 A, B, C は，△PQR の傍心と一致する．

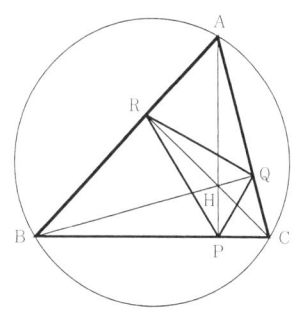

図 2-問題 II-6

問題 7 鋭角三角形 △ABC の 3 つの傍心 I_A, I_B, I_C からつくられる三角形 $△I_A I_B I_C$ を考える．△ABC の内心 I はこの三角形 $△I_A I_B I_C$ の垂心となる．

問題 8（シムソンの定理） 三角形 △ABC の外接円 O の上の任意の点 P から 3 つの辺 BC, CA, AB，あるいはその延長に下ろした垂線の足 D, E, F は一直線上にある（DFE をシムソン線という）．

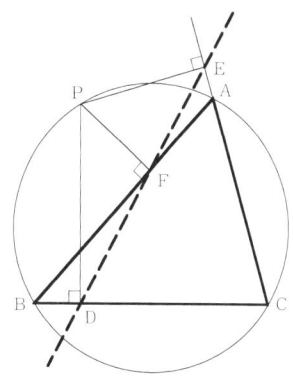

図 2-問題 II-8

問題 9（シムソンの定理の逆） 三角形 △ABC の外の任意の点 P から各辺 BC, CA, AB，あるいはその延長に下ろした垂線の足 D, E, F が一直線上にあるとすれば，P は △ABC の外接円上にある．

問題 10（ブラーマグプタの定理） 円に内接する四角形 □ABCD の 2 つの対角線が直交するとき，2 つの対角線の交点 P から 1 つの辺 AD に下ろした垂線 PQ の延長が対辺 BC と交わる点 R は辺 BC を二等分する：$\overline{RB} = \overline{RC}$．

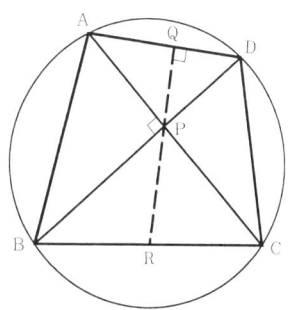

図 2-問題 II-10

問題 11（九点円の定理） 三角形 △ABC の各辺 BC, CA, AB の中点 L, M, N，各頂点 A, B, C から対辺に下ろした垂線の足 D, E, F，各頂点 A, B, C と垂心 H をむすぶ線分 AH, BH, CH の中点 P, Q, R の 9 個の点は 1 つの円の上にある．

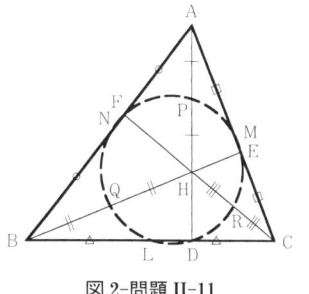

図 2-問題 II-11

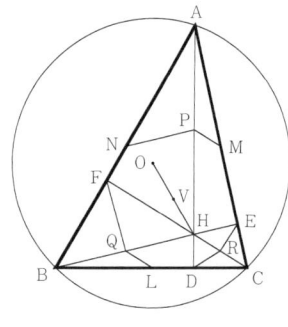

図 2-問題 II-12

問題 12 三角形 △ABC の九点円の中心 V は，外心 O と垂心 H をむすぶ線分の中点にあって，その半径は △ABC の外接円の半径の $\frac{1}{2}$ に等しい．

問　題（III）

問題 1 任意の四角形 □ABCD の 4 つの頂点の外角の二等分線の交点 P, Q, R, S からできる四角形 □PQRS は円に内接する．

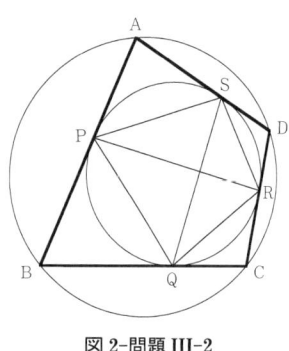

図 2-問題 III-2

問題 2 四角形 □ABCD が円に内接し，かつ円に外接するとき，内接円 O との間の 4 つの接点 P, Q, R, S からできる四角形 □PQRS の 2 つの対角線 PR, QS は直交する．

問題 3 三角形 △ABC の外心 O と各頂点 A, B, C をむすぶ線分 OA, OB, OC はそれぞれ垂足三角形 △DEF の各辺 EF, FD, DE に対して垂直となる．

問題 4 三角形 △ABC の各頂点 A, B, C から対辺 BC, CA, AB に下ろした垂線の足を D, E, F とする．D から AB, BE, CF, AC に下ろした垂線の足 P, Q, R, S は一直線上にある．

問題 5 三角形 △ABC の外接円の中心 O を通って 2 つの辺 AB, AC に平行な直線が頂点 B, C において外接円に引いた接線と交わる点をそれぞれ P, Q とすれば，線分 PQ は外接円 O の接線となる．

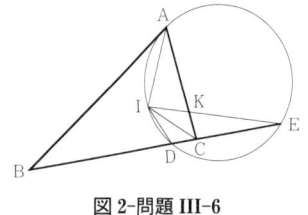

図 2-問題 III-6

問題 6 三角形 △ABC の辺 AB に頂点 A で接し，△ABC の内心 I を通る円 O が辺 BC およびその延長と交わる点をそれぞれ D, E とする．E と内心 I をむすぶ線分 IE が辺 AC と交わる点を K とすれば，$\overline{DC} = \overline{KC}$．

問題 7 三角形 △ABC の垂心を H とし，△BHC の外接円を O′ とする．頂点 A と辺 BC の中点 M を通る直線が円 O′ と交わる点を P とすれば，M は線分 AP の中点となる：$\overline{AM} = \overline{MP}$.

問題 8 円 O の任意の弦 AB の中点 M を通る 2 つの弦 PQ，RS がある．PS, QR が弦 AB と交わる点を C, D とすれば，M は線分 CD の中点となる：$\overline{CM} = \overline{DM}$.

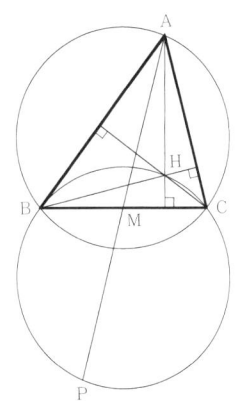

図 2-問題 III-7

問題 9 三角形 △ABC の外接円上の任意の点 P から各辺 BC, CA, AB（あるいはその延長）に下ろした垂線の足を D, E, F とする．P から辺 BC に下ろした垂線 PD の延長が外接円と交わる点を Q とすれば，AQ はシムソン線 FDE と平行となる．

問題 10 三角形 △ABC の外接円上の任意の点 P から各辺 BC, CA, AB（あるいはその延長）に下ろした垂線の足を D, E, F とする．P と △ABC の垂心をむすぶ線分 PH がシムソン線 FDE と交わる点を K とすれば，K は線分 PH の中点となる．

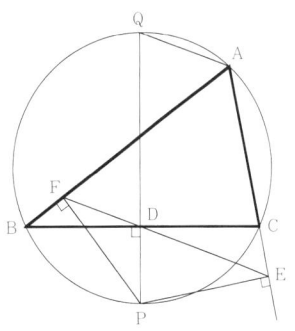

図 2-問題 III-9

問題 11 半円 AOB の直径 AB の一端 A において円 O に接する接線を ℓ とする．半円 AOB 上の点 P に対して，接線 ℓ 上に $\overline{QA} = \overline{PA}$ となるような点 Q をとり，線分 QP の延長が直径 AB の延長と交わる点を R とする．P が A に近づくとき，R はどのような点に近づくか．

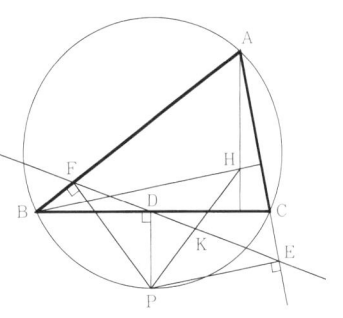

図 2-問題 III-10

第 3 章
ピタゴラスの定理

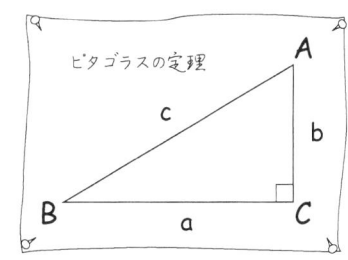

ピタゴラスの定理

直角三角形の斜辺の長さの自乗は他の2辺の長さの自乗の和に等しい．△ABCを直角三角形（∠C＝90°）とし，$\overline{BC}=a$, $\overline{CA}=b$, $\overline{AB}=c$ とおけば
$$a^2+b^2=c^2$$

　ピタゴラスの定理は，紀元前6世紀のギリシアの大数学者ピタゴラスが発見したと伝えられています．ピタゴラスの定理は，この第2巻の主題である幾何で中心的な役割をはたす定理であるだけでなく，『好きになる数学入門』全体を通じてくり返し出てきます．数学のすべての分野にわたって，ピタゴラスの定理はもっとも基礎的な，重要な定理だといってもよいと思います．

　この章で紹介するピタゴラスの定理の証明は，ユークリッドの『原本』で使われたものです．ピタゴラスの定理の証明は数えきれないほどたくさんあります．紀元前1100年頃書かれたといわれる古い中国の数学書『周髀算経』のなかにも，ピタゴラスの定理の証明と考えられるものがのこっています．直角三角形の3つの辺の長さが3, 4, 5の場合について図示されていますが，一般の直角三角形に対して適用できるような証明法がとられています．『算数から数学へ』でお話ししたプラトンの対話篇『メノン』に引用されているソクラテスの証明とまったく同じ考え方です．

1

ピタゴラスの定理

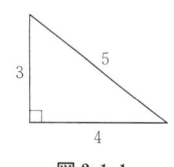

図 3-1-1

3 辺の長さが，3 : 4 : 5 に比例するような三角形はかならず直角三角形になります．たとえば 5 : 12 : 13 の比も直角三角形をつくります．

ピタゴラスの定理　直角三角形 △ABC(∠C = 90°) の 3 辺の長さを a, b, c とすれば ($a = \overline{BC}$, $b = \overline{CA}$, $c = \overline{AB}$)
$$a^2 + b^2 = c^2$$

証明　△ABC の各辺の上に正方形をつくります．
　　　　□ABDE,　　□BCFG,　　□CAHK

□ABDE の面積(c^2)が □BCFG の面積(a^2)と □CAHK の面積(b^2)の和になることを示せばよいわけです．頂点 C から対辺 AB に下ろした垂線の足を L とします．CL を延長して正方形 □ABDE の辺 DE との交点を M とします．最初に長方形 □LBDM の面積が正方形 □BCFG の面積に等しくなることを示します．そのために，2 つの三角形 △ABG, △DBC を考えます．

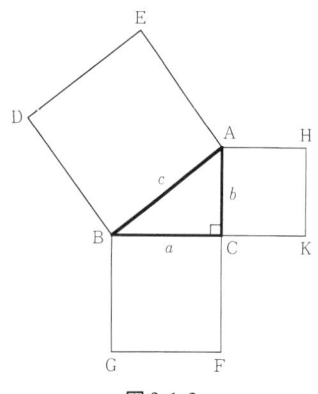

図 3-1-2

　$\overline{AB} = \overline{DB}$, $\overline{BG} = \overline{BC}$, ∠ABG = ∠DBC (= ∠B + 90°)
　　⇒　△ABG ≡ △DBC

長方形 □LBDM の面積は △DBC の 2 倍で，正方形 □BCFG の面積は △ABG の 2 倍となるから，□LBDM = □BCFG．

同じようにして，長方形 □ALME と正方形 □CAHK が等しい面積をもつことを示すことができます［練習問題として示しなさい］．このようにして，□ABDE の面積は □BCFG と □CAHK の面積の和に等しくなることが示されたわけです．　　　　　　　　　　　　Q. E. D.

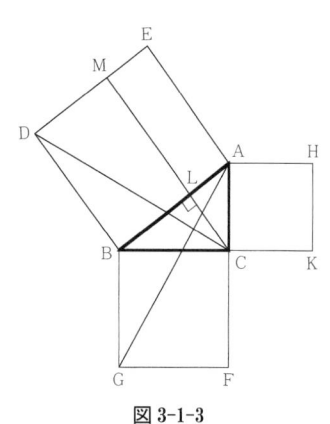

図 3-1-3

ピタゴラスの定理の逆も真である

定理（ピタゴラスの定理の逆）　三角形 △ABC の 3 つの辺の長さ a, b, c の間にピタゴラスの関係
$$a^2 + b^2 = c^2$$
が成立しているときには，△ABC は直角三角形となる．

証明　いまかりに，△ABC の 3 つの辺の長さ a, b, c の間にピタゴラスの関係が成立をしているにもかかわらず，△ABC が直角三角形でなかったとします．はじめに，∠C の大きさが 90° より小さいときを考えます．

頂点 C を通って，辺 BC に垂線を立て，$\overline{CA'} = \overline{CA} = b$ となるように点 A' をとります．三角形 △A'BC は直角三角形だから，ピタゴラスの定理によって，$a^2 + b^2 = c'^2$, $c' = \overline{A'B}$. $c' = c$ だから，$\overline{AB} = \overline{A'B}$.

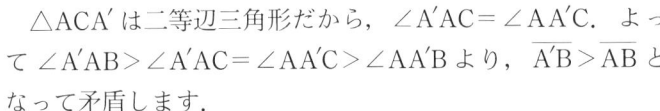

図 3-1-4

△ACA' は二等辺三角形だから，∠A'AC = ∠AA'C．よって ∠A'AB > ∠A'AC = ∠AA'C > ∠AA'B より，$\overline{A'B} > \overline{AB}$ となって矛盾します．

∠C の大きさが 90° より大きいときにも，同じようにして，矛盾することを示すことができます．　　　Q. E. D.

定理　三角形 △ABC の各辺の長さを a, b, c とする．
$$a = \overline{BC}, \quad b = \overline{CA}, \quad c = \overline{AB}$$
このとき，つぎの性質がみたされる．
（ⅰ）　$a^2 + b^2 > c^2$　⇒　∠C < 90°（鋭角）
（ⅱ）　$a^2 + b^2 = c^2$　⇒　∠C = 90°（直角）
（ⅲ）　$a^2 + b^2 < c^2$　⇒　∠C > 90°（鈍角）

練習問題 1　∠C を直角とする直角三角形 △ABC の 3 辺の長さ $a = \overline{BC}$, $b = \overline{CA}$, $c = \overline{AB}$ のうち，2 辺の長さがわかっているとき，第 3 辺の長さを求めなさい．

(1)　$a = 32$, $b = 24$　　(2)　$a = \dfrac{8}{7}$, $b = \dfrac{15}{7}$

(3)　$b = 7$, $c = 25$　　(4)　$a = \dfrac{5}{12}$, $c = \dfrac{13}{12}$

練習問題 2　三角形 △ABC の 3 辺の長さ $a = \overline{BC}$, $b = \overline{CA}$, c

$=\overline{AB}$ がつぎのような大きさのとき，△ABC が直角三角形，鋭角三角形，鈍角三角形のいずれか，ピタゴラスの定理を使って計算して示しなさい．

(1) $a = 32, \ b = 24, \ c = 35$

(2) $a = \dfrac{6}{7}, \ b = \dfrac{10}{7}, \ c = \dfrac{15}{7}$

(3) $a = 33, \ b = 56, \ c = 65$

(4) $a = \dfrac{5}{12}, \ b = \dfrac{7}{12}, \ c = \dfrac{11}{12}$

49 ページの練習問題のヒント

問題 1　(1) $c = 40$　(2) $c = \dfrac{17}{7}$
　　　　(3) $a = 24$　(4) $b = 1$
問題 2　(1) 鋭角　(2) 鈍角
　　　　(3) 直角　(4) 鈍角

ピタゴラスの定理の系

ピタゴラスの定理の証明で，正方形 □BCFG (a^2) と長方形 □LBDM (cx) は等しい面積をもち，正方形 □CAHK (b^2) と長方形 □ALME (cy) が等しい面積をもつことを示しました．このことは，つぎの定理の形にあらわすことができます．

定理　∠C を直角とする直角三角形 △ABC の 3 辺の長さを $a = \overline{BC}, \ b = \overline{CA}, \ c = \overline{AB}$ とする．頂点 C から対辺 AB に下ろした垂線の足を H とし，$x = \overline{BH}, \ y = \overline{AH}$ とおけば，つぎの関係が成り立つ．

$$a^2 = cx, \qquad b^2 = cy$$

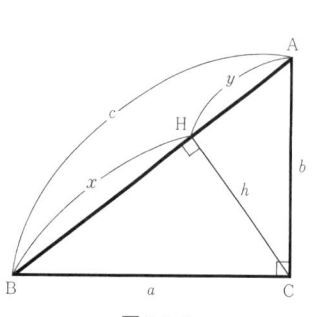

図 3-1-5

定理　∠C を直角とする直角三角形 △ABC の 3 辺の長さを $a = \overline{BC}, \ b = \overline{CA}, \ c = \overline{AB}$ とする．頂点 C から対辺 AB に下ろした垂線の足を H とし，$h = \overline{CH}, \ x = \overline{BH}, \ y = \overline{AH}$ とおけば，つぎの関係が成り立つ．

$$h^2 = xy$$

証明　三角形 △ABC, △CBH, △CAH はいずれも直角三角形だから，ピタゴラスの定理を適用して，

$$c^2 = a^2 + b^2, \qquad a^2 = x^2 + h^2, \qquad b^2 = y^2 + h^2$$
$$c^2 = x^2 + y^2 + 2h^2$$

$c = x + y, \ (x+y)^2 = x^2 + y^2 + 2xy$ より，

$$x^2 + y^2 + 2h^2 = x^2 + y^2 + 2xy$$
$$h^2 = xy \qquad\qquad \text{Q. E. D.}$$

2 三角形の中線定理

定理（三角形の中線定理＝パッポスの定理） 三角形 △ABC の頂点 A と対辺 BC の中点 M をむすぶ線分 AM を引けば
$$\overline{AB}^2 + \overline{AC}^2 = 2(\overline{AM}^2 + \overline{BM}^2)$$
$a = \overline{BC}$ $\left(\overline{BM} = \overline{CM} = \dfrac{a}{2}\right)$, $b = \overline{CA}$, $c = \overline{AB}$, $m = \overline{AM}$ とおけば
$$b^2 + c^2 = 2\left\{m^2 + \left(\dfrac{a}{2}\right)^2\right\}$$

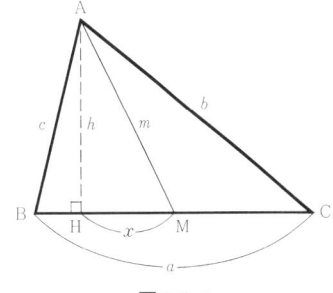

図 3-2-1

証明 頂点 A から対辺 BC に下ろした垂線の足を H とし, $h = \overline{AH}$, $x = \overline{MH}$ とおきます. 3つの直角三角形 △ACH, △ABH, △AMH にピタゴラスの定理を適用して
$$b^2 = h^2 + \left(\dfrac{a}{2} + x\right)^2, \quad c^2 = h^2 + \left(\dfrac{a}{2} - x\right)^2, \quad m^2 = h^2 + x^2$$
$$b^2 + c^2 = 2h^2 + 2\left\{\left(\dfrac{a}{2}\right)^2 + x^2\right\} = 2\left\{m^2 + \left(\dfrac{a}{2}\right)^2\right\}$$
Q. E. D.

パッポスはギリシアの幾何学者です．8章にも出てきます．

練習問題 つぎの命題を証明しなさい．
(1) 平行四辺形 □ABCD の4辺の平方の和は対角線の平方の和に等しい：$\overline{AB}^2 + \overline{BC}^2 + \overline{CD}^2 + \overline{DA}^2 = \overline{AC}^2 + \overline{BD}^2$.
(2) 任意の四角形 □ABCD の4辺の平方の和は，対角線の平方の和に対角線の中点（対角線 AC, BD の中点をそれぞれ M, N とする）をむすぶ線分の平方の和の4倍を加えたものに等しい．
$$\overline{AB}^2 + \overline{BC}^2 + \overline{CD}^2 + \overline{DA}^2 = \overline{AC}^2 + \overline{BD}^2 + 4\overline{MN}^2$$

51 ページの練習問題のヒント
(1) 2つの対角線 AC, BD の交点 O がそれぞれ中点となっていることを使う．
(2) △ABC, △ACD, △MBD に三角形の中線定理を適用する．

3

ピタゴラス数

ピタゴラスの定理は，直角三角形の 3 辺の長さ a, b, c の間につぎのピタゴラスの関係が成立することを意味します．
$$c^2 = a^2 + b^2$$
かんたんなピタゴラス数の例として

$a = 3, \quad b = 4, \quad c = 5; \quad a = 5, \quad b = 12, \quad c = 13$

この例のように，a, b, c がピタゴラスの関係をみたす整数のとき，ピタゴラス数といいます．

定理 $m, n \ (m > n)$ を任意の正の整数とすれば，つぎの 3 つの整数 a, b, c はピタゴラス数となる．
$$a = m^2 - n^2, \quad b = 2mn, \quad c = m^2 + n^2$$

ほほー

証明
$$a^2 = (m^2 - n^2)^2 = m^4 - 2m^2n^2 + n^4,$$
$$b^2 = (2mn)^2 = 4m^2n^2,$$
$$c^2 = (m^2 + n^2)^2 = m^4 + 2m^2n^2 + n^4$$
$$c^2 = a^2 + b^2 \qquad \text{Q. E. D.}$$

逆に，ピタゴラス数 a, b, c はすべて，上のような形にあらわすことができます．

定理 3 つの正の整数 a, b, c がピタゴラス数
$$c^2 = a^2 + b^2$$
であるとすれば，つぎの条件をみたすような 2 つの正の整数 $m, n \ (m > n)$ が存在する．
$$a = m^2 - n^2, \quad b = 2mn, \quad c = m^2 + n^2$$

証明 与えられたピタゴラス数 a, b, c が上のようにあらわされたとします．新しくつぎの変数 x, y を定義します．
$$x = \frac{a}{c} = \frac{m^2 - n^2}{m^2 + n^2}, \quad y = \frac{b}{c} = \frac{2mn}{m^2 + n^2}$$
このとき，x, y は有理数で
$$x^2 + y^2 = \left(\frac{a}{c}\right)^2 + \left(\frac{b}{c}\right)^2 = 1$$
変数 x, y の定義式をつぎのように変形します．

$$x = \frac{1-\left(\frac{n}{m}\right)^2}{1+\left(\frac{n}{m}\right)^2}, \quad y = \frac{2\frac{n}{m}}{1+\left(\frac{n}{m}\right)^2}$$

ここで，$t=\dfrac{n}{m}$ とおけば，t は有理数で

$$x = \frac{1-t^2}{1+t^2}, \quad y = \frac{2t}{1+t^2}$$

$$1+x = \frac{2}{1+t^2} = \frac{1}{t}\frac{2t}{1+t^2} = \frac{y}{t}, \quad t = \frac{y}{1+x}$$

この考察から，つぎのような証明を考えることができます．与えられたピタゴラス数 a, b, c に対して，変数 x, y, t をつぎのように定義します．

$$x = \frac{a}{c}, \quad y = \frac{b}{c}, \quad t = \frac{y}{1+x}$$

このとき，
$$x^2+y^2 = 1, \quad y = t(1+x)$$

したがって，
$$x^2+t^2(1+x)^2 = 1$$
$$t^2(1+x)^2 = 1-x^2 = (1-x)(1+x)$$
$$t^2(1+x) = 1-x$$

x について解くと，
$$x = \frac{1-t^2}{1+t^2}$$

上の y の式に代入すれば，
$$y = t\left(1+\frac{1-t^2}{1+t^2}\right) = \frac{2t}{1+t^2}$$

t は正の有理数だから，$t=\dfrac{n}{m}$ をみたす正の整数 m, n が存在します．上の x, y の式に代入して，整理すれば

$$x = \frac{m^2-n^2}{m^2+n^2}, \quad y = \frac{2mn}{m^2+n^2} \quad \text{Q. E. D.}$$

ピタゴラス数の例

$$(m, n) = (2, 1) \Rightarrow 3, 4, 5$$
$$(m, n) = (3, 1) \Rightarrow 8, 6, 10$$

$(m, n) = (3, 2) \Rightarrow 5, 12, 13$
$(m, n) = (4, 1) \Rightarrow 15, 8, 17$
$(m, n) = (4, 2) \Rightarrow 12, 16, 20$
$(m, n) = (4, 3) \Rightarrow 7, 24, 25$

第 3 章　ピタゴラスの定理　問　題

問題 1　三角形 △ABC の垂心を H とすれば，$\overline{AH}^2 + \overline{BC}^2 = \overline{BH}^2 + \overline{CA}^2 = \overline{CH}^2 + \overline{AB}^2$．

問題 2　∠C が直角であるような直角三角形 △ABC の 2 辺 CA, CB それぞれの上に任意の点 P, Q をとると，$\overline{AQ}^2 + \overline{BP}^2 - \overline{PQ}^2 =$ 一定．

問題 3　∠C が直角であるような直角二等辺三角形 △ABC の斜辺 AB 上に任意の点 P をとると，$\overline{AP}^2 + \overline{BP}^2 = 2\overline{CP}^2$．

問題 4　2 つの対角線が直交する四辺形 □ABCD の 2 組の対辺の自乗の和は等しい：$\overline{AB}^2 + \overline{CD}^2 = \overline{AD}^2 + \overline{BC}^2$．

問題 5　三角形 △ABC について，$\overline{AB} > \overline{AC}$ とし，A から対辺 BC に下ろした垂線の足を H，辺 BC の中点を M とすれば，$\overline{AB}^2 - \overline{AC}^2 = 2 \times \overline{BC} \times \overline{MH}$．

　　[$a = \overline{BC}$, $b = \overline{AC}$, $c = \overline{AB}$, $x = \overline{MH}$ とおけば，$c^2 - b^2 = 2ax$．]

問題 6　2 つの点 A, B が与えられているとき，$\overline{PA}^2 - \overline{PB}^2 = k$（一定）となるような点 P の軌跡を求めなさい．

軌跡というのは，ある条件をみたす点 P のえがく図形のことです．

問題 7　2 つの点 A, B が与えられているとき，$\overline{PA}^2 + \overline{PB}^2 =$ 一定 となるような点 P の軌跡を求めなさい．

問題 8　円 O とその外に点 A が与えられている．A との距離 $\overline{PA}$ が，円 O に引いた接線の接点 Q との間の距離 $\overline{PQ}$ と等しくなるような点 P の軌跡を求めなさい：$\overline{PA} = \overline{PQ}$．

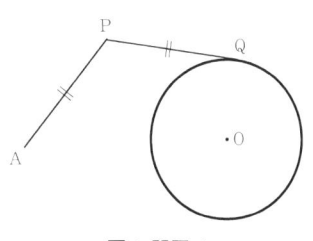

図 3-問題-8

問題 9　円 O とそのなかに点 A が与えられている．円 O の上に任意に 2 つの点 P, Q を，PQ が AO と平行となるようにとるとき，$\overline{PA}^2 + \overline{QA}^2 =$ 一定．

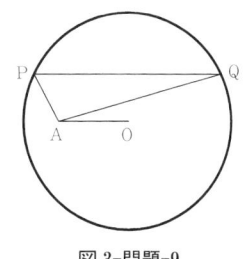

図 3-問題-9

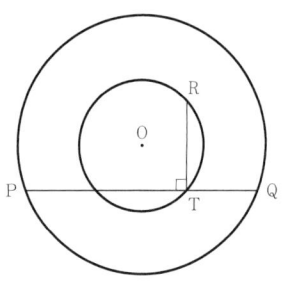

図 3-問題-10

問題 10 点 O を中心とする 2 つの円が与えられている．大きい方の円の上に 2 つの点 P, Q を弦 PQ が小さい方の円と交わるようにとり，弦 PQ が小さい方の円と交わる点の 1 つを T とし，T において立てた PQ に対する垂線が小さい方の円と交わる点を R とすれば，$\overline{TP}^2 + \overline{TQ}^2 + \overline{TR}^2 =$ 一定．

問題 11 長方形 □ABCD が与えられている．このとき，任意の点 P に対して，$\overline{PA}^2 + \overline{PC}^2 = \overline{PB}^2 + \overline{PD}^2$．

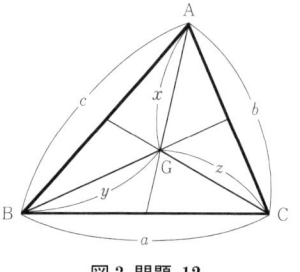

図 3-問題-12

問題 12 三角形 △ABC の重心を G とすれば，
$$\overline{BC}^2 + 3\overline{AG}^2 = \overline{CA}^2 + 3\overline{BG}^2 = \overline{AB}^2 + 3\overline{CG}^2$$
あるいは，$a = \overline{BC}$, $b = \overline{CA}$, $c = \overline{AB}$, $x = \overline{AG}$, $y = \overline{BG}$, $z = \overline{CG}$ とおけば
$$a^2 + 3x^2 = b^2 + 3y^2 = c^2 + 3z^2$$

第 4 章
相似と比例

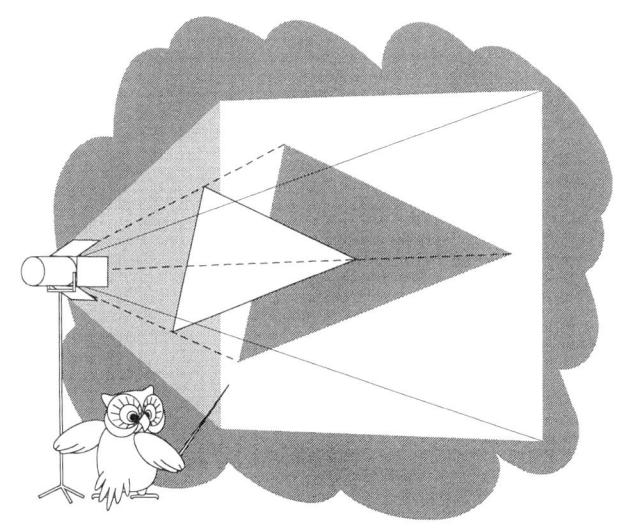

幻灯の原理

　幻灯は，つよい光を図形にあてて，はなれたところにおいてあるスクリーンに写しだします．このとき，図形とスクリーンが平行であれば，図形は，その特徴を保ったまま，大きさだけ拡大されるわけです．たとえば，三角形の図形は，その3つの角の大きさを一定に保って，3つの辺の長さが一定の比で拡大されてスクリーンに写しだされます．円の図形についても，スクリーンに写しだされた写像が円となります．

　幻灯の原理は幾何では相似と比例の考え方となります．この相似と比例の考え方はたいへん重宝な考え方で，幾何のむずかしい問題を解くときによく使われます．幻灯の原理は，地図をつくるときに使われますし，また設計するときなどに使われる透視図法の基礎にもなっています．

1

相似と比例の考え方

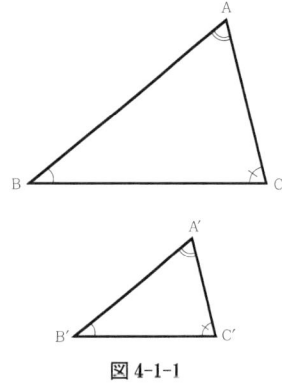

図 4-1-1

3つの角がそれぞれ等しくなるには、2つの角がそれぞれ等しければよいのはわかりますね．

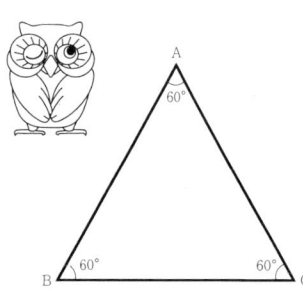

図 4-1-2

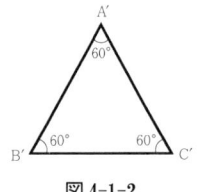

58ページの練習問題のヒント
(1) 三角形の中点にかんする定理によって，DE∥BC, $\overline{DE}=\frac{1}{2}\overline{BC}$．(2) AB, AC をそれぞれ 1：1 に内分する点をとって，問題(1)を適用すればよい．

2つの三角形 △ABC, △A′B′C′ について，3つの角がそれぞれ等しく，かつ対応する辺の長さが比例するとき，相似であるといいます．

$$\angle A = \angle A', \quad \angle B = \angle B', \quad \angle C = \angle C'$$
$$\overline{BC} : \overline{B'C'} = \overline{CA} : \overline{C'A'} = \overline{AB} : \overline{A'B'}$$
$$\left(\frac{\overline{BC}}{\overline{B'C'}} = \frac{\overline{CA}}{\overline{C'A'}} = \frac{\overline{AB}}{\overline{A'B'}} \right)$$

相似はつぎの記号を使ってあらわします．
$$\triangle ABC \infty \triangle A'B'C'$$

2つの三角形が相似となるためには，3つの角がそれぞれ等しいか，あるいは対応する辺の長さが比例していれば十分です．この共通の比の大きさを相似比といいます．

三角形の相似にかんする条件は，三角形の合同にかんする条件の「対応する辺の長さが等しい」を「対応する辺の長さが比例する」に変えればすべて成立します．

正三角形はすべて相似となります．

一般の図形についても相似の考え方を導入することができます．とくに，四角形 □ABCD の場合には，2つの三角形 △ABC, △ACD に分解して，三角形の相似にかんする条件を使えばよいわけです．

練習問題 つぎの命題を証明しなさい．
(1) 三角形 △ABC の辺 AB の中点 D，辺 AC の中点 E をとると，2つの三角形 △ADE, △ABC は相似になる．
(2) 三角形 △ABC の辺 AB を 1：3 に内分する点を D とし，辺 AC を 1：3 に内分する点を E とする．
$$\overline{AD} : \overline{DB} = 1 : 3, \quad \overline{AE} : \overline{EC} = 1 : 3$$
このとき，2つの三角形 △ADE, △ABC は相似になる．

一般に，三角形 △ABC について，D を辺 AB を $p : q$ に

内分する点とし，E を辺 AC を $p:q$ に内分する点とします．
$$\overline{\text{AD}}:\overline{\text{DB}}=p:q, \quad \overline{\text{AE}}:\overline{\text{EC}}=p:q$$
このとき，△ABC と △ADE は相似となり，相似比 $(p+q):p$ となります．

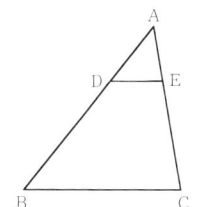

練習問題 2つの三角形 △ABC, △A′B′C′ が相似とし，各辺の長さを $a=\overline{\text{BC}}$, $b=\overline{\text{CA}}$, $c=\overline{\text{AB}}$, $a'=\overline{\text{B'C'}}$, $b'=\overline{\text{C'A'}}$, $c'=\overline{\text{A'B'}}$ とする．これらの辺の長さのうち，一部分しか知られていないとき，残りの辺の長さを求めなさい．

(1) $a=12$ cm, $b=25$ cm, $c=18$ cm
　　$a'=90$ cm, $b'=\square$ cm, $c'=\square$ cm

(2) $a=65$ cm, $b=45$ cm, $c=\square$ cm
　　$a'=\square$ cm, $b'=27$ cm, $c'=36$ cm

(3) △ABC は直角三角形（∠C=90°）
　　$a=\square$ cm, $b=30$ cm, $c=\square$ cm
　　$a'=\square$ cm, $b'=36$ cm, $c'=45$ cm

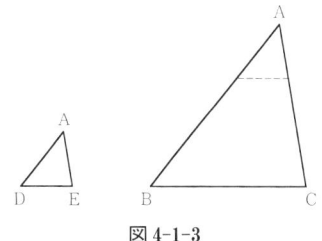

図 4-1-3

59 ページの練習問題（上）の答え
(1) $b'=187.5$ cm, $c'=135$ cm
(2) $c=60$ cm, $a'=39$ cm
(3) $a=22.5$ cm, $c=37.5$ cm, $a'=27$ cm

　相似と比例の関係は，つぎのように表現することもできます．ある三角形 △ABC の2つの辺 AB, AC あるいはその延長の上にそれぞれ D, E をとります．

　DE が BC に平行であるとすれば，△ABC と △ADE は相似となり，
$$\overline{\text{AB}}:\overline{\text{AD}}=\overline{\text{AC}}:\overline{\text{AE}}=\overline{\text{BC}}:\overline{\text{DE}}$$
$$\left(\frac{\overline{\text{AB}}}{\overline{\text{AD}}}=\frac{\overline{\text{AC}}}{\overline{\text{AE}}}=\frac{\overline{\text{BC}}}{\overline{\text{DE}}}\right)$$

逆に，
$$\overline{\text{AB}}:\overline{\text{AD}}=\overline{\text{AC}}:\overline{\text{AE}}=\overline{\text{BC}}:\overline{\text{DE}}$$
$$\left(\frac{\overline{\text{AB}}}{\overline{\text{AD}}}=\frac{\overline{\text{AC}}}{\overline{\text{AE}}}=\frac{\overline{\text{BC}}}{\overline{\text{DE}}}\right)$$

が成立すれば，△ABC と △ADE は相似となり，DE が BC に平行となります．

練習問題 三角形 △ABC の2つの辺 AB, AC あるいはその延長上に DE が BC に平行となるようにそれぞれ D, E をとる．$\overline{\text{AB}}, \overline{\text{AC}}, \overline{\text{BC}}, \overline{\text{AD}}, \overline{\text{AE}}, \overline{\text{DE}}$ の長さのうち，一部分しか知られていないとき，残りの辺の長さを求めなさい．

59 ページの練習問題(下)の答え
(1) $\overline{AC}=16$ cm, $\overline{DE}=4.8$ cm
(2) $\overline{BC}=56$ cm, $\overline{AD}=12.3$ cm

(1) $\overline{AB}=20$ cm, $\overline{AC}=\square$ cm, $\overline{BC}=12$ cm
$\overline{AD}=8$ cm, $\overline{AE}=6.4$ cm, $\overline{DE}=\square$ cm

(2) $\overline{AB}=60$ cm, $\overline{AC}=80$ cm, $\overline{BC}=\square$ cm
$\overline{AD}=\square$ cm, $\overline{AE}=16.4$ cm, $\overline{DE}=11.48$ cm

例題 1（円の接線にかんする基本定理） 円 O の外にある点 P から円 O に引いた接線を PA とし，P から引いた任意の直線が円 O と 2 つの点 B, C で交わるとき，$\overline{PA}^2 = \overline{PB} \times \overline{PC}$.

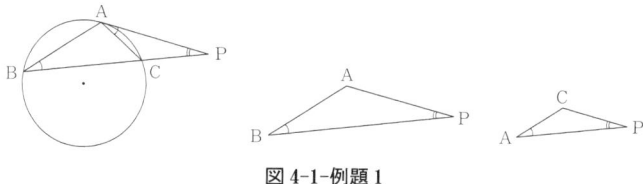

図 4-1-例題 1

証明 2 つの三角形 △PAB, △PCA を考えます．∠P は共通で ∠PBA = ∠PAC だから，この 2 つの三角形は相似となります．

$$\frac{\overline{PB}}{\overline{PA}} = \frac{\overline{PA}}{\overline{PC}} \quad \Rightarrow \quad \overline{PA}^2 = \overline{PB} \times \overline{PC}$$

Q. E. D.

例題 2（ピタゴラスの定理の別証） 直角三角形 △ABC について，直角頂 C から辺 AB に下ろした垂線の足を H とします．
∠B + ∠A = 90°, ∠B + ∠BCH = 90°, ∠BCH = ∠A
3 つの直角三角形 △ABC, △ACH, △CBH をならべます．まず 2 つの直角三角形 △ABC, △ACH は相似となって，各辺の長さは比例します．

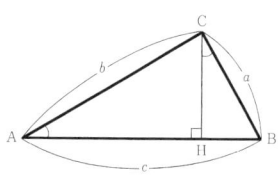

図 4-1-例題 2a

$$\frac{\overline{AB}}{\overline{AC}} = \frac{\overline{AC}}{\overline{AH}} \quad \Rightarrow \quad \overline{AC}^2 = \overline{AB} \times \overline{AH}$$

同じように △ABC と △CBH について，$\overline{BC}^2 = \overline{AB} \times \overline{BH}$.
$\overline{BC}^2 + \overline{AC}^2 = \overline{AB} \times \overline{BH} + \overline{AB} \times \overline{AH} = \overline{AB}^2 \quad \Rightarrow \quad a^2 + b^2 = c^2$
ピタゴラスの定理が証明されたことになります．　Q. E. D.

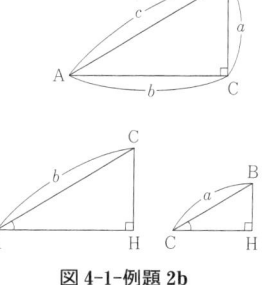

図 4-1-例題 2b

2

相似と比例の例題

例題1 三角形 △ABC の辺 BC 上の任意の点 D と頂点 A とむすぶ線分 AD を考える. 辺 BC に平行な直線が, 2 つの辺 AB, AC と交わる点をそれぞれ P, Q とし, 線分 AD と交わる点を R とすれば
$$\overline{PR} : \overline{RQ} = \overline{BD} : \overline{DC}$$
証明 △ABD について, PR ∥ BD より $\overline{PR} : \overline{BD} = \overline{AR} : \overline{AD}$. △ADC について, RQ ∥ DC より $\overline{RQ} : \overline{DC} = \overline{AR} : \overline{AD}$. ゆえに, $\overline{PR} : \overline{BD} = \overline{RQ} : \overline{DC}$ となり, $\overline{PR} : \overline{RQ} = \overline{BD} : \overline{DC}$.

Q. E. D.

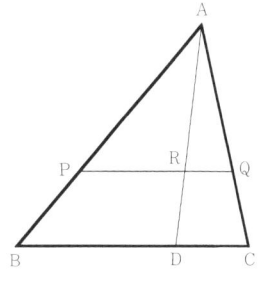

図 4-2-例題 1

例題2 三角形 △ABC の角 ∠A の二等分線が辺 BC と交わる点を D とすれば,
$$\overline{BD} : \overline{DC} = \overline{AB} : \overline{AC}$$
証明 辺 BA を A をこえて, 辺 AC と等しい長さだけ延長した点を E とすると, △ACE は二等辺三角形となり,
$$\overline{AE} = \overline{AC}, \quad \angle AEC = \angle ACE$$
$$\angle BAD = \frac{1}{2}\angle BAC = \angle AEC \Rightarrow AD \parallel EC$$
$$\overline{BD} : \overline{DC} = \overline{BA} : \overline{AE} = \overline{AB} : \overline{AC} \quad Q. E. D.$$

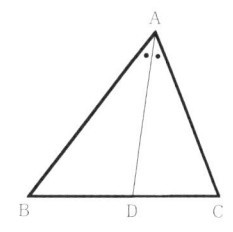

図 4-2-例題 2

練習問題

(1) 三角形 △ABC ($\overline{AB} > \overline{AC}$ とする) の角 ∠A の外角の二等分線が辺 BC の延長と交わる点を D とすれば,
$$\overline{BD} : \overline{DC} = \overline{AB} : \overline{AC}$$

(2) 3 辺の長さがつぎのような長さの三角形 △ABC について, 角 ∠A の内角および外角の二等分線が辺 BC と交わる点をじっさいに作図し, これらの点の間の距離をはかり, 計算した通りになるかたしかめなさい ($a = \overline{BC}$, $b = \overline{CA}$, $c = \overline{AB}$).

(ⅰ) $a = 8$ cm, $b = 4$ cm, $c = 6$ cm

(ⅱ) $a = 16$ cm, $b = 6$ cm, $c = 18$ cm

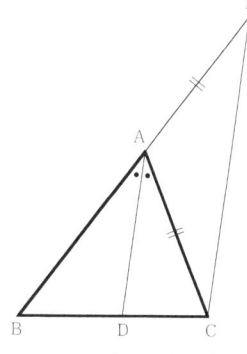

図 4-2-例題 2 (証明)

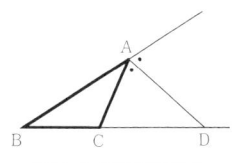

図 4-2-練習問題 (1)

61ページの練習問題のヒント
(1) 辺 AB の上に $\overline{AE}=\overline{AC}$ となるような点 E をとると，△ACE が二等辺三角形となることを使う． (3) 線分 BC を一定の比で内分する点は 1 つしかないことを使う． (4) 線分 BC を一定の比で外分する点は 1 つしかないことを使う．

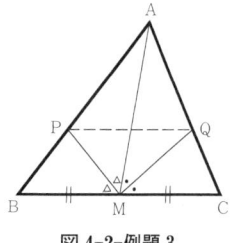

図 4-2-例題 3

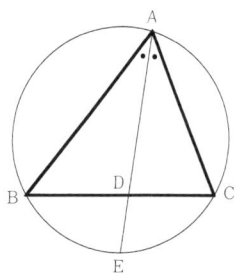

図 4-2-例題 4

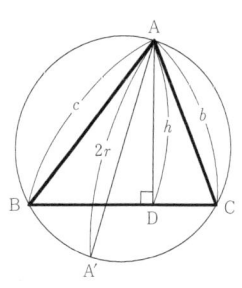

図 4-2-例題 5

(3) 三角形 △ABC の辺 BC 上の点 D について，$\overline{BD}:\overline{DC}=\overline{AB}:\overline{AC}$ とすると，AD は角 ∠A の二等分線となることを証明しなさい．

(4) 三角形 △ABC の辺 BC の C をこえた延長上に $\overline{BD}:\overline{DC}=\overline{AB}:\overline{AC}$ となるような点 D をとると，AD は角 ∠A の外角の二等分線となることを証明しなさい．

例題 3 三角形 △ABC の辺 BC の中点を M とする．2 つの角 ∠AMB, ∠AMC の二等分線が辺 AB, AC と交わる点をそれぞれ P, Q とすれば，PQ は辺 BC に平行となる．

証明 PM は ∠AMB の二等分線だから，例題 2 を適用して，
$$\overline{AP}:\overline{PB}=\overline{MA}:\overline{MB}$$
MQ は ∠AMC の二等分線だから，
$$\overline{AQ}:\overline{QC}=\overline{MA}:\overline{MC}, \qquad \overline{MB}=\overline{MC}$$
$$\overline{AP}:\overline{PB}=\overline{AQ}:\overline{QC} \;\Rightarrow\; PQ \parallel BC \quad \text{Q. E. D.}$$

例題 4 三角形 △ABC の角 ∠A の二等分線が辺 BC と交わる点を D とし，外接円と交わる点を E とすれば，
$$\overline{AB}\times\overline{AC}=\overline{AD}\times\overline{AE}$$

証明 △ABE, △ADC を比較すると，∠BAE=∠DAC（AE が ∠A の二等分線），∠BEA=∠DCA（どちらも弦 AB の円周角），△ABE, △ADC は相似となり
$$\overline{AB}:\overline{AD}=\overline{AE}:\overline{AC} \;\Rightarrow\; \overline{AB}\times\overline{AC}=\overline{AD}\times\overline{AE}$$
$$\text{Q. E. D.}$$

例題 5 三角形 △ABC の頂点 A から対辺 BC に下ろした垂線の足を D とし，AA′ を △ABC の外接円の直径とすれば，
$$\overline{AB}\times\overline{AC}=\overline{AA'}\times\overline{AD}$$
あるいは，$b=\overline{AC}, c=\overline{AB}, h=\overline{AD}, 2r=\overline{AA'}$ とおけば
$$bc=2rh$$

証明 △ABA′, △ADC を比較すると，∠AA′B=∠ACD（どちらも弦 AB の円周角），∠ABA′=∠ADC=90°．したがって，△ABA′, △ADC は相似となり
$$\overline{AB}:\overline{AD}=\overline{AA'}:\overline{AC} \;\Rightarrow\; \overline{AB}\times\overline{AC}=\overline{AA'}\times\overline{AD}$$
$$\text{Q. E. D.}$$

例題 6 点 O において，直線 OX と OY はそれぞれ 60° の角度をもって直線 OZ と交わる（3 つの直線 OX, OY, OZ が図に示されているような位置にある）．O を通らない任意の

直線 ℓ がこの 3 つの直線 OX, OY, OZ と交わる点をそれぞれ P, Q, R とし, $x = \overline{OP}$, $y = \overline{OQ}$, $z = \overline{OR}$ とおけば
$$\frac{1}{x} + \frac{1}{y} = \frac{1}{z}$$

証明 点 Q を通って, OX に平行な直線を引き, OZ との交点を S とすれば, △OSQ は正三角形となる. $\overline{SQ} = \overline{OS} = \overline{OQ} = y$, $\overline{SR} = y - z$.

△OPR, △SQR を比較すると, ∠OPR = ∠SQR, ∠POR = ∠QSR = 60°. ゆえに, △OPR, △SQR は相似となり,
$$\overline{OP} : \overline{SQ} = \overline{OR} : \overline{SR}$$
$$\frac{y}{x} = \frac{y-z}{z} = \frac{y}{z} - 1, \quad \frac{y}{x} + 1 = \frac{y}{z}$$
$$\frac{1}{x} + \frac{1}{y} = \frac{1}{z} \qquad \text{Q. E. D.}$$

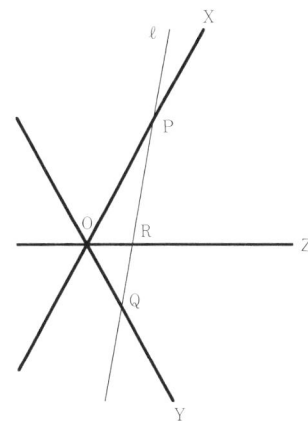

図 4-2-例題 6

例題 7 三角形 △ABC の辺 AB, AC 上の点 P, Q について
$$\overline{AP} : \overline{PB} = \overline{AQ} : \overline{QC} = 1 : k$$
とする. このとき, BQ と CP の交点を R とすれば
$$\overline{PR} : \overline{RC} = \overline{QR} : \overline{RB} = 1 : (k+1)$$

証明 PQ と BC は平行となるから,
$$\overline{PR} : \overline{RC} = \overline{QR} : \overline{RB} = \overline{PQ} : \overline{BC}$$
$$\overline{PQ} : \overline{BC} = \overline{AP} : \overline{AB} = \overline{AQ} : \overline{AC} = 1 : (k+1)$$
$$\overline{PR} : \overline{RC} = \overline{QR} : \overline{RB} = 1 : (k+1) \qquad \text{Q. E. D.}$$

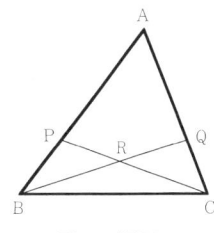

図 4-2-例題 7

例題 8 (相似回転の定理) 2 つの三角形 △ABC, △AB′C′ が頂点 A を共有し, 相似であるとすれば, △ABB′, △ACC′ も相似となる.

証明 △ABB′, △ACC′ について
∠BAB′ = ∠BAC + ∠CAB′ = ∠B′AC′ + ∠CAB′ = ∠CAC′,
$$\overline{AB} : \overline{AB'} = \overline{AC} : \overline{AC'}$$
したがって, △ABB′ ∽ △ACC′. Q. E. D.

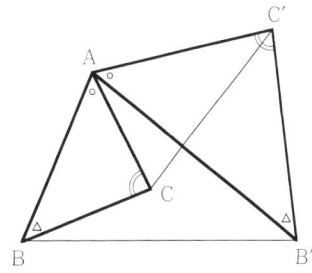

図 4-2-例題 8

練習問題 つぎの命題を証明しなさい.
(1) 直線 ℓ が三角形 △ABC の 2 つの辺 AB, BC, および辺 CA の延長と交わる点をそれぞれ P, Q, R とする. このとき, $\overline{BP} = \overline{CR}$ とすれば
$$\overline{AR} : \overline{AP} = \overline{BQ} : \overline{CQ}$$

(2) 2 つの平行な直線上にそれぞれ A, B, C および A′, B′,

63 ページの練習問題のヒント
(1) C を通り, 辺 AB に平行な直線を引き, PQ との交点を S とする. (2) $\overline{BP} : \overline{PB'} = \overline{AB} : \overline{A'B'}$, $\overline{BQ} : \overline{QB'} = \overline{BC} : \overline{B'C'}$. (3) 辺 AB, AC をそれぞれ B, C をこえて $\overline{BC}$ に等しい長さだけ延長した点を P, Q とすれば, BD∥CP, CE∥BQ, $\overline{BD} = \frac{c}{a+c}\overline{PC}$, $\overline{CE} = \frac{b}{a+b}\overline{QB}$ ($a = \overline{BC}$, $b = \overline{CA}$, $c = \overline{AB}$). したがって, $c = \overline{AB} > b = \overline{AC}$ のとき, ∠PBC > ∠QCB より $\overline{PC} > \overline{QB}$, $\frac{c}{a+c} > \frac{b}{a+b}$.

1章問題(II)問題8と同じですが，比例の考え方を使って解いてみましょう．

C′がある．このとき，2組の直線 AA′, BB′ および BB′, CC′ の交点 P, Q が一致するための必要，十分な条件は
$$\overline{AB} : \overline{BC} = \overline{A'B'} : \overline{B'C'}$$

(3) 三角形 △ABC の2つの角 ∠B, ∠C の二等分線が対辺 AC, AB と交わる点をそれぞれ D, E とする．このとき，$\overline{AB} > \overline{AC}$ ならば，$\overline{BD} > \overline{CE}$ である．

3

方ベキの定理 ☆

たいへん便利です．

相似と比例の関係を使って，方ベキの定理という大切な命題を導き出すことができます．方ベキの定理はユークリッド幾何のなかでもっとも便利な定理の1つです．

方ベキの定理　円 O と点 A が与えられているとき，点 A を通る任意の直線が円 O と交わる2つの点を P, Q とすれば
$$\overline{AP} \times \overline{AQ} = 一定$$

言いかえれば，A を通る任意の2つの直線が円 O と交わる2つの点をそれぞれ P, Q および P′, Q′ とすれば
$$\overline{AP} \times \overline{AQ} = \overline{AP'} \times \overline{AQ'}$$

点 A が円 O の外にある場合(図 4-3-1)と，点 A が円 O の内にある場合(図 4-3-2)の2つの場合がありますが，証明はどちらもまったく同じです．

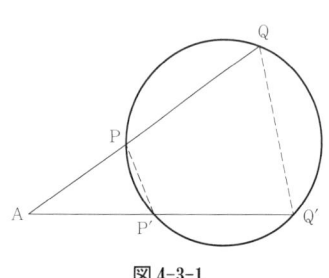

図 4-3-1

証明　四辺形 □PP′Q′Q(図 4-3-1)あるいは □PP′QQ′(図 4-3-2)は円に内接しているから，
$$\angle APP' = \angle AQ'Q, \qquad \angle AP'P = \angle AQQ'$$
2つの三角形 △APP′, △AQ′Q について，3つの角がお互いに等しくなります．したがって，△APP′ と △AQ′Q は相似となり，各辺の長さの比はすべて等しくなります．
$$\overline{AP} : \overline{AQ'} = \overline{AP'} : \overline{AQ} \Rightarrow \overline{AP} \times \overline{AQ} = \overline{AP'} \times \overline{AQ'}$$

Q. E. D.

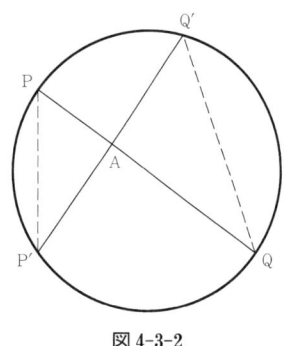

図 4-3-2

練習問題　自分で適当に図 4-3-1, 図 4-3-2 をえがいて，じ

っさいに 4 つの線分 AP, AQ, AP′, AQ′ の長さをはかって，方ベキの定理が正しいことを検証しなさい．

　方ベキの定理の逆も成立します．
方ベキの定理の逆　ある点 A を通る 2 つの直線上にそれぞれ 2 つの点 P, Q, および P′, Q′ がある．P, Q, P′ は同一円周上にあって，つぎの条件がみたされている．
$$\overline{AP} \times \overline{AQ} = \overline{AP'} \times \overline{AQ'}$$
このとき，点 Q′ も点 P, Q, P′ と同じ円の上にある．

　ただし，2 点 P, Q の位置は，点 A が円の外にある場合は A に対して同じ側，点 A が円の内にある場合は A をはさむ位置にあるとする．2 点 P′, Q′ の位置も同様とする．
証明　3 つの点 P, Q, P′ を通る円 O をえがき，線分 AP′ 自身あるいはその延長が円 O と交わる点を R とする．方ベキの定理によって，$\overline{AP} \times \overline{AQ} = \overline{AP'} \times \overline{AR}$．

　定理の仮定によって，$\overline{AP} \times \overline{AQ} = \overline{AP'} \times \overline{AQ'}$．したがって，$\overline{AR} = \overline{AQ'}$．ゆえに，R は Q′ と一致する．　　　Q. E. D.

　円の接線にかんする基本定理 (60 ページの例題 1) は，じつは方ベキの定理の特別な場合です．
定理　円 O の外にある点 A から円 O に引いた接線の接点を T とする．A を通る任意の直線が円 O と交わる 2 つの点を P, Q とすれば，つぎの関係が成立する．
$$\overline{AP} \times \overline{AQ} = \overline{AT}^2$$
　逆に，A を通る任意の 2 つの直線上にある 2 つの点 P, Q について
$$\overline{AP} \times \overline{AQ} = \overline{AT}^2$$
が成立していれば，T は A から 3 つの点 P, Q, T を通る円に引いた接線の接点となる．
証明　方ベキの定理で，P′ = Q′ = T の場合を考えればよい．
　　　　　　　　　　　　　　　　　　　Q. E. D.

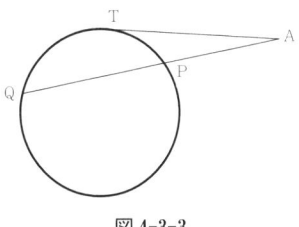

図 4-3-3

例題 1（一般化されたピタゴラスの定理）　鋭角三角形 △ABC の頂点 C, B から対辺 AB, AC に下ろした垂線の足を P, Q とし，$a = \overline{BC}$, $b = \overline{CA}$, $c = \overline{AB}$, $p = \overline{BP}$, $q = \overline{CQ}$ とおけば，つぎの一般化されたピタゴラスの関係が成り立つ．

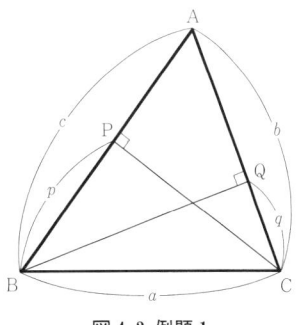

図 4-3-例題 1

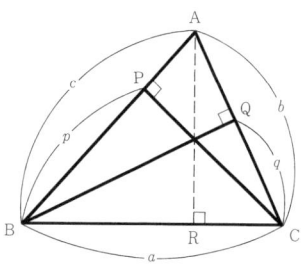

図 4-3-例題 1（証明）

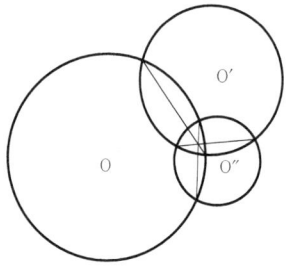

図 4-3-例題 2

$$pc + qb = a^2$$

証明 頂点 A から辺 BC に下ろした垂線の足を R とすれば，□PRCA，□QABR はともに円に内接するから，方ベキの定理を適用して

$$\overline{BP} \times \overline{BA} = \overline{BR} \times \overline{BC}, \quad \overline{CQ} \times \overline{CA} = \overline{CR} \times \overline{CB}$$
$$pc = \overline{BR} \times a, \quad qb = \overline{CR} \times a$$
$$pc + qb = (\overline{BR} + \overline{CR}) \times a = a^2 \quad \text{Q. E. D.}$$

例題 2 3 つの円 O, O′, O″ のいずれの 2 つの組み合わせも 2 つの交点をもつとき，3 つの共通弦あるいはその延長は 1 点で交わる．

証明 円 O と円 O′ の共通弦を P′Q′ とし，円 O と円 O″ の共通弦を P″Q″ とし，この 2 つの弦の交点を E とする．方ベキの定理によって，$\overline{EP'} \times \overline{EQ'} = \overline{EP''} \times \overline{EQ''}$．

円 O′ と円 O″ の交点の 1 つを R とし，RE またはその延長が円 O′，円 O″ と交わる点をそれぞれ S′, S″ とする．このとき，S′ = S″ であることを示せばよい．ふたたび，方ベキの定理を適用して，$\overline{EP'} \times \overline{EQ'} = \overline{ER} \times \overline{ES'}$，$\overline{EP''} \times \overline{EQ''} = \overline{ER} \times \overline{ES''}$．したがって，

$$\overline{ER} \times \overline{ES'} = \overline{ER} \times \overline{ES''} \Rightarrow \overline{ES'} = \overline{ES''} \Rightarrow S' = S''$$

Q. E. D.

練習問題 つぎの命題を証明しなさい．

(1) 円 O の外にある点 A から円 O に引いた接線 AB の中点を M とする．M から円 O に引いた任意の割線を MPQ とし，AP, AQ またはその延長が円 O と交わる点をそれぞれ R, S とするとき，SR は AB と平行となる．

(2) 2 つの円 O, O′ が 2 点 A, B で交わっている．AB の延長上の任意の点 C を通る異なる 2 直線が O, O′ と交わる点をそれぞれ P, Q, R, S とすれば，□PQRS は円に内接する．

(3) 2 点 A, B で交わる 2 つの円の共通の接線を PQ とすると，AB の延長が PQ と交わる点 R は線分 PQ の中点となる．

66 ページの練習問題のヒント
(1) 方ベキの定理によって，$\overline{MP} \times \overline{MQ} = \overline{MB}^2$．$\overline{MA} = \overline{MB}$ だから，$\overline{MP} \times \overline{MQ} = \overline{MA}^2$．MA は △PAQ の外接円に接する．ゆえに，∠MAP = ∠PQA = ∠PRS．
(2) 方ベキの定理によって，$\overline{CP} \times \overline{CQ} = \overline{CA} \times \overline{CB}$，$\overline{CR} \times \overline{CS} = \overline{CA} \times \overline{CB} \Rightarrow \overline{CP} \times \overline{CQ} = \overline{CR} \times \overline{CS}$．ふたたび，方ベキの定理を使う．　(3) 円の接線にかんする基本定理を適用して，$\overline{RP}^2 = \overline{RA} \times \overline{RB}$，$\overline{RQ}^2 = \overline{RA} \times \overline{RB} \Rightarrow \overline{RP} = \overline{RQ}$．

4

相似の中心にかんする定理 ☆

方ベキの定理とならんで幾何でよく使われるのが相似の中心にかんする定理です．

相似の中心にかんする定理(I) 2つの円 O_1, O_2 があって，その半径 r_1, r_2 は等しくないとする．平行な半径 O_1P_1, O_2P_2 をとり，線分 P_1P_2 あるいはその延長が O_1O_2 あるいはその延長と交わる点を S とすれば
$$\overline{SP_1} : \overline{SP_2} = \overline{O_1P_1} : \overline{O_2P_2} = r_1 : r_2$$

証明 図 4-4-1a のように，円 O_1 の半径 r_1 の方が円 O_2 の半径 r_2 より小さい場合を考えます．2つの三角形 $\triangle P_1SO_1$, $\triangle P_2SO_2$ について，2つの辺 O_1P_1, O_2P_2 はお互いに平行だから，$\triangle P_1SO_1$, $\triangle P_2SO_2$ は相似となり，
$$\overline{SP_1} : \overline{SP_2} = \overline{O_1P_1} : \overline{O_2P_2} = r_1 : r_2 \quad \text{Q. E. D.}$$

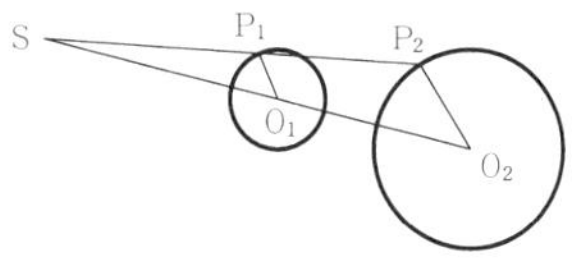

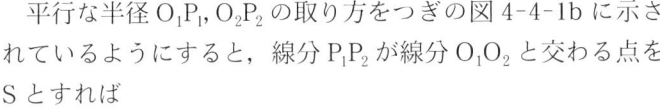

図 4-4-1a

平行な半径 O_1P_1, O_2P_2 の取り方をつぎの図 4-4-1b に示されているようにすると，線分 P_1P_2 が線分 O_1O_2 と交わる点を S とすれば
$$\overline{SP_1} : \overline{SP_2} = \overline{O_1P_1} : \overline{O_2P_2} = r_1 : r_2$$
このことも定理(I)とまったく同じように証明できます．

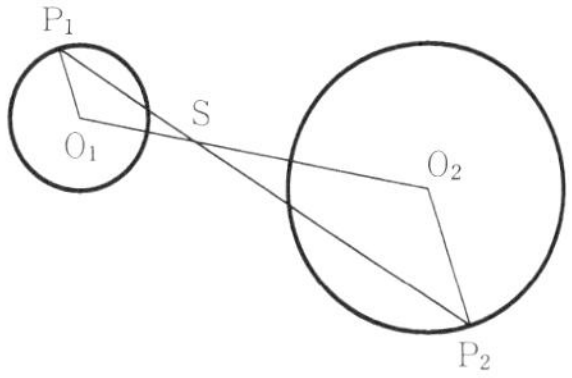

図 4-4-1b

練習問題

(1) 2つの円 O_1, O_2 を適当にえがき，平行な半径 O_1P_1, O_2P_2 を適当にとって，定理(I)の各点を求め，定理(I)の関係が成り立つことを実測してたしかめなさい．

(2) 定理(I)で2つの円 O_1, O_2 の半径 r_1, r_2 が等しいときを考えなさい．

67 ページの練習問題のヒント
略

定理(I)で，SP_1, SP_2 またはその延長が2つの円 O_1, O_2 と交わる点を Q_1, Q_2 とすれば，
$$\overline{SQ_1} : \overline{SQ_2} = r_1 : r_2$$
S は線分 O_1O_2 を2つの円 O_1, O_2 の半径の比 $r_1 : r_2$ で外分

あるいは内分する点となっています．この点Sを2つの円 O_1, O_2 の相似の中心といいます．

相似の中心にかんする定理(II)　定理(I)で，2つの円 O_1, O_2 の共通の接線 T_1T_2 を引くと，T_1T_2 の延長が O_1O_2 あるいはその延長と交わる点は相似の中心Sとなり，つぎの関係が成立する．
$$\overline{ST_1} : \overline{ST_2} = r_1 : r_2$$
証明　定理(I)で示したように，2つの場合があります．共通の接線 T_1T_2 の延長が O_1O_2 あるいはその延長と交わる点をKとすれば，半径 O_1T_1, O_2T_2 はともに共通の接線 T_1T_2 に垂直で，お互いに平行となります．$\triangle T_1KO_1, \triangle T_2KO_2$ は相似となり，$\overline{KT_1} : \overline{KT_2} = r_1 : r_2$．したがって，Kは相似の中心Sと一致する．　　　　　　　　　　　　Q. E. D.

練習問題　2つの円 O_1, O_2 を適当にえがき，共通の接線 T_1T_2 を引いて，定理(II)の各点を求め，定理(II)が正しいことを実測してたしかめなさい．

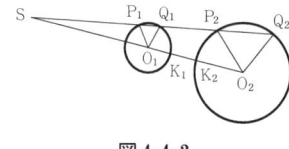

図 4-4-2

相似の中心にかんする定理(III)　与えられた2つの円 O_1, O_2 の相似の中心Sを通る任意の直線が2つの円 O_1, O_2 と交わる点をそれぞれ図のように P_1, Q_1, P_2, Q_2 とすれば
（ⅰ）　$\overline{SP_1} : \overline{SP_2} = \overline{SQ_1} : \overline{SQ_2} = r_1 : r_2$
（ⅱ）　$\overline{SP_1} \times \overline{SQ_2} = \overline{SP_2} \times \overline{SQ_1} = \overline{SK_1} \times \overline{SK_2}$
（ここで，K_1, K_2 は線分 O_1O_2 が2つの円 O_1, O_2 と交わる点とする．）

逆に，2つの円 O_1, O_2 の相似の中心Sを通る任意の直線上の点 P_1, Q_1, P_2, Q_2 の間に上の関係(ⅰ)または(ⅱ)が成り立ち，P_1, Q_1, P_2, Q_2 のうち，3つの点が円 O_1 または O_2 の上にあるとすれば，残りの1点もかならず円 O_1 または O_2 の上にある．ただし，相似の中心Sに対して円 O_1, O_2 が同じ側にある場合は，4点とも点Sに対して円と同じ側にあり，点Sが2つの円の間にある場合は，P_1, Q_1 と P_2, Q_2 はSをはさむ位置にあるとする．

証明　2つの円 O_1, O_2 の相似の中心Sを通る任意の直線が2つの円 O_1, O_2 と交わる点をそれぞれ P_1, Q_1, P_2, Q_2 とします．

これまでと同じ図を使って考えますが，各点の意味が違うことに注意して下さい．
$$\overline{SO_1} : \overline{SO_2} = r_1 : r_2, \quad \overline{O_1P_1} : \overline{O_2P_2} = r_1 : r_2$$
したがって，2つの三角形 $\triangle P_1SO_1$, $\triangle P_2SO_2$ は相似となり，
$$\overline{SP_1} : \overline{SP_2} = r_1 : r_2$$
Q_1, Q_2 についても，まったく同じようにして証明できます．

Q. E. D.

三角形 $\triangle P_1SO_1$, $\triangle P_2SO_2$ は鈍角三角形なので，この条件で相似となります．

練習問題

(1) 定理(III)で，$\overline{SP_1} \times \overline{SQ_2} = \overline{SP_2} \times \overline{SQ_1} =$ 一定 の場合を厳密に証明しなさい．

(2) 2つの円 O_1, O_2 を適当にえがき，相似の中心 S を通る任意の直線が円 O_1, O_2 と交わる点 P_1, Q_1, P_2, Q_2 を求め，定理(III)が正しいことを実測してたしかめなさい．

69ページの練習問題のヒント
略

第4章 相似と比例 問題

問 題（I）

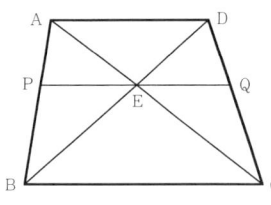

図 4-問題 I-1

問題 1 2つの辺 AD, BC が平行となるような四角形 □ABCD の対角線の交点 E を通って平行辺 BC に平行な直線が2つの辺 AB, DC と交わる点をそれぞれ P, Q とすれば，E は線分 PQ の中点となる．

問題 2 1つの直線が三角形 △ABC の3つの辺 BC, CA, AB あるいはその延長と交わる点を P, Q, R とし，∠ARQ＝∠AQR とすれば，$\overline{BP}:\overline{CP}=\overline{BR}:\overline{CQ}$．

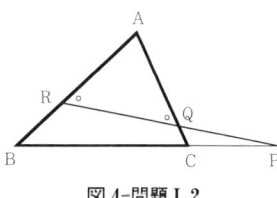

図 4-問題 I-2

問題 3 三角形 △ABC の2つの辺 AB, AC の上に任意に P, Q をとり，PQ が辺 BC と平行になるようにする．BQ, CP の交点を R とし，AR の延長が BC と交わる点を S とすれば，S は BC の中点となる．

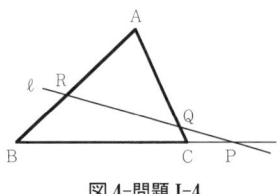

図 4-問題 I-4

問題 4（メネラウスの定理） 任意の直線 ℓ が三角形 △ABC の3辺 BC, CA, AB あるいはその延長と交わる点を P, Q, R とすれば，$\dfrac{\overline{BP}}{\overline{CP}}\dfrac{\overline{CQ}}{\overline{AQ}}\dfrac{\overline{AR}}{\overline{BR}}=1$．

問題 5（メネラウスの定理の逆） 三角形 △ABC の3つの辺 BC, CA, AB あるいはその延長上の点 P, Q, R に対して，メネラウスの関係 $\dfrac{\overline{BP}}{\overline{CP}}\dfrac{\overline{CQ}}{\overline{AQ}}\dfrac{\overline{AR}}{\overline{BR}}=1$ が成立するとき，P, Q, R は一直線上にある．ただし，3点 P, Q, R のうち，2点は辺上，もう1点は辺の延長上にあるとする．

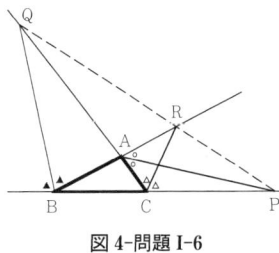

図 4-問題 I-6

問題 6 三角形 △ABC の3つの頂点 A, B, C の外角の二等分線が相対する辺 BC, CA, AB の延長と交わる点 P, Q, R は一直線上にある．

問題 7（チェバの定理） 三角形 △ABC の3つの辺 BC, CA, AB あるいはその延長上に3つの点 P, Q, R がある．この3つの点 P, Q, R と相対する頂点 A, B, C とをむすぶ直線が1点 O で交わるとすれば，$\dfrac{\overline{BP}}{\overline{CP}}\dfrac{\overline{CQ}}{\overline{AQ}}\dfrac{\overline{AR}}{\overline{BR}}=1$．

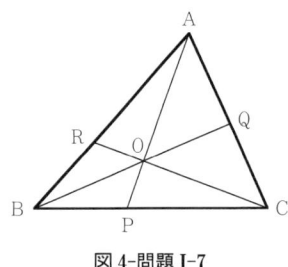

図 4-問題 I-7

問題 8（チェバの定理の逆） 三角形 △ABC の3辺 BC, CA, AB 上，あるいは1つの辺上および他の2辺の延長上にある

3点 P, Q, R について，チェバの関係 $\dfrac{\overline{BP}}{\overline{CP}}\dfrac{\overline{CQ}}{\overline{AQ}}\dfrac{\overline{AR}}{\overline{BR}}=1$ が成立すれば，P, Q, R と相対する頂点 A, B, C をむすぶ直線あるいはその延長が1点で交わる．

問題 9 三角形 △ABC の各頂点 A, B, C の内角の二等分線が相対する辺 BC, CA, AB と交わる点を P, Q, R とすれば，3つの直線 AP, BQ, CR は1点 I で交わる．チェバの定理の逆を使って証明せよ．［内心の存在］

問題 10 三角形 △ABC の各頂点 A, B, C とそれぞれ相対する辺 BC, CA, AB の中点 P, Q, R をむすぶ直線 AP, BQ, CR は1点 G で交わる．チェバの定理の逆を使って証明せよ．［重心の存在］

問題 11 三角形 △ABC の各頂点 A, B, C から相対する辺 BC, CA, AB に下ろした垂線の足を P, Q, R とすれば，3つの直線 AP, BQ, CR は1点 H で交わる．チェバの定理の逆を使って証明せよ．［垂心の存在］

問題 12 三角形 △ABC の頂点 A から対辺 BC に下ろした垂線 AH の上に任意の点 P をとり，BP, CP の延長が辺 AC, AB と交わる点を Q, R とすれば，垂線 AH は角 ∠QHR を二等分する：∠AHQ＝∠AHR．

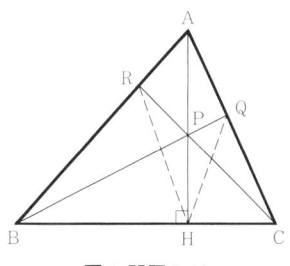

図 4-問題 I-12

問 題 （II）

問題 1 2つの三角形 △ABC, △A′B′C′ の3組の辺 BC と B′C′，CA と C′A′，AB と A′B′ がそれぞれ平行で，2組の対応する頂点をむすぶ直線 AA′, BB′ が1点で交わるとすれば，残りの1組の頂点をむすぶ直線 CC′ も同じ点を通る．

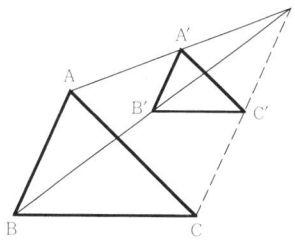

図 4-問題 II-1

問題 2 AB を直径とする半円の上に任意に点 P をとり，P における円の接線と A における円の接線が交わる点を Q とすれば，線分 BQ は P から直径 AB に下ろした垂線 PR を二等分する．すなわち，BQ と PR の交点を S とすれば，
$$\overline{PS} = \overline{SR}$$

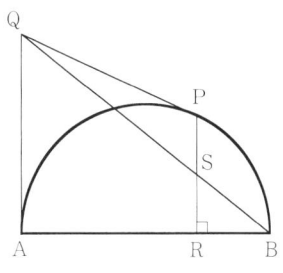

図 4-問題 II-2

問題 3 AB を直径とする半円の上に任意に点 P をとり，P における円の接線が直径 AB の両端 A, B における円の接線と交わる点をそれぞれ Q, R とする．2つの線分 AR, BQ の交点を S とすれば，PS は AB に対して垂直となる．

問題 4 円 O の弦 AB が与えられている．弧 AB 上の任意

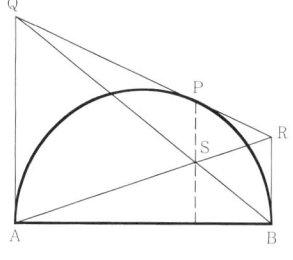

図 4-問題 II-3

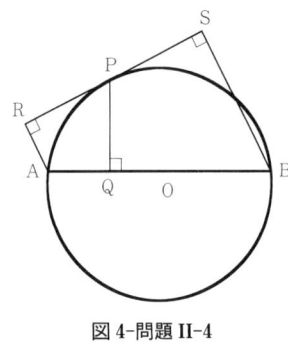

図 4-問題 II-4

点 P から弦 AB に下ろした垂線の足を Q とし，P における円の接線に対して，A, B から下ろした垂線の足をそれぞれ R, S とすれば，$\overline{PQ}^2 = \overline{RA} \times \overline{SB}$.

問題 5 任意の点 P から円 O に引いた 2 つの接線 PA, PB と 1 つの割線 PCD について，$\overline{AD} \times \overline{BC} = \overline{AC} \times \overline{BD}$.

問題 6 三角形 △ABC の内接円が 3 つの辺 BC, CA, AB と接する点を P, Q, R とし，P から線分 QR に下ろした垂線の足を S とすれば，$\overline{RS} : \overline{SQ} = \overline{BP} : \overline{PC}$.

問題 7 円に内接する四角形 □ABCD の外接円上に任意の点 P をとり，P から 2 つの辺 BA, CD あるいはその延長上に下ろした垂線の足を Q, R とし，P から 2 つの対角線 AC, BD に下ろした垂線の足を H, K とすれば，
$$\overline{PQ} \times \overline{PR} = \overline{PH} \times \overline{PK}$$

問題 8 三角形 △ABC の角 ∠A の二等分線が辺 BC と交わる点を D とする．∠ADB, ∠ADC の二等分線が辺 AB, AC と交わる点を P, Q とすれば，
$$\triangle PBQ : \triangle PCQ = \overline{AB} : \overline{AC}$$

問題 9 三角形 △ABC の各頂点 A, B, C から対辺 BC, CA, AB に下ろした垂線の足をそれぞれ D, E, F とし，垂心を H とすれば，
$$\overline{AH} \times \overline{HD} = \overline{BH} \times \overline{HE} = \overline{CH} \times \overline{HF}$$

問題 10 三角形 △ABC のなかの点 H と △ABC の各頂点 A, B, C とをむすぶ直線が対辺 BC, CA, AB と交わる点をそれぞれ D, E, F とする．このとき，
$$\overline{AH} \times \overline{HD} = \overline{BH} \times \overline{HE} = \overline{CH} \times \overline{HF}$$
という関係が成り立てば，H は垂心となる．

問題 11 円 O の外にある点 A を通る 2 つの接線が円と接する点を B, C とする．弦 BC の中点 M を通る円 O の任意の弦を PQ とすれば，AM は角 ∠PAQ を二等分する．

問題 12 三角形 △ABC の内接円が各辺 BC, CA, AB と接する点を D, E, F とする．E を通り，辺 BC に平行な直線が線分 FD, AD と交わる点をそれぞれ K, M とすれば，M は線分 KE の中点となる．

問題 13 四角形 □ABCD の各頂点 A, B, C, D から，その頂点を通らない対角線に下ろした垂線の足を P, Q, R, S とすれば，□PQRS は四角形 □ABCD と相似となる：□ABCD∽

□PQRS.

問題 14（プトレマイオスの定理） 円に内接する四角形 □ABCD について，相対する辺の積の和は対角線の積に等しい．
$$\overline{AB}\times\overline{DC}+\overline{AD}\times\overline{BC}=\overline{AC}\times\overline{BD}$$

問題 15（プトレマイオスの定理の逆） 四角形 □ABCD の 2 つの対角線の長さの積が 2 組の相対する 2 辺の長さの積の和に等しいとき（$\overline{AC}\times\overline{BD}=\overline{AB}\times\overline{DC}+\overline{AD}\times\overline{BC}$），□ABCD は円に内接する．

第 5 章
最大最小問題

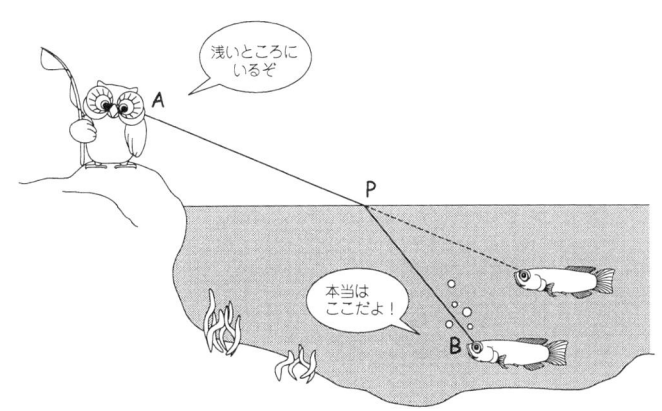

光は最短時間で進む

　水のなかのものを斜めから見ると浮き上がって見えます．これは，光は最短時間で進むわけですが，光のスピードは水のなかでは，大気中よりおそいからです．

　いま，目の位置がAにあって，水中のBにあるさかなを見るとき，光はBを出て，水面のPを通ってAに到達するとします．このとき，光はBからAに行くまでの時間が最短になるようなルートをえらびます．まず，BPあるいはPAは直線になることは直観的に明らかです．じつは，一定のスピードで進むとき，直線の場合に最短になるということも証明を必要とします．もっとも，その証明は比較的かんたんで，この章の最初のところでお話しします．つぎに，光が屈折する点Pを見つけなければなりませんが，そのために，水のなかの長さをはかる単位の大きさを大気中と水のなかでの光のスピードの割合に応じて調節して考えます．

1

最短距離と直線

最短距離と直線

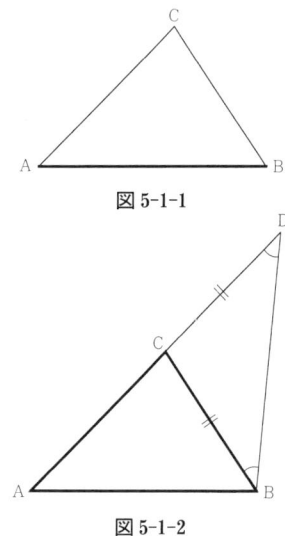

図 5-1-1

図 5-1-2

ある点 A からもう 1 つの点 B に行くのに，直線 AB を通って行く場合と直線 AB 上にない点 C を通って行く場合を比較すると，直線 AB の方がはやく行けることは明らかです．第 1 章にも出ましたが，証明をくり返しておきましょう．

定理 三角形 △ABC について，2 辺の和は 1 辺より大きい．
$$\overline{AC} + \overline{CB} > \overline{AB}$$

証明 AC を延長して，$\overline{CD} = \overline{CB}$ となるような点 D を求めます．△BCD は二等辺三角形となるから，∠CBD = ∠CDB．三角形 △ABD を考えると，∠ABD > ∠CBD = ∠CDB．したがって，$\overline{AB} < \overline{AD} = \overline{AC} + \overline{CD} = \overline{AC} + \overline{CB}$　　Q. E. D.

A から B に行くのに直線 AB が最短距離になることは，上の定理をくり返し使うことによって証明できます．

鏡の原理

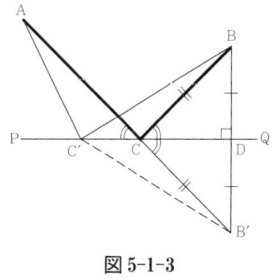

図 5-1-3

鏡 PQ の前の点 A に人が立っています．この人が点 B にあるものを鏡 PQ に映して見るとき，図の B′ にあるように見えます．
$$\overline{BD} = \overline{B'D}, \quad BD \perp PQ, \quad ACB' は直線$$

光は B から出て，C で鏡 PQ に反射されて A に到達します．A に立っている人は B にあるものがちょうど B′ にあるように見えるわけです．

もし B から出た光が他の点 C′ を通って A に到達するとすれば
$$\overline{AC'} + \overline{C'B} > \overline{AC} + \overline{CB}$$
となります．この不等式はつぎのように証明できます．
$$\overline{C'B} = \overline{C'B'}, \quad \overline{CB} = \overline{CB'},$$
$$\overline{AC'} + \overline{C'B} = \overline{AC'} + \overline{C'B'} > \overline{AB'} = \overline{AC} + \overline{CB'} = \overline{AC} + \overline{CB}$$

Cで鏡PQに垂直な直線ECE′を立てたとき，∠ACEを入射角，∠BCEを反射角といいます．図からすぐわかるように，入射角と反射角とは等しくなります．
$$\angle ACE = \angle BCE$$

例題1 幅が一定の川があり，その両側に2つの地点A, Bがある．AからBに最短距離で行く道をえらびなさい．川を渡るときには，岸に直角になるようにしなければならないと仮定します．

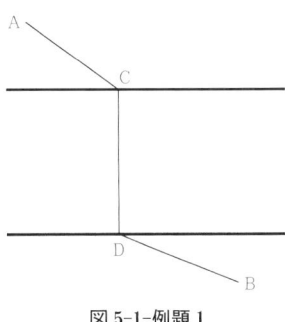

図 5-1-例題1

解答 B点を川に向かって直角に，川の幅と同じだけの距離を移動した点をB′とし，AとB′をむすぶ線分がA側の川岸と交わる点をEとし，その対岸の点をE′とすれば，AEE′Bが最短距離となります．

いまかりに，AEE′B以外のルートACDBを通ったとしましょう．図に示したように，CDが川岸に対して直角となっている場合だけ考えればよいわけです．△ACB′について，
$$\overline{AC} + \overline{CB'} > \overline{AB'} = \overline{AE} + \overline{EB'}$$
□CDBB′，□EE′BB′はともに平行四辺形だから
$$\overline{CB'} = \overline{DB}, \quad \overline{CD} = \overline{B'B}, \quad \overline{EB'} = \overline{E'B}, \quad \overline{EE'} = \overline{B'B}$$

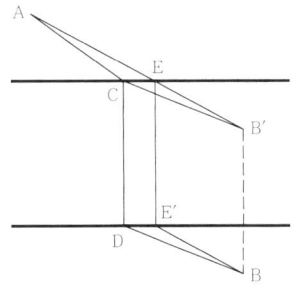

図 5-1-例題1（解答）

$$\overline{AC} + \overline{CD} + \overline{DB} = \overline{AC} + \overline{CB'} + \overline{CD}$$
$$> \overline{AE} + \overline{EB'} + \overline{CD} = \overline{AE} + \overline{EE'} + \overline{E'B}$$

上の問題で，川を渡るときに，川岸と直角に横切ることにしました．川を横切ることだけ考えれば，それが最短距離となります．念のために，つぎの定理として証明しておきましょう．

定理 点Aから直線 ℓ に下ろした垂線の足をHとすれば，直線 ℓ 上のH以外の任意の点Pに対して，$\overline{AP} > \overline{AH}$.

証明
$$\angle APH = 90° - \angle PAH < 90° = \angle AHP \Rightarrow \overline{AP} > \overline{AH}$$
Q. E. D.

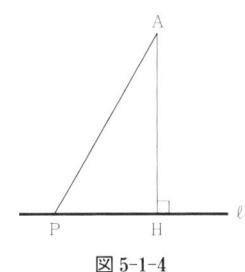

図 5-1-4

例題2 2つの点A, Bと直線 ℓ が与えられている（A, Bは ℓ の同じ側にあるとする）とき，$\overline{PA} \sim \overline{PB}$ が最大になるように直線 ℓ 上の点Pを求めなさい．

解答 線分ABをBをこえて延長した線が直線 ℓ と交わる場合を考えます．その交点Cが求める点です．このとき，

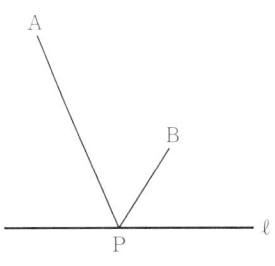

図 5-1-例題2

高さを測るための基準にとった辺を底辺ということもあります．

図 5-1-例題 3

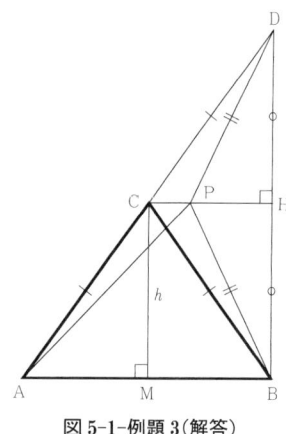

図 5-1-例題 3（解答）

$$\overline{CA} - \overline{CB} = \overline{AB}$$

直線 ℓ 上の C 以外の点 P に対して，
$$\overline{PA} < \overline{PB} + \overline{AB}$$
$$\overline{PA} - \overline{PB} < \overline{AB} = \overline{CA} - \overline{CB}$$

例題 3 与えられた線分 AB を底辺として一定の高さ h をもつ三角形 $\triangle PAB$ のなかで，$\overline{PA} + \overline{PB}$ が最小になるものを求めなさい．

解答 $\triangle PAB$ が二等辺三角形の場合が求める三角形であることは容易に想像できます．$\triangle CAB$ を AB を底辺として高さ h の二等辺三角形とします．C から AB に下ろした垂線の足を M とすれば，$\overline{CA} = \overline{CB}$，$\overline{CM} = h$．

$\triangle PAB$ を底辺 AB，高さ h の三角形とすれば，CP ∥ AB．
直線 CP にかんする B の対称点を D とします．D は B から CP あるいはその延長に下ろした垂線 BH を同じ長さだけ延長した点です．
$$BH \perp CP, \quad \overline{BH} = \overline{HD}$$
$\triangle CBD$，$\triangle PBD$ はともに二等辺三角形となり，$\overline{CB} = \overline{CD}$，$\overline{PB} = \overline{PD}$．ACD が直線になることはすぐわかりますから
$$\overline{CA} + \overline{CB} = \overline{CA} + \overline{CD} = \overline{AD}, \quad \overline{PA} + \overline{PB} = \overline{PA} + \overline{PD} > \overline{AD}$$
$$\overline{PA} + \overline{PB} > \overline{CA} + \overline{CB}$$

例題 4 点 O で交わる 2 つの直線 ℓ, ℓ' とその間に点 A が与えられている．直線 ℓ, ℓ' の上に点 P, Q をとるとき，$\overline{AP} + \overline{PQ} + \overline{QA}$ が最小になるようなものを求めなさい．

解答 直線 ℓ, ℓ' にかんする A の対称点をそれぞれ B, C とすれば，線分 BC が直線 ℓ, ℓ' と交わる点 D, E が求める点となります．例題 3 の場合と同じように，
$$\overline{AP} = \overline{BP}, \quad \overline{QA} = \overline{QC}$$
$$\overline{AP} + \overline{PQ} + \overline{QA} = \overline{BP} + \overline{PQ} + \overline{QC}$$

同様にして
$$\overline{AD} + \overline{DE} + \overline{EA} = \overline{BD} + \overline{DE} + \overline{EC} = \overline{BC}$$
どちらも B から C へ行くのと同じことになり，
$$\overline{AP} + \overline{PQ} + \overline{QA} > \overline{AD} + \overline{DE} + \overline{EA}$$

例題 5 円 O とその外に直線 ℓ が与えられているとき，円 O 上の任意の点 P から直線 ℓ に下ろした垂線の足を Q とする．$\overline{PQ}$ が最大あるいは最小になるものを求めなさい．

解答 円の中心 O から直線 ℓ に下ろした垂線 OC とその延

長が円 O と交わる点をそれぞれ B, A とすれば，$\overline{PQ}$ の最小，最大は $\overline{BC}$, $\overline{AC}$ となります．円 O 上の任意の点 P を通り，直線 ℓ に平行な直線が AC と交わる点 R はかならず 2 点 A, B の間にあるからです．

例題 6 円 O のなかの定点 A を通る円 O の弦 PQ の長さ $\overline{PQ}$ が最小になるようなものを求めなさい．

解答 A を通り，円の中心 O と A をむすんだ直線 OA に垂直な弦 BC が求めるものです．

PQ を A を通る円 O の任意の弦とするとき，O から弦 PQ に下ろした垂線の足を R とすれば，△OAR について，∠R $=90°$ だから，$\overline{OA} > \overline{OR}$.

直角三角形 △OAB, △ORP にピタゴラスの定理を適用して
$$\overline{AB}^2 = \overline{OB}^2 - \overline{OA}^2, \quad \overline{PR}^2 = \overline{OP}^2 - \overline{OR}^2,$$
$$\overline{OB} = \overline{OP} \Rightarrow \overline{AB} < \overline{PR} \Rightarrow \overline{BC} = 2\overline{AB} < 2\overline{PR} = \overline{PQ}$$

この問題は 1 章にもありましたが，もう 1 度やってみましょう．

練習問題

(1) 点 O で交わる 2 つの線分 AB, CD の和は，その 2 組の端点をむすびつける線分 AC, BD の和より大きい：$\overline{AB} + \overline{CD} \geqq \overline{AC} + \overline{BD}$.

(2) 三角形 △ABC（$\overline{AB} > \overline{AC}$ とする）の頂点 A と辺 BC の中点 M をむすぶ線分 AM 上に点 P をとって，$\overline{PB} - \overline{PC}$ を最大にしなさい．

(3) 三角形 △ABC（$\overline{AB} > \overline{AC}$ とする）の角 ∠A の二等分線 AD 上に点 P を △ABC の内部にとって，$\overline{PB} - \overline{PC}$ を最大にしなさい．

(4) 三角形 △ABC の頂点 A の外角の二等分線 AD 上に点 P をとって，$\overline{PB} + \overline{PC}$ を最小にしなさい．

(5) お互いに外部にある 2 つの円 O, O' の上に P, Q をとって，$\overline{PQ}$ が最大あるいは最小になるようにしなさい．

79 ページの練習問題のヒント
(1) $\overline{AO} + \overline{CO} \geqq \overline{AC}$, $\overline{BO} + \overline{DO} \geqq \overline{BD}$ を足し合わせる．(2) $\overline{AB} - \overline{AC} \geqq \overline{PB} - \overline{PC}$ に注目する．AM を軸として △AMC を反転して △AMC' をつくり，練習問題 1 を使えばよい．(3) $\overline{AB} - \overline{AC} \geqq \overline{PB} - \overline{PC}$ に注目する．AD を軸として △ADC を折り返して △ADC' をつくり，練習問題 1 を使う．(4) $\overline{AB} + \overline{AC} < \overline{PB} + \overline{PC}$ に注目する．BA を A をこえて延長して，$\overline{AC'} = \overline{AC}$ となるような点 C' をとって考えればよい．(5) 2 つの円の中心 O, O' をむすぶ線分が O, O' と交わる点をそれぞれ A, A' とし，その延長が O, O' と交わる点をそれぞれ B, B' とすれば，最小，最大は $\overline{AA'}$, $\overline{BB'}$ となる．

2

面積を考える

平行四辺形と三角形の面積

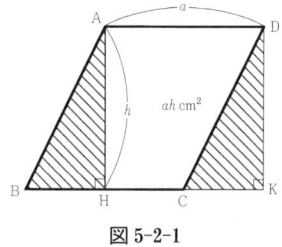

図 5-2-1

平行四辺形 □ABCD の面積は，つぎのようにしてはかります．1つの頂点 A から対辺に垂線を下ろし，その足を H とします．$\overline{AD}=a$, $\overline{AH}=h$ とおけば，
$$\square ABCD = ah$$
(□ABCD の面積が ah に等しいとよみます．)

このことは，つぎのようにして証明できます．頂点 D から辺 BC の延長に下ろした垂線の足を K とします．□ABCD, □AHKD はともに平行四辺形だから，
$$\overline{AB} = \overline{DC}, \quad \angle ABH = \angle DCK, \quad \angle BAH = \angle CDK$$
したがって
$$\triangle ABH \equiv \triangle DCK, \quad \triangle ABH = \triangle DCK$$
$$\square ABCD = \square AHKD = ah$$

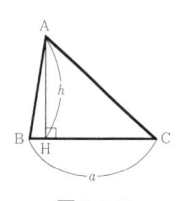

図 5-2-2

三角形の面積を求める公式はつぎの通りです．△ABC の頂点 A から底辺 BC に下ろした垂線の足を H とし，$\overline{BC}=a$, $\overline{AH}=h$ とおけば
$$\triangle ABC = \frac{1}{2}ah$$

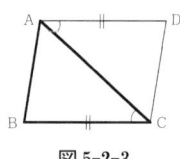

図 5-2-3

この公式を証明するために，頂点 A を通って底辺 BC に平行な直線を引き，$\overline{AD}=\overline{BC}$ となるような点 D をとります．このとき，2つの三角形 △ABC, △CDA が合同となることは明らかです．したがって
$$\triangle ABC = \frac{1}{2}\square ABCD = \frac{1}{2}ah$$

例題 1 a,b,c を任意の正数とするとき
$$a(b+c) = ab+ac$$
$$a(b-c) = ab-ac$$

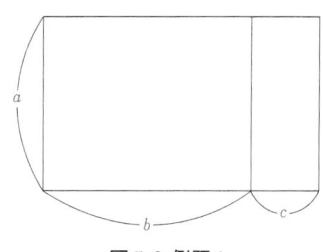

図 5-2-例題 1

証明 第 1 の関係式は，図 5-2-例題 1 に示されているよう

『好きになる数学入門』新装版の刊行によせて②

お 裾 分 け

秋葉忠利

　「若気の至り」と言ったら良いのかもしれませんが，「経済学は学問ではない」と経済の専門家を前に断定したことがありました．数学の世界の全体像を山の上から俯瞰できるようになったと感じていた頃です．為政者の都合に合わせて，それを正当化する経済理論が脚光を浴びたり，初めて学んだ専門的な経済学の先生の数学知識をはてなと思ったりした経験があったからです．

　でも，私の不遜な経済学観が如何に未熟なものであるのかにも徐々に気付くようになりました．私自身の世界観や価値観と矛盾しない経済学者の著作を読むようになってからです．中でも，宇沢弘文先生の『自動車の社会的費用』(岩波新書, 1974年)には感動しました．

　その後，先生の主張は，経済学を人間化すること，そのためにも経済学の対象を広げ，従来は経済学の範疇には入らないけれども社会全体を正確に把握する上で必要な活動まで網羅した新たな学問を創設することにあるのではないかと勝手に考えるようになりました．従来の経済学がユークリッド幾何学なら，先生が目指しているのは非ユークリッド幾何学なのではないかと素人なりの解釈をしていたのです．

　それは，先生のいくつかの著作から，数学的なメガネをかけて世界を捉える姿勢を感じていたからなのではないかと思います．それだけではありません．先生は数学と出会ったこと，数学を楽しみ，数学と共に生きることを，こよなく愛し幸せだと感じていたのではないかと思うようになりました．それは，『好きになる数学入門』の「はしがき」を読むだけで分かります．この素晴らしい入門書は，先生が自らの幸せのお裾分けとして，未来の世代の皆さんへの贈り物として書かれたのではないか

と思います．

　先生の生き方に私のそれを準えることなど，身の程知らずも良いところなのですが，数学を勉強しつつも戦争や平和についての関心を持ち続け，その結果たまたま政治の世界に足を踏み入れてしまった私の人生と重ねて考えてしまっていたからです．そして戸惑うことばかりの政治家としての毎日を支えてくれたのが数学でした．

　国会の論戦では事実を共有するところから始めて，論理的に議論を進めることができました．広島市長就任後，財源が限られていながら，それで市民生活を良くしなくてはならないといった解決不可能のように見える難しい課題を目の前にして，今までは試みられなかった視点からの解決方法はないかと考え挑戦するエネルギーが生まれたのは，数学において真実を追求する訓練をうけていたからこそ可能になったのだと思います．そんな姿勢が高じて，市政に生かしたいと常に考えていた憲法を「数学書として読む」試みを最近になって実行しました．

　予想もしなかったのですが，こんなに楽しい経験を今になってできるとは思ってもいませんでした．その楽しさを少しでも多くの方にお裾分けしたいと考えて『天皇と憲法』という題で今秋，萬書房から上梓して頂くことになりました．

　『好きになる数学入門』にははるかに及ばないにしろ，できれば，為政者の何人かの目に留まり，『好きになる数学入門』を読んで「数学が好きになった」そして拙著を読んで「憲法が好きになった」と言って貰えることを夢想しています．

（あきば ただとし，元広島市長）

な長方形を考えれば，すぐわかります．第 2 の関係式も同じようにして証明できます．

練習問題　つぎの関係式を図を使って証明しなさい．
(1) a, b を任意の正数とするとき，
$$(a+b)^2 = a^2+2ab+b^2, \quad (a-b)^2 = a^2-2ab+b^2$$
(2) a, b を任意の正数とするとき，
$$(a+b)(a-b) = a^2-b^2$$
(3) x, a, b を任意の正数とするとき，
$$(x+a)(x+b) = x^2+(a+b)x+ab$$
(4) a, b, c を任意の正数とするとき，
$$(a+b+c)^2 = a^2+b^2+c^2+2ab+2bc+2ca$$

例題 2（オイラーの公式）　1 直線上に 4 つの点 A, B, C, D がこの順序にならんでいるとき
$$\overline{AB} \times \overline{CD} + \overline{BC} \times \overline{DA} = \overline{AC} \times \overline{BD}$$

証明　$a = \overline{AB}$, $b = \overline{BC}$, $c = \overline{CD}$ とおけば
$$\overline{AC} = a+b, \quad \overline{BD} = b+c, \quad \overline{DA} = a+b+c$$
$$\overline{AB} \times \overline{CD} + \overline{BC} \times \overline{DA} = ac + b(a+b+c) = b^2+ab+bc+ca$$
$$\overline{AC} \times \overline{BD} = (a+b)(b+c) = b^2+ab+bc+ca$$
$$\overline{AB} \times \overline{CD} + \overline{BC} \times \overline{DA} = \overline{AC} \times \overline{BD} \quad \text{Q. E. D.}$$

練習問題（中点定理）　線分 AB の中点を M とし，P を線分 MB 上の任意の点とすれば，
$$\overline{PA} \times \overline{PB} = \overline{AM}^2 - \overline{PM}^2, \quad \overline{PA}^2 + \overline{PB}^2 = 2(\overline{PM}^2 + \overline{AM}^2)$$

81 ページの練習問題（下）のヒント
$a = \overline{AM}$, $b = \overline{PM}$ とおけば，$\overline{PA} = a+b$, $\overline{PB} = a-b$.

平行四辺形の面積にかんするいくつかの例題

例題 3　与えられた線分 AB の両側に 2 つの点 P, Q がある．線分 PQ の中点を M とすれば
$$\triangle MAB = \frac{1}{2}(\triangle PAB \sim \triangle QAB)$$

△PAB∼△QAB は △PAB と △QAB の面積の差をあらわします．

証明　M が線分 AB の Q と同じ側にある場合を考える．
$$\triangle PAB = \square PAMB - \triangle MAB = \frac{1}{2}\square PAQB - \triangle MAB$$

$$\triangle \text{QAB} = \square\text{AQBM} + \triangle \text{MAB} = \frac{1}{2}\square\text{PAQB} + \triangle\text{MAB}$$
$$\triangle\text{QAB} - \triangle\text{PAB} = 2\triangle\text{MAB} \qquad \text{Q. E. D.}$$

例題 4 平行四辺形 □ABCD の対角線 AC 上の任意の点 P を通って AD, AB に平行な直線と □ABCD の各辺との交点 Q, R, S, T によってつくられる 2 つの平行四辺形 □QBTP, □SPRD の面積は相等しい.

証明
$$\square\text{QBTP} + (\triangle\text{AQP} + \triangle\text{PTC}) = \triangle\text{ABC}$$
$$\square\text{SPRD} + (\triangle\text{APS} + \triangle\text{PCR}) = \triangle\text{ACD}$$
$$\triangle\text{ABC} = \triangle\text{ACD}, \quad \triangle\text{AQP} = \triangle\text{APS}, \quad \triangle\text{PTC} = \triangle\text{PCR}$$
$$\square\text{QBTP} = \square\text{SPRD} \qquad \text{Q. E. D.}$$

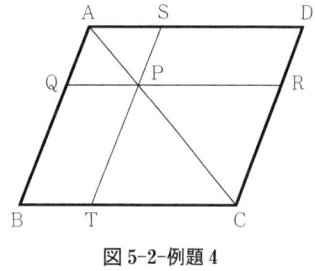

図 5-2-例題 4

例題 5 平行四辺形 □ABCD について, △ACD の内部の任意の点 P を通って AD, AB に平行な直線と □ABCD の各辺との交点 Q, R, S, T によってつくられる 2 つの平行四辺形 □QBTP, □SPRD の面積について,
$$\square\text{QBTP} - \square\text{SPRD} = 2\triangle\text{PAC}$$

証明
$$\square\text{QBTP} + (\triangle\text{AQP} + \triangle\text{PTC}) = \triangle\text{ABC} + \triangle\text{PAC}$$
$$\square\text{SPRD} + (\triangle\text{APS} + \triangle\text{PCR}) = \triangle\text{ACD} - \triangle\text{PAC}$$
$$\triangle\text{ABC} = \triangle\text{ACD}, \quad \triangle\text{AQP} = \triangle\text{APS}, \quad \triangle\text{PTC} = \triangle\text{PCR}$$
$$\square\text{QBTP} - \square\text{SPRD} = 2\triangle\text{PAC} \qquad \text{Q. E. D.}$$

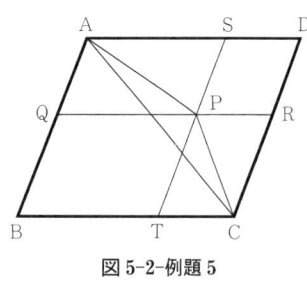

図 5-2-例題 5

例題 6 平行四辺形 □ABCD のなかの任意の点 P に対して
$$\triangle\text{PAB} + \triangle\text{PCD} = 一定$$

証明 P を通り, 相対する平行な 2 つの辺 AB, DC に平行な直線を引いて, 辺 AD, BC と交わる点をそれぞれ Q, R とすれば
$$\triangle\text{PAB} = \frac{1}{2}\square\text{ABRQ}, \quad \triangle\text{PCD} = \frac{1}{2}\square\text{QRCD}$$
$$\triangle\text{PAB} + \triangle\text{PCD} = \frac{1}{2}\square\text{ABRQ} + \frac{1}{2}\square\text{QRCD} = \frac{1}{2}\square\text{ABCD}$$
$$\text{Q. E. D.}$$

例題 7 平行四辺形 □ABCD の辺 BC 上に任意の点 P をとるとき, AP の延長が辺 DC の延長と交わる点を Q とすれば,
$$\triangle\text{APD} = \triangle\text{ABQ}, \quad \triangle\text{PBQ} = \triangle\text{PCD}$$

証明 A, C をむすんで, △ACD, △ABC をつくれば

$$\triangle APD = \triangle ACD = \frac{1}{2}\square ABCD,$$

$$\triangle ABQ = \triangle ABC = \frac{1}{2}\square ABCD$$

$$\triangle APD = \triangle ABQ$$

$$\triangle PBQ = \triangle ABQ - \triangle ABP = \triangle ABC - \triangle ABP$$
$$= \triangle APC = \triangle PCD \qquad \text{Q. E. D.}$$

3

最大面積を求める

例題 1 与えられた紐を 4 つに折って長方形をつくり，面積が最大となるようにしなさい．

解答 与えられた紐を四等分にして，正方形をつくったとき，面積が最大となります．4 辺の長さの和が等しいような正方形 □ABCD と長方形 □A′B′C′D′ を図のようにならべると，$\overline{AA'}=\overline{CC'}$ となります．また，CD と A′D′ の交点を E とし，AD と C′D′ の延長との交点を E′ とすれば，□AA′ED と □CC′E′D は合同で，面積は等しくなります．正方形 □ABCD の面積は，長方形 □A′B′C′D′ より □DED′E′ だけ大きくなり，正方形の場合に最大の面積をもつことがわかります．

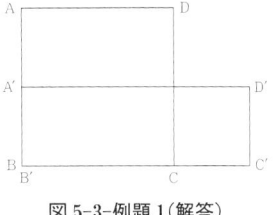

図 5-3-例題 1（解答）

例題 2 面積が一定である三角形のうちで，3 辺の長さの和が最小になるのは正三角形である．

証明 つぎのレンマから明らか．

レンマというのは，ギリシア語の Lemma の訳語で，一般的によく使う命題を意味します．ユークリッドの『原本』では，Theorema とならんでよく出てきます．Theorema は英語で Theorem，定理と訳されている言葉です．もう 1 つユークリッドの『原本』でよく出てくる言葉は Proposition で，命題と訳されています．

レンマ 二等辺三角形 △ABC（$\overline{AB}=\overline{AC}$）の頂点 A を通り辺 BC に平行な直線上に A 以外の任意の点 D をとれば，

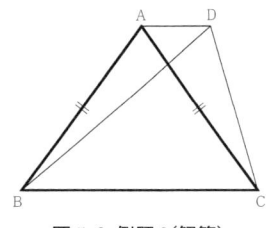

図 5-3-例題 2 (解答)

$$\overline{AB}+\overline{AC} < \overline{DB}+\overline{DC}$$

証明 CA を A をこえて延長して，$\overline{CA}=\overline{AE}$ となるような点 E をとると，
$$\overline{AB}=\overline{AC}=\overline{AE}$$
DA の延長と BE の交点を F とすれば，
$$\overline{BF}=\overline{FE}, \quad \angle DFB=90°, \quad \overline{BD}=\overline{DE}$$
したがって，$\overline{AB}+\overline{AC}=\overline{EA}+\overline{AC}=\overline{EC},\ \overline{DB}+\overline{DC}=\overline{ED}+\overline{DC}.$
$$\overline{EC}<\overline{ED}+\overline{DC} \Rightarrow \overline{AB}+\overline{AC}<\overline{DB}+\overline{DC}$$
Q. E. D.

例題 3 面積が一定である四角形のうちで，4 辺の長さの和が最小になるのは正方形である．

証明 2 辺 AB, AD の長さが等しくないような任意の □ABCD に対して，同じ面積をもち，4 辺の長さの和が小さいような □A′BCD が存在することを示すことができます．
A を通り BD と平行な直線上に，$\overline{A'B}=\overline{A'D}$ となるような点 A′ をとると，△A′BD＝△ABD，例題 2 のレンマより $\overline{A'B}+\overline{A'D}<\overline{AB}+\overline{AD}$.

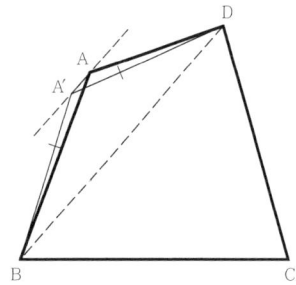

図 5-3-例題 3 (解答 a)

点 C についても同様にして，C′ をとります．つぎに，点 B, D についても同様にして B′, D′ をとると，□ABCD と同じ面積をもち，4 辺の長さの和が小さいような □A′B′C′D′ をつくることができます．このとき □A′B′C′D′ は $\overline{A'B'}=\overline{B'C'}=\overline{C'D'}=\overline{D'A'}$ である平行四辺形です．

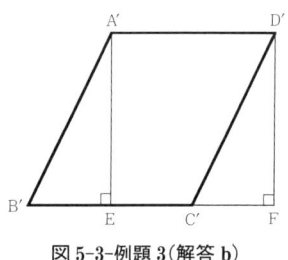

図 5-3-例題 3 (解答 b)

このとき，2 番目の図 (解答 b) で示すように A′, D′ から辺 B′C′ あるいはその延長上に下ろした垂線の足をそれぞれ E, F とすれば □A′B′C′D′＝□A′EFD′ かつ，□A′EFD′ の 4 辺の長さの和は □A′B′C′D′ より小さくなります．

これらのことから，つぎのようにすれば 4 辺の長さの和が最小となるのは正方形であることがわかります．

あらためて，□ABCD が与えられた面積をもち，4 辺の和が最小の四角形とします．はじめに述べたことから $\overline{AB}=\overline{BC}=\overline{CD}=\overline{DA}$ でなければなりません．つづいて述べたことから，すべての角が直角でなければなりません． Q. E. D.

うーん

第 5 章　最大最小問題　問　題

問題 1　与えられた四辺形 □ABCD のなかの点 P と 4 つの頂点 A, B, C, D との間の距離の和 $\overline{PA}+\overline{PB}+\overline{PC}+\overline{PD}$ を最小にせよ．

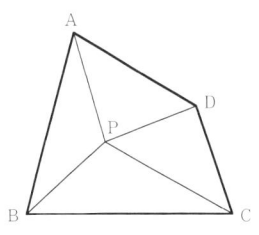

図 5-問題-1

問題 2　点 O で交わる 2 つの半直線 OX, OY によってつくられる角 ∠XOY のなかに定点 A がある．A を通る任意の直線が OX, OY と交わる点をそれぞれ P, Q とするとき，△OPQ の面積が最小となるものを求めよ．

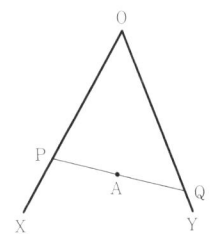

図 5-問題-2

問題 3　与えられた三角形 △ABC（∠B, ∠C がともに鋭角）に内接し，1 辺 QR が辺 BC の上にある長方形 □PQRS のなかで面積が最大のものを求めよ．

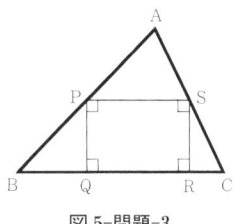

図 5-問題-3

問題 4　与えられた線分 AB を直径とする半円 O に内接し，1 辺 QR が線分 AB の上にある長方形 □PQRS のなかで面積が最大のものを求めよ．

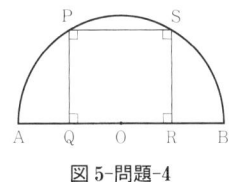

図 5-問題-4

問題 5　与えられた線分 AB 上の任意の点 P において立てた線分 AB に垂直で長さが $\overline{PA}$ の線分 PQ を 1 辺とし，PB をもう 1 つの辺とする長方形 □QPBR を考える．このような長方形 □QPBR の面積を最大にせよ．

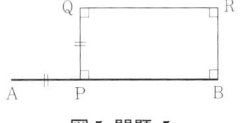

図 5-問題-5

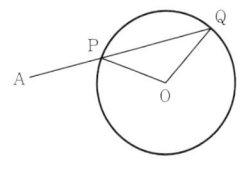

図 5-問題-6

問題 6 円 O とその外に 1 点 A が与えられている．A を通って円 O と 2 つの点 P, Q で交わる任意の直線によってつくられる円 O の弦 PQ を底辺として O を頂点とする三角形 △POQ の面積を最大にせよ．

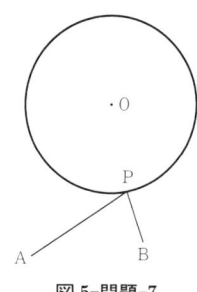

図 5-問題-7

問題 7 円 O とその外に点 A, B が与えられている．円 O 上の任意の点 P と A, B との間の距離の自乗の和 $\overline{PA}^2 + \overline{PB}^2$ を最小にせよ．

問題 8 円 O 上の点 A，円 O のなかの点 B が与えられている．このとき，B を通る円 O の弦 PQ のなかで，$\overline{AP} \times \overline{AQ}$ を最大にするものを求めよ．

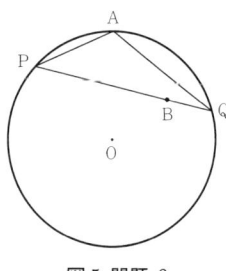

図 5-問題-8

問題 9 点 O で直交する 2 つの直線 OX, OY, ∠XOY のなかに点 A が与えられている．2 つの直線 OX, OY の上に点 P, Q をとって，$\overline{AP}^2 + \overline{PQ}^2 + \overline{QA}^2$ を最小にせよ．

問題 10 与えられた三角形 △ABC のなかに点 P をとって，$\overline{PA}^2 + \overline{PB}^2 + \overline{PC}^2$ を最小にせよ．

問題 11 与えられた円 O に内接する三角形 △PQR のなかで，面積最大のものを求めよ．

問題 12 与えられた円 O に外接する三角形 △PQR のなかで，面積を最小にするものを求めよ．

第 6 章
軌　跡

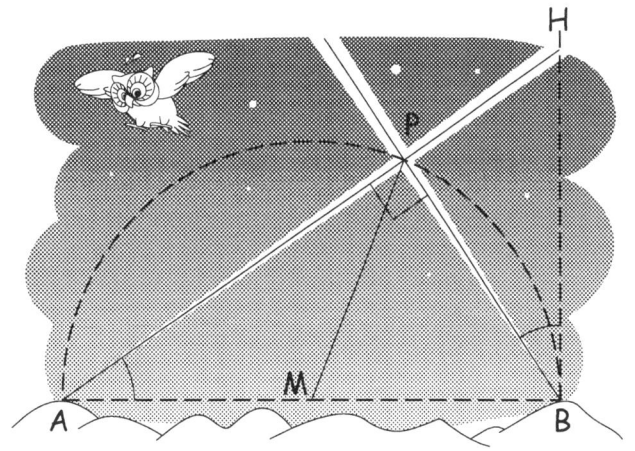

サーチライトの軌跡

　2つの点 A, B にサーチライトがあります．いま，サーチライト A は B の方に水平に向けられ，サーチライト B は上空に垂直に向けられています．サーチライト A は上方に，サーチライト B は A 地点の方向に同じスピードで動くとすれば，この 2 つのサーチライトの光線の交点 P はどのような軌跡をえがくでしょうか．

　2 つのサーチライトは同じスピードで動くわけですから
　　　　∠PBH ＝ ∠PAB　　　（HB は AB に垂直な直線）
したがって，∠APB＝180°－∠PAB－∠PBA＝90°．
　△PAB は直角三角形になりますから，その斜辺 AB の中点を M とすれば
　　　　　　　$\overline{\text{PM}} = \overline{\text{AM}} = \overline{\text{BM}}$
P は M を中心として半径 $\overline{\text{AM}}$ の半円上にあることがわかります．逆に，P がこの半円上にあるときにはかならず 2 つのサーチライトの光線の交点になります．ゆえに，2 つのサーチライトの光線の交点 P の軌跡は，AB の中点 M を中心として半径 $\overline{\text{AM}}$ の半円となることが証明されたわけです．

1

軌跡の考え方

サーチライトの軌跡を考える

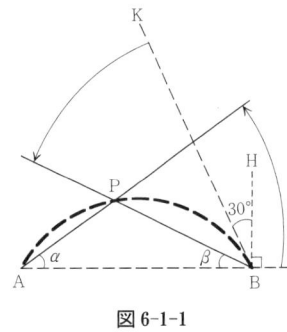

図 6-1-1

2つのサーチライトの光線の交点によってつくられる軌跡の問題で，はじめの時点で，サーチライト A は B の方に水平に向けられ，サーチライト B が上空に垂直の方向から 30°の角度だけ A の方に傾いているとします．サーチライト A は上方に，サーチライト B は A 地点の方向に同じスピードで動くとすれば，この 2 つのサーチライトの光線の交点 P はどのような軌跡をえがくでしょうか．

説明をかんたんにするために，$\alpha = \angle PAB$，$\beta = \angle PBA$ とおきます．出発時では，$\alpha = 0°$，$\beta = 90° - 30° = 60°$．

B で AB に垂直に立てた直線を BH とし，BH から 30° だけ A の方に傾いた直線を BK とすれば，
$$\angle PBK = \angle PAB = \alpha, \quad \angle KBH = 30°, \quad \angle ABK = 60°$$
$$\beta = 90° - \alpha - 30° = 60° - \alpha, \quad \alpha + \beta = 60°$$
$$\angle APB = 180° - \alpha - \beta = 180° - 60° = 120°$$

したがって，P は AB を弦として円周角 120°の弧の上にあることがわかります．逆に，P が AB を弦として円周角 120°の弧の上にあるときにはかならず 2 つのサーチライトの光線の交点になります．このようにして，2 つのサーチライトの光線の交点 P の軌跡は，AB を弦として円周角 120°の弧となることがわかります．

2 点から等距離にある点の軌跡

例題 1 2 定点 A, B からの距離が等しい点 P の軌跡を求めなさい．

解答 2 つの点 A, B をむすぶ線分 AB の中点を M とします（$\overline{AM} = \overline{MB}$）．$\overline{PA} = \overline{PB}$ より △PAB は二等辺三角形となり，頂点 P と底辺 AB の中点 M をむすぶ線分 PM は底辺 AB と

直交します．したがって，上の条件をみたすような点 P は線分 AB の垂直二等分線上にあることがわかります．

逆に，線分 AB の垂直二等分線上の任意の点 P をとれば，$\overline{PA}=\overline{PB}$ となることは明らかです．2 点 A, B からの距離が等しい点 P の軌跡は A, B をむすぶ線分 AB の垂直二等分線となることが示されたわけです．

図 6-1-例題 1

練習問題

(1) 点 O で交わる 2 つの直線 ℓ, ℓ' から等距離にある点 P の軌跡を求めなさい．

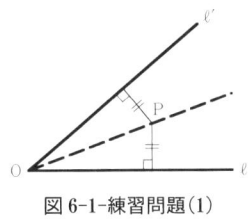

図 6-1-練習問題(1)

(2) 直線 ℓ と点 A からの距離が等しいような点 P の軌跡を求めなさい．

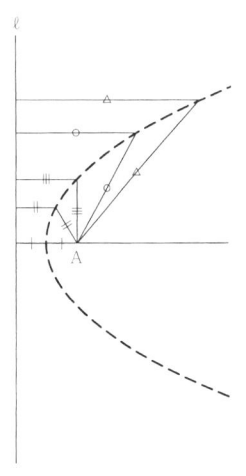

図 6-1-練習問題(2)

直角三角形の頂点の軌跡

例題 2　∠A＝90°である直角三角形 △ABC がある．辺 BC を固定して，頂点 A を動かすとき，A の軌跡を求めなさい．

解答　辺 BC の中点を O とします．△ABC は直角三角形だから，$\overline{OA}=\overline{OB}=\overline{OC}$. したがって，頂点 A は O を中心として半径が $\overline{OB}=\overline{OC}$ に等しい半円の上を動きます．（A が辺 BC の反対側にある場合を入れれば，円全体となります．）

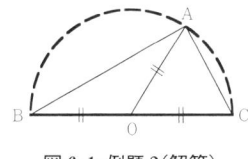

図 6-1-例題 2（解答）

89 ページの練習問題のヒント
(1) 求める軌跡は直線 ℓ, ℓ' の角の二等分線となる． (2) この軌跡はかんたんには求めることができません．放物線となります．放物線については第 3 巻『代数で幾何を解く―解析幾何』でくわしくお話しします．

練習問題

(1) 与えられた線分 AB について，∠APB が一定の大きさをもつ点 P の軌跡を求めなさい．

(2) 三角形 △ABC の辺 BA を A をこえて延長して，$\overline{AP}=\overline{AC}$ となるような点 P をとります．∠A の大きさが一定のとき，P の軌跡を求めなさい．

90 ページの練習問題のヒント
(1) △APB, △AP'B は同じ円に内接している．(2) ∠BAC が ∠BPC の 2 倍になっていることに注目する．

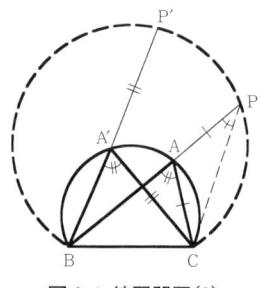

図 6-1-練習問題(2)

楕 円

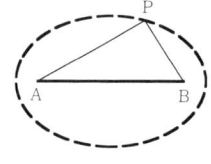

図 6-1-例題 3(解答)

例題 3 2 つの点 A, B があって，線分 AB の長さを 15 cm とする：$\overline{AB}=15$ cm．このとき，$\overline{PA}+\overline{PB}=20$ cm となるような点 P の軌跡を求めなさい．

解答 A 点と B 点に鋲を刺し，長さ 20 cm の糸を固定して，鉛筆で糸を張りながら，上の条件をみたすような点 P の軌跡をなぞると，図 6-1-例題 3(解答)のような曲線となります．この曲線が楕円です．楕円は，定規とコンパスを使って作図することはできません。楕円が作図不可能だということを証明するのはたいへんむずかしい数学を必要とします．楕円についても第 3 巻でくわしくお話しします．

2

軌跡の例題

例題 1 直線 ℓ と，その外に 1 点 A が与えられている．直

線 ℓ 上に任意の点 P をとるとき，線分 AP の中点 Q の軌跡を求めなさい．

解答 A から直線 ℓ に下ろした垂線の足を B とし，線分 AB の中点を M とします．三角形の中点にかんする定理を使えば，Q と M をむすぶ線分 QM は PB と平行になります．例題 1 の条件をみたす点 Q は，A から直線 ℓ に下ろした垂線 AB の中点 M を通り直線 ℓ に平行な直線 ℓ' の上にあります．

逆に，直線 ℓ' の上の任意の点 Q をとると，
$$\overline{AM} = \overline{MB}, \quad QM \parallel PB$$
したがって，Q は AP を二等分します．
$$\overline{AQ} = \overline{QP}$$

例題 1 の条件をみたす点 Q の軌跡は A から直線 ℓ に下ろした垂線 AB の中点 M を通り直線 ℓ に平行な直線 ℓ' となることが証明されたわけです．

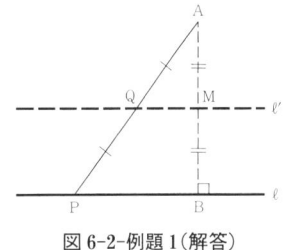

図 6-2-例題 1（解答）

例題 2 点 O で直交する 2 つの半直線 ℓ, ℓ' 上にそれぞれ点 A, B をとり，線分 AB の長さが一定（$\overline{AB} = k$）となるようにするとき，線分 AB の中点 P の軌跡を求めなさい．

解答 △AOB は直角三角形だから，辺 AB の中点 P と点 O をむすぶ線分 OP の長さは辺 AB の長さの $\frac{1}{2}$ になります．
$$\overline{OP} = \overline{AP} = \overline{BP} = \frac{1}{2}\overline{AB} = \frac{k}{2}$$

したがって，例題 2 の条件をみたす点 P は O を中心として半径 $\frac{k}{2}$ の円上にあって，ℓ, ℓ' によってつくられる角のなかにあることがわかります．

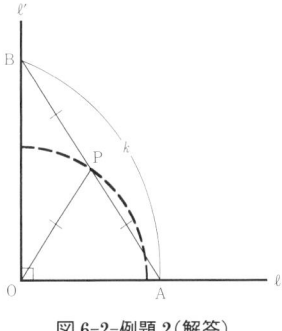

図 6-2-例題 2（解答）

逆に，点 O を中心として半径 $\frac{k}{2}$ の円上にあって，ℓ, ℓ' によってつくられる角のなかにある任意の点 P をとります．OP を P をこえて，等しい長さだけ延長した点を C とし，C から直線 ℓ, ℓ' に下ろした垂線の足をそれぞれ A, B とします．このとき，P は直角三角形 △OAC, △OBC の斜辺 OC の中点となるから，$\overline{AB} = k$, $\overline{AP} = \overline{BP} = \frac{1}{2}\overline{AB} = \frac{k}{2}$.

このようにして，例題 2 の条件をみたす点 P の軌跡が，O

を中心とする半径 $\frac{k}{2}$ の円の, ℓ, ℓ' によってつくられる角のなかの部分であることが証明されたわけです.

例題 3 線分 AB を 1 辺とする三角形 △PAB の 2 辺の長さの和が一定となるように点 P をとる：$\overline{PA}+\overline{PB}=k$（一定）.

このとき，B から ∠P の外角の二等分線に下ろした垂線の足 Q の軌跡を求めなさい.

解答 AP を P をこえて延長し，BQ の延長との交点を R とします．△BPQ, △RPQ について，∠BPQ=∠RPQ，∠PQB=∠PQR=90°，$\overline{PQ}$ は共通だから △BPQ≡△RPQ，$\overline{BQ}=\overline{RQ}$，$\overline{PB}=\overline{PR}$．AB の中点を M とすれば MQ∥AR より

$$\overline{MQ} = \frac{1}{2}\overline{AR} = \frac{1}{2}(\overline{PA}+\overline{PB}) = \frac{k}{2}$$

Q は AB の中点 M を中心として半径 $\frac{k}{2}$ の円の上にあります.

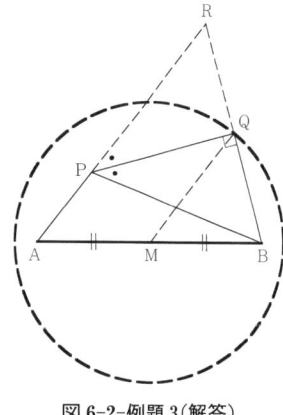

図 6-2-例題 3（解答）

逆に，AB の中点 M を中心として半径 $\frac{k}{2}$ の円の上にある任意の点 Q が例題 3 の条件をみたすことはすぐわかります．このようにして，例題 3 の条件をみたす点 Q の軌跡が AB の中点 M を中心として半径 $\frac{k}{2}$ の円となることが証明されたわけです.

例題 4 与えられた二等辺三角形 △ABC（$\overline{AB}=\overline{AC}$）に対して，

$$\angle APB = \angle APC$$

となるような点 P の軌跡を求めなさい.

解答 △ABC の頂角 ∠A を二等分する直線を h とします．この直線 h は頂点 A から底辺 BC に下ろした垂線となり，BC の中点 M を通ります．直線 h 上に点 P を任意にとれば，△PBC は二等辺三角形となり，∠APB=∠APC．つまり，この直線 h 上の任意の点 P は，例題 4 の条件をみたすわけです．このことから，例題 4 の条件をみたすような点 P の軌跡は直線 h だと解答しがちです．しかし，例題 4 の条件をみたすような点 P は直線 h のほかにもたくさんあります.

まず，△ABC の底辺 BC を通る直線を ℓ とし，BC をそれぞれ B, C をこえて延長した部分を D であらわします．図 6-

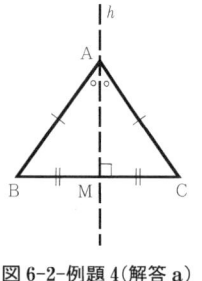

図 6-2-例題 4（解答 a）

2-例題4(解答 b)からすぐわかるように，Dのなかの点Pはすべて例題4の条件をみたします．

また，△ABCの外接円をとり，頂点Aを含まない弧BCをEとします．点PがEのなかに入っているときにも，∠APB=∠APC．つまり，Eのなかの点Pもすべて例題4の条件をみたします．

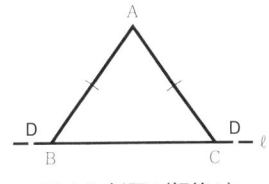

図 6-2-例題 4(解答 b)

このようにして，例題4の条件をみたすような点Pの軌跡は $\{h, D, E\}$ をふくんでいることがわかります．じつは，例題4の軌跡はちょうど $\{h, D, E\}$ になりますが，このことを証明するのはたいへん困難です．

例題5 2つの異なる点A, Bで交わる2つの円O, O′が与えられ，1つの交点Aを通って，2つの円O, O′とC, Dで交わる定直線CDがある．このとき，Aを通る任意の直線が2つの円O, O′と交わる点をP, Qとするとき，直線CP, DQの交点Rの軌跡を求めなさい．（図6-2-例題5bのP, Q, Rの可能性もあります．この場合は証明が少し変わります．）

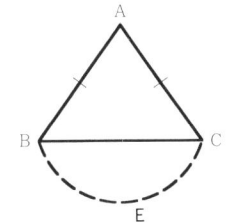

図 6-2-例題 4(解答 c)

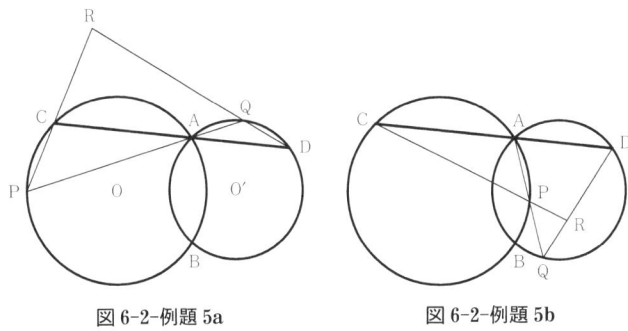

図 6-2-例題 5a　　　図 6-2-例題 5b

解答 □ACPBは円Oに内接するから，∠PCB=∠PAB．また，□ABDQは円O′に内接するから，∠PAB=∠BDQ ⇒ ∠PCB=∠BDQ ⇒ □RCBDは円に内接し，Rは△CBDの外接円上にあることがわかります．

逆に，Rを△CBDの外接円上の任意の点とします．直線RC, RDが円O, O′と交わる点をそれぞれP, Qとすれば，∠PAB=∠PCB=∠BDQ．また，∠BAQ+∠BDQ=180°だから，∠PAB+∠BAQ=180°．すなわち，P, A, Qは一直線上にあります．

例題5の条件をみたす点Rの軌跡は△CBDの外接円となることが示されたわけです．

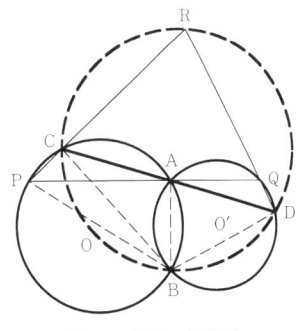

図 6-2-例題 5(解答)

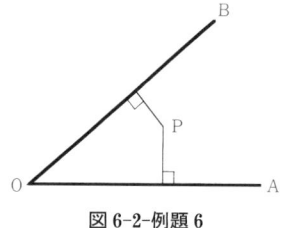

図 6-2-例題 6

例題 6 点 O で交わる 2 つの直線 OA, OB によってつくられる角 ∠AOB のなかにあって，2 つの直線 OA, OB との間の距離の比が一定の値 k となるような点 P の軌跡を求めなさい．∠AOB は鋭角とする．

解答 問題の条件をみたす点 P と点 O をむすび，直線 OP 上に点 P′ をとる．2 つの点 P, P′ から直線 OA, OB に下ろした垂線の足をそれぞれ Q, R, Q′, R′ とすれば，△OPQ∽△OP′Q′, △OPR∽△OP′R′ となり，$\overline{PQ}:\overline{PR}=\overline{P'Q'}:\overline{P'R'}=k:1$.

したがって，点 P′ も問題の条件をみたす．逆に，問題の条件をみたす点 P′ が直線 OP 上にあることはすぐわかります．∠POQ=α とおくと，求める軌跡は点 O を通り，角 ∠AOB のなかにあって直線 OA となす角の大きさが α の直線となります．

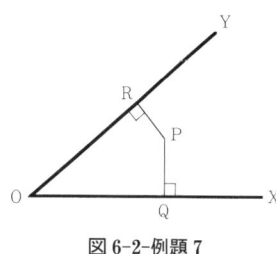

図 6-2-例題 7

例題 7 点 O で交わる 2 つの直線 OX, OY によってつくられる角 ∠XOY のなかにあって，OX, OY に下ろした垂線の長さの和が一定となるような点 P の軌跡，すなわち，OX, OY に下ろした垂線の足を Q, R とするとき，$\overline{PQ}+\overline{PR}=$ 一定（k とおく）をみたす点 P の軌跡を求めなさい．

解答 OX 上にあって，OY に下ろした垂線 AH の長さが k に等しいような点 A をとります．同じように，OY 上にあって，OX に下ろした垂線 BK の長さが k に等しいような点 B をとります．

$$\overline{AH}=\overline{BK}=k, \quad \angle AHB=\angle BKA=90°$$

この 2 つの点 A, B は軌跡の条件をみたす特別の場合です．軌跡の条件をみたす任意の点 P はかならず △AOB の底辺 AB 上にあります．このことは，P が条件をみたすとき，O を頂点として，P が底辺 A′B′（A′ は OX 上，B′ は OY 上の点）にあるような二等辺三角形 △A′OB′ をつくって考えればすぐわかります．A′ から OY に下ろした垂線の足を H′ とすれば，$\overline{PQ}+\overline{PR}=\overline{A'H'}$.

したがって，$\overline{A'H'}=\overline{AH}$, H′=H, A′=A. 同じようにして，K′=K, B′=B.

例題 8 円 O のなかに定弦 AB がある．一定の長さ $\ell(<\overline{AB})$ の弦 PQ が弧 AB 上を動くとき，AP と BQ の交点 R の軌跡を求めなさい．ただし，弦 PQ は A, Q, P, B の順にならぶも

のとする.

解答 弦 AB, PQ に対する円周角はどちらも一定となります. ∠AQB=α, ∠PAQ=β とおけば, ∠ARB=∠AQB+∠PAQ =α+β.

求める軌跡は AB に対する円周角が α+β となるような弧 AB で，与えられた円 O のなかの部分です.

例題 9 ある円 O の内側に沿ってもう 1 つの円 O′ が転がっている．小さい円 O′ 上の定点 C はどのような軌跡をえがくでしょうか．小さい円 O′ の半径は大きい方の円 O の半径のちょうど半分で，すべらないで転がるものとします.

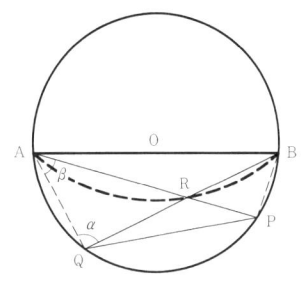

図 6-2-例題 8（解答）

解答 小さい円 O′ 上の定点 C が大きな円 O と接するときの位置 A を出発点として考えます．いま，2 つの円の接点が P の位置にあるとします．P から OA に下ろした垂線の足を Q とします．Q≠O のとき，△PQO は直角三角形で，O′ は斜辺 PO の中点だから

$$\angle O'QO = \angle O'OQ, \quad \angle PO'Q = 2\angle O'OQ$$

弧の長さは，円周角（ラジアン）と半径をかけたものになるので，小さい円 O′ の弧 PQ の長さが大きな円 O の弧 PA の長さに等しくなります．したがって，小さい円 O′ 上の定点 C は Q の位置にきていることがわかります.

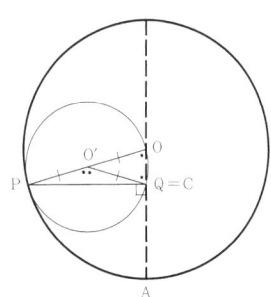

図 6-2-例題 9（解答）

逆に，半径 OA（あるいは，その反対側の半径 OA′）上の任意の点 Q をとります．Q で OA（あるいは，OA′）に立てた垂線が大きな円 O と交わる点を P とし，OP の中点を M とおけば，$\overline{MP}=\overline{MQ}=\frac{1}{2}\overline{OP}$, ∠PMQ=2∠MOQ. したがって，小さい円 O′ が転がって，O′=M の位置にきたとき，定点 C は Q の位置にあることがわかります．

小さい円 O′ 上の定点 C の軌跡は A を端点とする大きな円 O の直径となります．

例題 10 定線分 AB を 1 辺とする三角形 △PAB について，B から辺 PA に下ろした垂線 BQ の長さが辺 AP の長さに等しくなる（$\overline{AP}=\overline{BQ}$）．このような点 P の軌跡を求めなさい．

解答 A において線分 AB に垂線を立て，その上に $\overline{CA}=\overline{AB}$ となるような点 C をとります．2 つの三角形 △CAP, △ABQ について

$$\overline{AP}=\overline{BQ}, \quad \angle CAP = 90° - \angle PAB = \angle ABQ$$

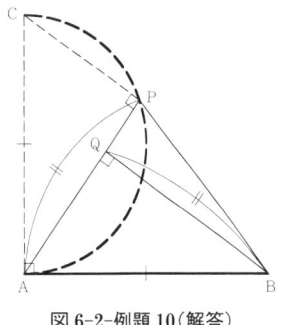

図 6-2-例題 10（解答）

したがって，△CAP≡△ABQ⇒∠APC＝90°．
ゆえに，P は CA を直径とする半円上にあります．

逆に，半円 CA 上に任意の点 P をとれば，△PAB が例題 10 の条件をみたすことはすぐわかります．半円 CA が求める軌跡となります．

練習問題

(1) 直線 ℓ とその外に1点 A が与えられている．直線 ℓ 上に任意の点 P をとるとき，線分 AP を $p:q$ の比で内分および外分する点 Q, R の軌跡を求めなさい．(p, q は正の定数．)

(2) 直交する2つの直線 ℓ, ℓ' があり，直線 ℓ の上に2つの定点 A, B がある．直線 ℓ' の上に任意に点 P をとり，A で AP に垂直な直線を立て，B で BP に垂直な直線を立てるとき，2つの直線の交点 R の軌跡を求めなさい(A, B は ℓ' に対して同じ側にある)．

(3) 正方形 □ABCD が与えられているとき，∠APB＝∠DPC となるような点 P の軌跡を求めなさい．

(4) 与えられた三角形 △ABC の各辺 BC, CA, AB あるいはその延長に下ろした垂線の足 D, E, F が一直線にあるような点 P の軌跡を求めなさい．

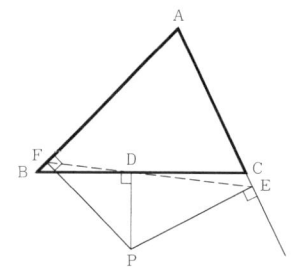

図 6-2-練習問題(4)

(5) 与えられた正三角形 △ABC の辺 BC あるいはその延長上に任意の点 P をとり，P を頂点として，底辺 QR が A を通り PA と垂直となるような正三角形 △PQR をつくるとき，P 以外の頂点 Q, R の軌跡を求めなさい．

96ページの練習問題のヒント
(1) A から直線 ℓ に下ろした垂線 AH を $p:q$ の比で内分および外分する点 C, D それぞれを通り，直線 ℓ に平行な直線が求める軌跡である． (2) R から直線 ℓ に下ろした垂線の足を S とすれば，$\overline{SO}=\overline{AO}+\overline{BO}$．求める軌跡は直線 ℓ 上に $\overline{CO}=\overline{AO}+\overline{BO}$ となるような点 C をとり，C を通り直線 ℓ' に平行な直線である． (3) 求める軌跡は2辺 AD, BC の中点をむすぶ直線と，正方形 □ABCD の外接円上の弦 AD, BC に対する劣弧となる． (4) D, F が BC, AB 上，E が CA の延長上にあるとする．□FBPD，□DPEC はともに円に内接するから，∠BPF＝∠BDF，∠CPE＝∠CDE⇒∠BPF＝∠CPE⇒∠ABP＝∠PCE⇒P は △ABC の外接円上にある．第2章「円」問題II-9 によって，求める軌跡は △ABC の外接円の円周となる．EDF はシムソン線にほかならない． (5) まず Q について ∠ABC＝∠AQP＝60°だから，□QBPA は円に内接する⇒∠QBP＝180°−∠QAP＝90°⇒求める軌跡は B において辺 BC に立てた垂線で，頂点 A と同じ側にある半直線となる．R についても同様にする． (6) 直径 AB に垂直な半径を OC とすれば，△COR と △OPQ は合同となり，∠CRO＝∠OQP＝90°．求める軌跡は OC を直径とする円である．

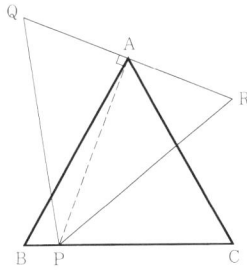

図 6-2-練習問題(5)

(6) 点 O を中心とする与えられた半円 AB 上の任意の点 P から直径 AB に下ろした垂線の足を Q とし，$\overline{OR} = \overline{PQ}$ となるような半径 OP 上の点 R の軌跡を求めなさい．

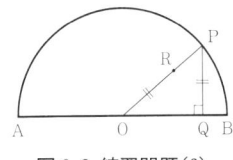

図 6-2-練習問題(6)

アポロニウスの軌跡

　ギリシアの生んだもっとも偉大な数学者の 1 人アポロニウスは数多くの幾何の難問を解いています．アポロニウスの軌跡はその代表的なものです．

アポロニウスの軌跡　2 定点からの距離の比が一定となる点の軌跡を求めよ．すなわち，2 つの点 A, B が与えられているとき，2 点 A, B との間の距離の比がある与えられた比 $p:q$ に等しいような点 P の軌跡を求めなさい．
$$\overline{PA} : \overline{PB} = p : q$$

　与えられた比 $p:q$ が $1:1$ の場合はかんたんです．図 6-3-1 からすぐわかるように，線分 AB の中点 C を通り，AB に垂直な直線 FG が求める軌跡となります．

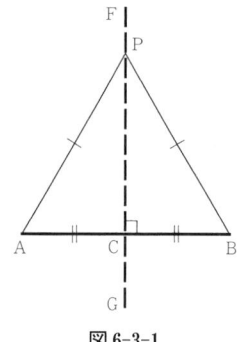

図 6-3-1

したがって，$p:q \neq 1$ の場合を考えることにします．このとき，$p:q>1$ の場合だけを考えます．($p:q<1$ の場合もまったく同じように取り扱うことができます．あるいは A，B を交換して考えればよいわけです．) これまで，何度か出てきたことですが，ここで復習をかねてくり返し説明したいと思います．

まず，つぎのレンマを証明します．

レンマ I　三角形 △PAB の頂点 P の内角 ∠APB の二等分線が対辺 AB と交わる点を C とすれば，C は AB を $\overline{PA}:\overline{PB}$ の比に内分する．

$$\angle APC = \angle BPC \Rightarrow \overline{CA}:\overline{CB} = \overline{PA}:\overline{PB}$$

逆に，点 C が AB を $\overline{PA}:\overline{PB}$ の比に内分すれば，PC は ∠APB の二等分線となる．

$$\overline{CA}:\overline{CB} = \overline{PA}:\overline{PB} \Rightarrow \angle APC = \angle BPC$$

証明　まず，レンマの最初の部分を証明します．頂点 P の内角 ∠APB の二等分線が対辺 AB と交わる点を C とし，PA を P をこえて辺 PB の長さだけ延長した点を K とします．
$$\overline{PK} = \overline{PB}$$
このとき，△PBK は二等辺三角形となり，2 つの辺 PB, PK に対する角はお互いに等しくなります．∠PKB＝∠PBK. したがって，∠APB＝2∠PKB.

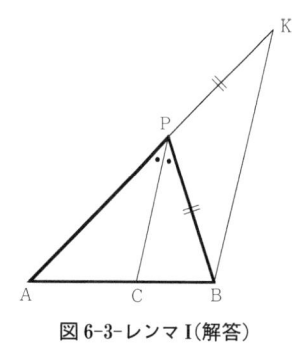

図 6-3-レンマ I (解答)

PC は ∠APB を二等分するから，

$$\angle APC = \frac{1}{2}\angle APB = \angle PKB$$

したがって，PC と KB は平行となり，

$$\overline{CA}:\overline{CB} = \overline{PA}:\overline{PK}, \quad \overline{CA}:\overline{CB} = \overline{PA}:\overline{PB}$$

逆に，点 C が辺 AB を $\overline{PA}:\overline{PB}$ の比に内分する点とします．

$$\overline{CA}:\overline{CB} = \overline{PA}:\overline{PB}$$

辺 AP を P をこえて延長して，KB が PC と平行となるような点 K をとります．KB∥PC．

このとき，$\overline{CA}:\overline{CB} = \overline{PA}:\overline{PK} \Rightarrow \overline{PK} = \overline{PB}$. △PBK は二等辺三角形となり，$\angle PKB = \angle PBK = \frac{1}{2}\angle APB$.

PC が頂点 P の内角 ∠APB を二等分することが示された

わけです.　　　　　　　　　　　　Q. E. D.

　上のレンマ I は，頂点 P の外角 ∠A′PB（A′ は辺 AP の P をこえた延長上の点）の二等分線と辺 AB の外分点との間の関係にも適用できます.

レンマ II　三角形 △PAB の頂点 P の外角 ∠A′PB（A′ は AP の P をこえた延長上の点）の二等分線が AB の延長と交わる点を D とすれば，D は AB を $\overline{PA} : \overline{PB}$ の比に外分する.

$$\angle A'PD = \angle BPD \Rightarrow \overline{DA} : \overline{DB} = \overline{PA} : \overline{PB}$$

　逆に，点 D が AB を $\overline{PA} : \overline{PB}$ の比に外分するとすれば，PD は頂点 P の外角 ∠A′PB の二等分線となる.

$$\overline{DA} : \overline{DB} = \overline{PA} : \overline{PB} \Rightarrow \angle A'PD = \angle BPD$$

証明　レンマ I とまったく同じようにして証明できます.

練習問題

(1)　自分で適当な三角形 △PAB をえがき，1 つの頂点 P の内角の二等分線が対辺 AB と交わる点 C をとり，C が AB を PA, PB の比に内分することを実測してたしかめなさい．逆に，辺 AB 上の点 C が AB を $\overline{PA} : \overline{PB}$ の比に内分するとき，直線 PC は頂点 P の内角を二等分することを実測してたしかめなさい.

(2)　頂点 P の外角の二等分線についても，同じことを実測してたしかめなさい.

アポロニウスの軌跡問題を解く

　さて，上のレンマを使ってアポロニウスの軌跡の問題を解くことにします．まず，2 つの点 A, B との間の距離の比が $p : q$ に等しいような点 P をとります.

$$\overline{PA} : \overline{PB} = p : q$$

　レンマ I によって，頂点 P の内角 ∠APB の二等分線が AB と交わる点を C とすれば，C は AB を $\overline{PA} : \overline{PB}$ の比に内分します.

$$\angle APC = \angle BPC, \quad \overline{CA} : \overline{CB} = \overline{PA} : \overline{PB} = p : q$$

同じように，レンマ II によって，頂点 P の外角 ∠A′PB の二等分線が AB の延長と交わる点を D とすれば，D は AB

を $\overline{PA}:\overline{PB}$ の比に外分します．
$$\angle A'PD = \angle BPD, \quad \overline{DA}:\overline{DB} = \overline{PA}:\overline{PB} = p:q$$
2つの点 C, D は線分 AB を $p:q$ の比にそれぞれ，内分，外分する点になっています．しかも，PC, PD はそれぞれ $\angle APB, \angle A'PB$ を二等分する点だから
$$\angle CPB = \frac{1}{2}\angle APB, \quad \angle BPD = \frac{1}{2}\angle A'PB$$
$$\angle CPD = \angle CPB + \angle BPD = \frac{1}{2}(\angle APB + \angle A'PB) = 90°$$
ゆえに，P は CD を直径とする円上にあることがわかります．

逆に，線分 AB を $p:q$ の比に内分，外分する点 C, D をとり，CD を直径とする円の上に任意の点 P をとります．
$$\overline{CA}:\overline{CB} = \overline{DA}:\overline{DB} = p:q$$
PA 上に，BK ∥ DP となるように K をとり，PA の P をこえた延長上に BL ∥ CP となるように L をとる．

三角形 △APD について，
$$\overline{PA}:\overline{PK} = \overline{DA}:\overline{DB} = p:q$$
三角形 △ALB について，
$$\overline{PA}:\overline{PL} = \overline{CA}:\overline{CB} = p:q$$
したがって $\overline{PK} = \overline{PL}$．

$\angle CPD = 90°$ より，$\angle KBL = 90°$．だから，△BKL は直角三角形となり，$\overline{PB} = \overline{PK} = \overline{PL} \Rightarrow \overline{PA}:\overline{PB} = p:q$．

以上の議論をまとめると，つぎの定理が証明されたことになります．

アポロニウスの軌跡 2つの点 A, B が与えられているとき，2点 A, B との間の距離の比がある与えられた比 $p:q$ に等しいような点 P の軌跡は，線分 AB を $p:q$ の比にそれぞれ内分，外分する2つの点 C, D をむすぶ線分 CD を直径とする円である．ただし，$p:q$ は 1 ではないとする．（この円をアポロニウスの円とよびます．）

練習問題 2つの点 A, B の間の距離 $\overline{AB}$ が 20 cm の場合，$p:q$ がつぎの値をとるときのアポロニウスの軌跡を（必要ならば縮尺で）じっさいに自分でえがきなさい．

$$3:2, \quad 2:3, \quad 5:4, \quad 4:5$$

第6章 軌跡問題

問題 (I)

問題1 与えられた線分 BC を 1 辺とし，角 ∠A がある一定の大きさ α をもつような三角形 △ABC の重心 G の軌跡を求めよ．

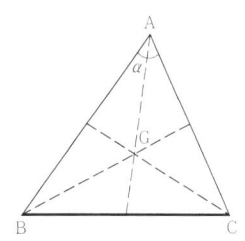

図 6-問題 I-1

問題2 与えられた線分 BC を 1 辺とし，角 ∠A がある一定の大きさ α をもつような三角形 △ABC の内心 I の軌跡を求めよ．

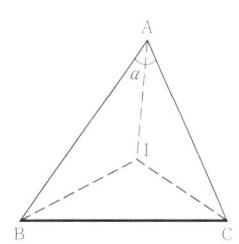

図 6-問題 I-2

問題3 与えられた線分 BC を 1 辺とし，角 ∠A がある一定の大きさ α をもつ三角形 △ABC について，∠A のなかにある傍心 I の軌跡を求めよ．

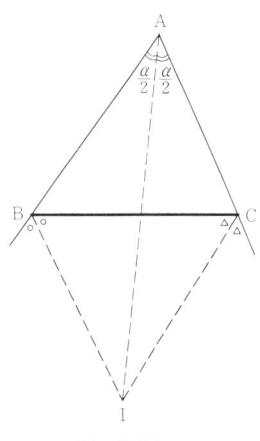

図 6-問題 I-3

問題4 与えられた正三角形 △ABC の 2 辺 AB, AC 上に $\overline{\mathrm{AP}}=\overline{\mathrm{CQ}}$ となるような点 P, Q を任意にとるとき，BQ, CP の交点 R の軌跡を求めよ．

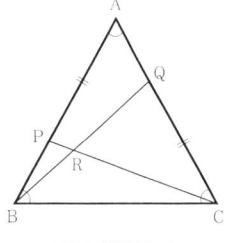

図 6-問題 I-4

問題 5　与えられた円 O の直径 AB の 1 端 B で円 O に接する直線 ℓ がある．A を通る円 O の弦 AP の延長上の点 Q から直線 ℓ に下ろした垂線の足を R とするとき，$\overline{PQ}=\overline{QR}$ となるような点 Q の軌跡を求めよ．

問題 6　円 O とその外側に点 A が与えられている．A を通る直線によって切られる円 O の弦 PQ の中点 R の軌跡を求めよ．

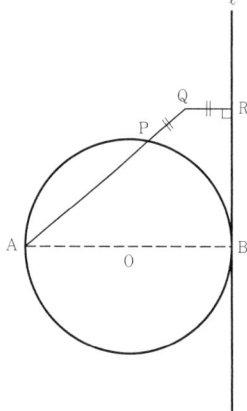

図 6-問題 I-5

問題 7　円 O とその外側に点 A が与えられている．A と円 O 上の任意の点 P を 2 つの頂点とする正三角形 △APQ の第 3 の頂点 Q の軌跡を求めよ（Q は AP にかんしていつも同じ側にとる）．

問題 8　直線 ℓ とその外に点 A が与えられている．A と直線 ℓ 上の任意の点 P を 2 つの頂点とする正三角形 △APQ の第 3 の頂点 Q の軌跡を求めよ（Q は AP にかんしていつも同じ側にとる）．

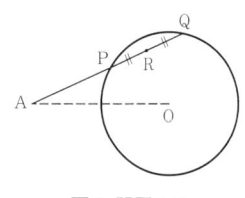

図 6-問題 I-6

問題 9　直線 ℓ とその上に 2 つの点 A, B が与えられている．円 O，円 O' をそれぞれ A, B で直線 ℓ に接し，かつお互いに接する任意の 2 つの円とするとき，円 O，円 O' の接点 P の軌跡を求めよ．

問題 10　円 O とその外に点 A が与えられている．A を 1 つの頂点とし，もう 1 つの頂点 P が円 O 上にあり，3 つの角が与えられた大きさ α, β, γ をもつ三角形 △APQ の第 3 の頂点 Q の軌跡を求めよ．

問題 11　2 つの点 A, B が与えられているとき，$3\overline{PA}^2+\overline{PB}^2=$ 一定 となるような点 P の軌跡を求めよ．

問題 12　A, B を中心とする 2 つの円が与えられている．2 つの円 A, B に対する接線の長さが等しいような点 P の軌跡を求めよ．

問　題（II）

問題 1　直角三角形 △ABC（∠A＝90°）の 2 つの直角辺 AB, AC あるいはその延長上にそれぞれ点 P, Q を，PQ が BC に垂直になるようにとるとき，直線 BQ, CP の交点 R の軌跡を求めよ．

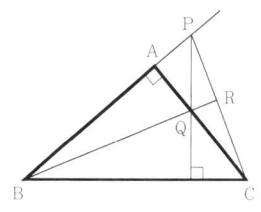

図 6-問題 II-1

問題 2　各辺の長さが一定である平行四辺形 □ABCD の底辺 BC が固定されているとき，∠A, ∠D の二等分線が交わる点 P の軌跡を求めよ．

問題 3　点 C で交わる 2 つの直線 l, l' 上にそれぞれ定点 A, B がある．直線 l, l' とそれぞれ A, B で接し，お互いに外接する円 O, O' の接点 P の軌跡を求めよ．

問題 4　線分 AB とその上の 1 点 C において直交する直線 l が与えられている．直線 l 上に任意の点 P をとり，A, B でそれぞれ PA, PB に直交する直線が交わる点を Q とするとき，この交点 Q の軌跡を求めよ．

問題 5　与えられた線分 AB を 1 辺として，その両端 A, B との距離の差が一定（k）であるような任意の点 P を頂点とする三角形 △PAB を考える：$\overline{PA}-\overline{PB}=k$．

B から頂点 P の内角の二等分線に下ろした垂線の足 Q の軌跡を求めよ．

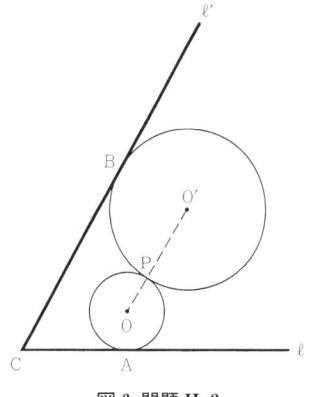

図 6-問題 II-3

問題 6　円 O の弦 AB と円上の 1 点 C が与えられている．C を通る任意の直線が弦 AB と交わる点を P とし，円 O と交わる点を Q とするとき，三角形 △PAQ の外心 R の軌跡を求めよ．

問題 7　2 つの円 O, O' が 2 つの交点 A, B をもつとする．1 つの交点 A を通る任意の直線が円 O, O' と交わる点をそれぞれ P, Q とするとき，PO と QO' の延長が交わる点 R の軌跡を求めよ．

問題 8　与えられた線分 AB を 1 辺として，角 ∠P がある一定の大きさ α をもつような三角形 △PAB の垂心 Q の軌跡を求めよ．

問題 9　点 O で交わる 2 つの半直線 OX, OY 上にそれぞれ A, B および C, D という 2 つの定点がある．角 ∠XOY のなかにあって，つぎの条件をみたすような点 P の軌跡を求めよ：△PAB＋△PCD＝k（一定）．

問題 10 円周角が $90°$ より大きい弧 AB がある．弧 AB 上に任意の点 P をとり，弦 AB の反対側につぎの条件をみたすような点 Q をとる．∠PBQ=∠APH，∠PAQ=∠BPH．ただし，H は P から弦 AB に下ろした垂線の足とする．このような点 Q の軌跡を求めよ．

問題 11 円 O とその外に 1 点 A が与えられている．円 O 上の任意の点 P と A をむすぶ線分上にあって，つぎの条件をみたすような点 Q の軌跡を求めよ．$\overline{PA}:\overline{QA}=k:1$（$k$ は 1 より大きい定数．）

問　題（III）

問題 1 円 O と点 A が与えられている．A を通って，円 O と直交するような円 P の中心 P の軌跡を求めなさい．

問題 2 正方形 □ABCD の辺 BC, CD 上に $\overline{PC}=\overline{QC}$ となるように，P, Q をとるとき，点 P から AQ に下ろした垂線の足 R の軌跡を求めなさい．

問題 3 正方形 □ABCD の外にあって，∠APB=∠BPC=∠CPD となるような点 P の軌跡を求めなさい．

問題 4 三角形 △ABC の頂点 A を通る任意の直線に他の 2 つの頂点 B, C から下ろした垂線の足 P, Q と辺 AB, AC の中点 M, N をむすぶ直線 PM, QN の交点 R の軌跡を求めなさい．

問題 5 定線分 AB の上に角 P の大きさが一定，∠P=α であるような三角形 △PAB をえがく．2 つの辺 PA, PB を 1 辺とする正三角形 △PAQ, △PBR を △PAB の外にえがくとき，線分 QR の中点 S の軌跡を求めなさい．

問題 6 与えられた正三角形 △ABC のなかにあって，つぎの条件をみたすような点 P の軌跡を求めなさい．
$$\overline{AP}^2 = \overline{BP}^2 + \overline{CP}^2$$

問題 7 円 O とその外に点 A が与えられている．A から円 O に割線 APQ を任意に引くとき，P, Q における円 O の接線の交点 R の軌跡を求めなさい．

問題 8 円 O の外に点 A が与えられている．円 O 上の任意の点 P をとり，正方形 □APQR を一定の向きにつくるとき，他の頂点 Q, R の軌跡を求めなさい．

問題 9 2つの円 O_1, O_2 が与えられている．この2つの円を見込む角が等しいような点 P の軌跡を求めなさい．

問題 10 定線分 AB 上に点 P を任意にとり，線分 AP, BP を弦として，半径の長さの比が一定の値 k をとるような2つの円 O, O′ をえがくとき，もう1つの交点 Q の軌跡を求めなさい．

問題 11 ある定三角形に相似な三角形 △ABC の頂点 A が定位置にあり，頂点 B がある定直線 ℓ の上を動くとき，頂点 C の軌跡を求めなさい．

問題 12 三角形 △APQ の頂点 A は定位置にあり，角 ∠A の大きさは一定 α で，頂点 P はある円 O の円周上を動き，つぎの条件をみたすとき，頂点 Q の軌跡を求めなさい．
$$\overline{AP} \times \overline{AQ} = k (一定)$$

円 O の外にある点 P が円 O を見込む角というのは，P から円 O に引いた2つの接線のなす角をいいます．

問　題（IV：一定問題）

つぎの一定問題を証明しなさい．

問題 1 与えられた半円 AOB 上の任意の点 P から直径 AB に下ろした垂線の足を Q とするとき，∠OPQ の二等分線は定点を通る．

問題 2 円 P が与えられた半円 AB の半円周と Q で内接し，直径 AB と R で接するとき，QR の延長は定点を通る．

問題 3 円 O とその外に直線 ℓ が与えられている．円 P が円 O と Q で外接し直線 ℓ と R で接するとき，直線 QR は定点を通る．

問題 4 点 O で交わる2つの直線 OX, OY と，∠XOY の二等分線上に点 A が与えられている．2つの点 O, A を通る任意の円が直線 OX, OY と交わる点を P, Q とすれば，$\overline{OP} + \overline{OQ}$ は一定となる．

問題 5 円 O と2つの直径 AB, CD が与えられている．円 O 上の任意の点 P から AB, CD に下ろした垂線の足をそれぞれ Q, R とすれば，線分 QR の長さは一定となる．

問題 6 2つの平行な直線 ℓ, ℓ' と，その1つの直線 ℓ 上に点 A が与えられている．直線 ℓ, ℓ' 上にそれぞれ任意に点 P, Q を ∠APQ = 2∠PAQ となるようにとるとき，PQ の延長は定円に接する．

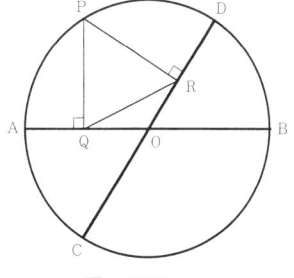

図 6-問題 IV-5

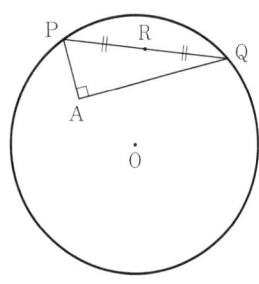

図 6-問題 IV-7

問題 7 円 O とそのなかに点 A が与えられている．A を直角頂とし，2 つの頂点 P, Q が円 O 上にあるような任意の直角三角形 △PAQ の斜辺 PQ の中点 R は定円の上にある．

問題 8 平行な 2 つの直線 ℓ, ℓ' があり，直線 ℓ 上に定点 A がある．A において直線 ℓ と接する任意の円が直線 ℓ' と交わる点 P における接線はある定円に接する．

問題 9 点 O で交わる 2 つの直線 ℓ, ℓ' がある．一定の長さをもつ線分 AB があり，その 1 端 A は直線 ℓ 上にあり，他の 1 端 B が直線 ℓ' 上にあるように動くとき，△AOB の外接円はある定円に接する．

問題 10 線分 AB と一定の大きさをもつ正三角形 △PQR がある．△PQR の 2 つの辺 PQ, PR の上にそれぞれ A, B があるようにおくとき，第 3 辺 QR はある一定の円に接する．

問題 11 線分 AB と一定の形 (3 辺の長さと 3 角の大きさ) をもつ三角形 △PQR が与えられている．三角形 △PQR が，その 2 辺 PQ, PR がそれぞれ A, B を通るように動くとき，第 3 辺 QR はある一定の円に接する．

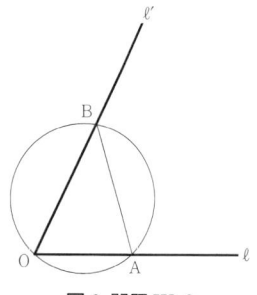

図 6-問題 IV-9

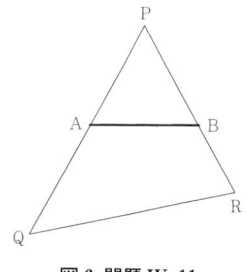

図 6-問題 IV-11

第7章
作　図

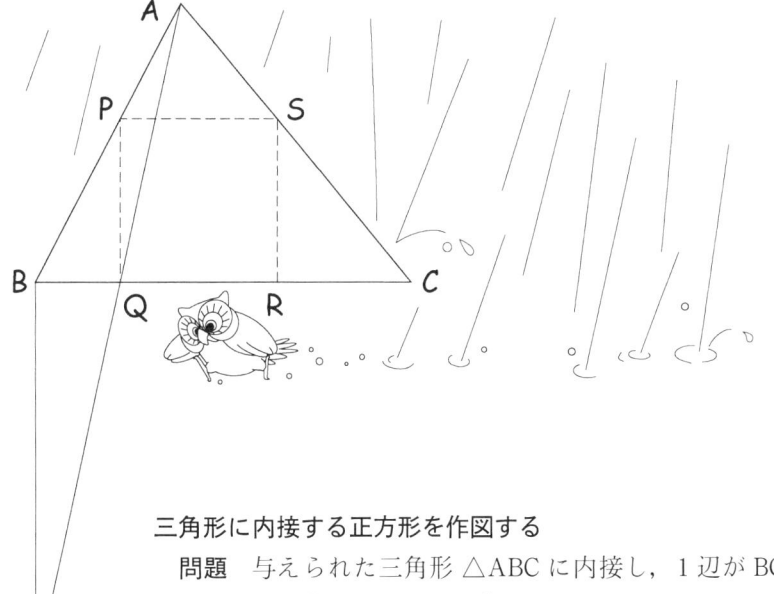

三角形に内接する正方形を作図する

　問題　与えられた三角形 △ABC に内接し，1 辺が BC 上にある正方形 □PQRS を作図せよ．

　B で BC に垂線を立て，$\overline{BC}$ に等しい点 D を A と反対側にとります．D と頂点 A をむすぶ直線が BC と交わる点を Q とし，Q で BC に立てた垂線が AB と交わる点を P とします．P を通り BC に平行な直線が AC と交わる点 S から BC に下ろした垂線の足を R とすれば，□PQRS が求める正方形です．

　2 つの △APQ，△ABD は相似となるから，
$$\overline{PQ} : \overline{BD} = \overline{AP} : \overline{AB}$$
また，PS ∥ BC だから，$\overline{PS} : \overline{BC} = \overline{AP} : \overline{AB}$．したがって
$$\overline{PQ} : \overline{BD} = \overline{PS} : \overline{BC}, \quad \overline{BD} = \overline{BC} \quad \Rightarrow \quad \overline{PQ} = \overline{PS}$$
PS ∥ QR，PQ ∥ SR だから，□PQRS が正方形であることがわかります．

　証明は，第 4 章で説明した相似と比例の考え方をうまく使ったものです．

1

作図の考え方

直線定規とコンパスだけを使って，与えられた条件をみたすような図形をえがくことを作図といいます．

作図の基本

（ⅰ）直線 ℓ 上の線分 AB の長さを他の直線 ℓ' 上に移す
作図 直線 ℓ' の上に任意の点 A' をとり，コンパスを使って半径 $\overline{AB}$ の円をえがき，直線 ℓ' と交わる点を B' とすれば，$\overline{A'B'} = \overline{AB}$．

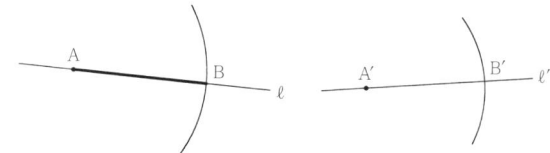

図 7-1-(ⅰ)作図

（ⅱ）直線 ℓ 上の点 O にある角を直線 ℓ' 上の点 O' に移す
作図 コンパスの中心を O において適当な長さで角 O を切って，A, B を求めます．つぎに，ℓ' 上の 1 点 O' を中心として，半径 $\overline{OA}$ の円をえがきます．円 O と ℓ' との交点を B' とします．B' を中心として，半径 AB の円をえがき，円 O' との交点を A' とすれば，$\angle A'O'B' = \angle AOB$．

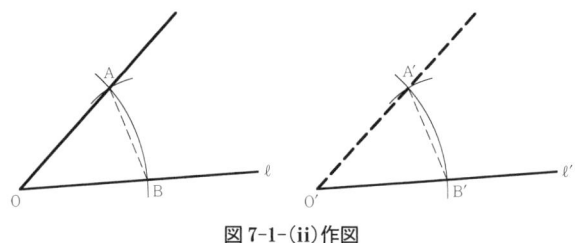

図 7-1-(ⅱ)作図

(iii) 直線 ℓ の外にある点 A を通って直線 ℓ に平行な直線をえがく

作図 直線 ℓ 上に適当に 2 点 B, C をとり，A を中心とする半径 $\overline{BC}$ の円と，C を中心とする半径 $\overline{BA}$ の円との交点を D とすれば，直線 AD は直線 ℓ と平行となります．

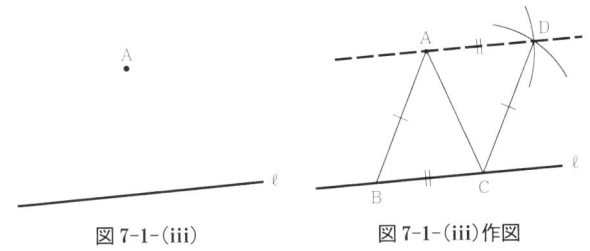

図 7-1-(iii)　　　　図 7-1-(iii)作図

例題 1 与えられた線分 AB の中点を求める

作図 1 A を通って適当な線分 AC を引く．B を通って AC に平行な直線を反対の方向に引き，$\overline{DB}=\overline{CA}$ となるような D をとる．CD と AB の交点 E が AB の中点となる．

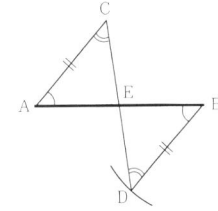

図 7-1-例題 1（作図 1）

作図 2 A を通る線分 AC を引いて，その延長に $\overline{AC}=\overline{CD}$ となるような点 D をとる．C を通って DB に平行な直線をえがき，AB との交点を E とすれば，E は AB の中点となる．

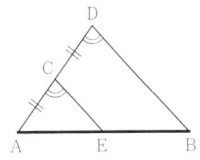

図 7-1-例題 1（作図 2）

作図 3 A, B を中心として半径が $\overline{AB}$ に等しい 2 つの円をえがく．その 2 つの円の 2 つの交点をむすぶ線分が AB と交わる点を E とすれば，E は AB の中点となる．

練習問題 上の 3 つの作図法が正しいことを証明しなさい．

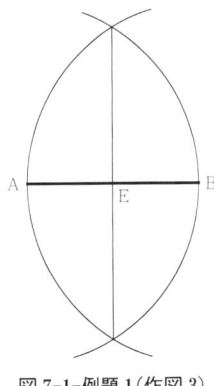

図 7-1-例題 1（作図 3）

109 ページの練習問題のヒント
作図 1　CA ∥ DB, $\overline{CA} = \overline{DB}$ ⇒ △CEA ≡ △DEB ⇒ $\overline{AE} = \overline{BE}$.
作図 2　△ABD について，$\overline{AC} = \overline{CD}$, CE ∥ DB ⇒ $\overline{AE} = \overline{BE}$.
作図 3　2 つの円の交点を P, Q とすれば，□PAQB が平行四辺形となることを使う．

110 ページの練習問題のヒント
作図 1　△AFC ∽ △BFE で，その相似比は 1 : 2. また，△BFE について $\overline{BD} = \overline{DE}$, GD ∥ FE ⇒ $\overline{FG} = \overline{GB}$.
作図 2　△AFC, △AGD, △ABE は相似で，その相似比は 1 : 2 : 3.

例題 2　与えられた線分 AB を三等分する

作図 1　A を通る適当な線分 AC を引き，B を通って AC に平行な直線を引く．その上に $\overline{BD} = \overline{DE} = \overline{AC}$ となるような 2 つの点 D, E を C と反対側にとる．直線 CE と直線 AB の交点を F とし，D を通って CE に平行な直線を引き，AB との交点を G とする．このとき，$\overline{AF} = \overline{FG} = \overline{GB}$.

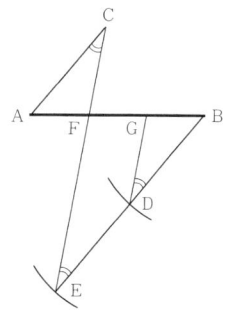

図 7-1-例題 2(作図 1)

作図 2　A を通る適当な線分 AC を引き，その延長に $\overline{AC} = \overline{CD} = \overline{DE}$ となるような点 D, E をとる．C, D を通って BE に平行な直線を引き，AB との交点をそれぞれ F, G とすれば，$\overline{AF} = \overline{FG} = \overline{GB}$.

練習問題　上の 2 つの作図法が正しいことを証明しなさい．

例題 3　与えられた点 A から直線 ℓ に垂線を下ろす

作図　A を中心として適当に大きな半径の円をえがき，直線 ℓ と 2 つの点 B, C で交わるようにする．線分 BC の中点 D を求めると，AD が A から直線 ℓ に下ろした垂線となる．

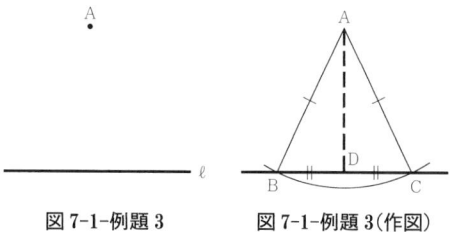

図 7-1-例題 3　　図 7-1-例題 3(作図)

例題 4　与えられた線分 AB を 1 辺とする直角三角形 △ABC (∠C = 90°) をえがく

作図 ABの中点Dを求め，Dを中心として半径 $\overline{\text{AD}}=\overline{\text{BD}}$ の円をえがく．円Dの上にA, B以外の点Cを任意にとれば，△ABCは ∠C＝90° の直角三角形となる．

例題5 円Oの外にある点Aから円Oに接線を引く

作図 AOの中点Bをとり，Bを中心として半径 $\overline{\text{BO}}=\overline{\text{BA}}$ の円をえがき，円Oとの交点をC, Dとすれば，AC, AD はAを通る円Oの接線となる．

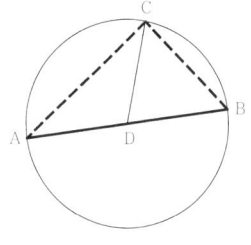

図 7-1-例題4（作図）

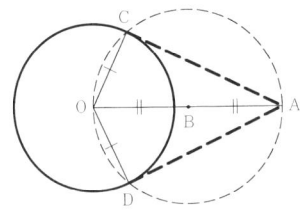

図 7-1-例題5（作図）

例題6 与えられた角 ∠O を二等分する

作図 Oを中心として適当な円Oをえがき，角 ∠O の2辺との交点をA, Bとする．A, Bを中心として十分に大きな同じ長さの半径の円を，交点Cをもつようにえがく．このとき，OCは∠Oを二等分する．

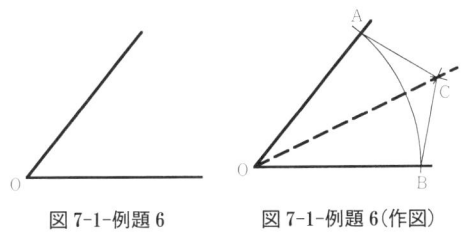

図 7-1-例題6   図 7-1-例題6（作図）

練習問題 例題3から6の作図が正しいことを証明しなさい．

任意に与えられた角を二等分することはできますが，三等分するのは，特殊な場合を除いては不可能です．このことを証明するのは，たいへんむずかしい数学を必要とします．

111ページの練習問題のヒント
例題3 △ABCが二等辺三角形となることを使う．
例題4 ∠Cは直径に対する円周角だから，∠C＝90°．
例題5 △COA, △DOA が直角三角形となることを使う．
例題6 △AOC ≡ △BOC ⇒ ∠AOC = ∠BOC.

1 作図の考え方

111

2

作図の例題

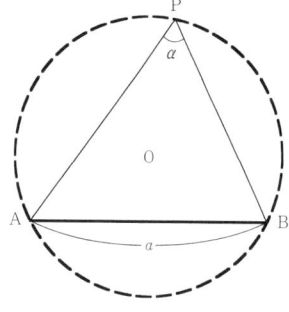

図 7-2-例題 2

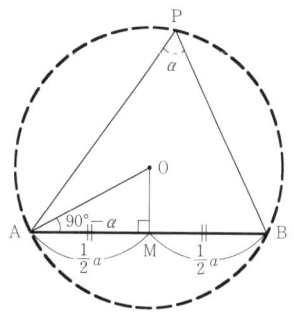

図 7-2-例題 2(解答)

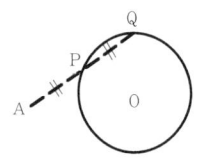

図 7-2-例題 3

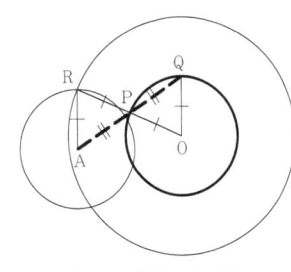

図 7-2-例題 3(解答)

例題1 円 O のなかに与えられた長さ a をもつ弦 AB を作図しなさい.

解答 円 O の上の点 A を中心として半径 a の円をえがき,円 O との交点を B とすれば,$\overline{AB}=a$.

例題2 円 O の弦の長さ a とその円周角の大きさ α を知って円 O を作図しなさい.

解答 円 O の弦 AB の長さが a,円周角の大きさが α であるとします.

$$\overline{AB} = a, \quad \angle APB = \alpha \quad (\text{P は弧 AB 上の任意の点})$$

弦 AB の中点を M とし,△OAM を考えれば

$$\overline{AM} = \frac{1}{2}a, \quad \angle AOM = \frac{1}{2}\angle AOB = \angle APB = \alpha,$$

$$\angle AMO = 90°$$

作図 長さ $\frac{1}{2}a$ の線分 AM を引きます.M で AM に立てた垂線と A で AM と $90°-\alpha$ の角をなす直線との交点を O とします.O を中心として OA を半径とする円が求める円となります.

例題3 円 O とその外に点 A が与えられている.A から円 O に割線 APQ を引いて,$\overline{AP}=\overline{QP}$ となるように作図しなさい.

解答 P を例題の条件をみたす点とします.OP を P をこえて等しい長さだけ延長した点を R とし,2 つの三角形 △RAP,△OQP を比較すると

$$\overline{AP} = \overline{QP}, \quad \overline{RP} = \overline{OP}, \quad \angle APR = \angle QPO$$

$$\triangle RAP \equiv \triangle OQP, \quad \overline{AR} = \overline{OQ} = r (= \text{円 O の半径})$$

R は A を中心とする半径 r の円と O を中心とする半径 $2r$ の円の交点となります.

作図 A を中心とする半径 r の円と O を中心とする半径 $2r$ の円の交点 R を求めます.RO が円 O と交わる点を P とし,

AP の延長が円 O と交わる点を Q とすれば，$\overline{AP}=\overline{QP}$．

例題 4　円 O とその外に点 A が与えられている．A から円 O に接線 AP を引きなさい．[この問題は前節にもありますが，ここでは別解を示します．]

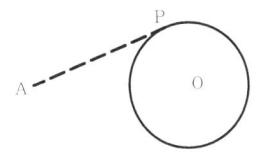

図 7-2-例題 4

解答　P を例題 4 の条件をみたす点とします．OP を P をこえて等しい長さだけ延長した点を Q とすれば，

$$\angle APO = 90°, \quad \overline{PQ} = \overline{PO} = r（円 O の半径）$$

△AOQ は二等辺三角形となり，$\overline{AQ}=\overline{AO}$, $\overline{QO}=2\overline{PO}=2r$. したがって，Q は A を中心とする半径 $\overline{AO}$ の円と O を中心とする半径 $2r$ の円の交点となります．

作図　A を中心とする半径 $\overline{AO}$ の円と O を中心とする半径 $2r$ の円の交点 Q を求め，線分 OQ が円 O と交わる点を P とすれば，AP は A から円 O に引いた接線となります．

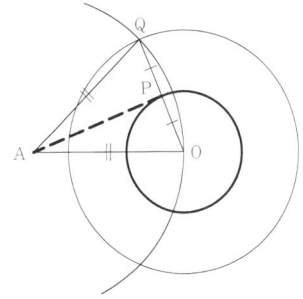

図 7-2-例題 4（解答）

△AOQ は A を頂点とする二等辺三角形で，P は底辺 OQ の中点である．したがって，AP は A から底辺 OQ に下ろした垂線となり，$\angle APO=90°$ となるからです．

例題 5　与えられた直線 ℓ の外に点 A，ℓ の上に点 B がある．A を通り，直線 ℓ と B で接する円 O を作図しなさい．

解答　AB の中点 M と円の中心 O をむすぶ線分 OM は AB に対して垂直となり，OB は直線 ℓ に対して垂直となる．

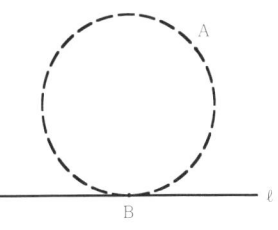

図 7-2-例題 5

作図　B で直線 ℓ に立てた垂線と AB の中点 M で AB に対して立てた垂線の交点を O とすれば，O を中心として半径 $\overline{OA}(=\overline{OB})$ の円が求める円です．

例題 6　A を与えられた直線 ℓ 上の定点とし，円 O は直線 ℓ と交点をもたない定円とする．円 O に外接し，直線 ℓ と A で接する円 P を作図しなさい．

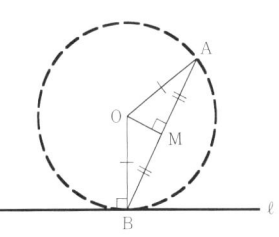

図 7-2-例題 5（解答）

解答　直線 ℓ を円 O と反対の方向に円 O の半径に等しい距離だけ平行に移動させた直線を ℓ' とすれば，直線 ℓ 上の A は直線 ℓ' 上の A' に移ります．P を中心として半径 $\overline{PO}$ の円は O を通り，直線 ℓ' と A' で接します．

作図　直線 ℓ を円 O と反対の方向に円 O の半径に等しい距離だけ平行に移動させた直線を ℓ' とし，A は直線 ℓ' 上の A' に移ったとします．例題 5 の作図法によって，O を通り，直線 ℓ' と A' で接する円 P' を求め，P' を中心として，半径が円 P' より円 O の半径だけ小さい円 P が求める円となります．

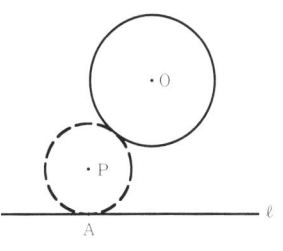

図 7-2-例題 6

例題 7　円 O とその外に 2 点 A, B が与えられているとき，

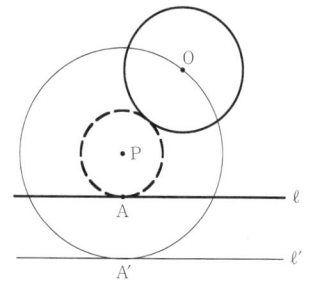

図 7-2-例題 6(解答)

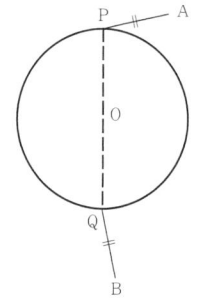

図 7-2-例題 7

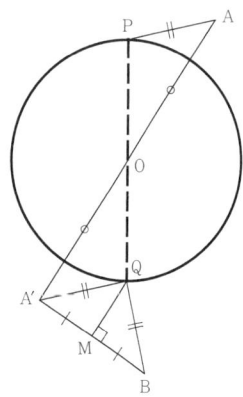

図 7-2-例題 7(解答)

$\overline{AP}=\overline{BQ}$ となるように円 O の直径 PQ を作図しなさい．

解答 PQ が例題の条件をみたす円 O の直径とします．AO を O をこえて等しい長さだけ延長した点を A′ とします．(A′ は点 O にかんする A の対称点になります．)
このとき，△APO, △A′QO を比較すると
$$\overline{AO} = \overline{A'O}, \quad \overline{OP} = \overline{OQ}, \quad \angle AOP = \angle A'OQ$$
$$\triangle APO \equiv \triangle A'QO, \quad \overline{AP} = \overline{A'Q} \Rightarrow \overline{A'Q} = \overline{BQ}$$
Q は A′B の垂直二等分線上にあります．

作図 まず，O にかんする A の対称点 A′ を求めます．A′B の中点 M で A′B に垂線を立て，円 O との交点を Q とします．Q を通る円 O の直径 PQ が求める直径です．
　△QA′B は二等辺三角形となり，$\overline{A'Q}=\overline{BQ}$．A′ は点 O にかんする A の対称点だから，$\overline{AP}=\overline{A'Q}=\overline{BQ}$．

例題 8 円 O のなかの点 A とその外に直線 ℓ が与えられている．A を通る直線 ℓ' が円 O，直線 ℓ と交わる点をそれぞれ P, Q とするとき，$\overline{AP}=\overline{PQ}$ となるように作図しなさい．

解答 直線 ℓ' を例題の条件をみたす直線とします．すなわち，直線 ℓ' が円 O，直線 ℓ と交わる点 P, Q について，$\overline{AP}=\overline{PQ}$．A から直線 ℓ に下ろした垂線の足を B とし，AB の中点を M とすれば，線分 MP は直線 ℓ と平行になります．
$$\overline{AM} = \overline{MB}, \quad MP \parallel \ell$$

作図 A から直線 ℓ に下ろした垂線の足を B とし，AB の中点 M を通って，直線 ℓ に平行な直線を引いて，円 O との交点を P とします．線分 AP の延長が直線 ℓ と交わる点を Q とすれば，P, Q が求める点です(P′, Q′ も条件をみたします)．

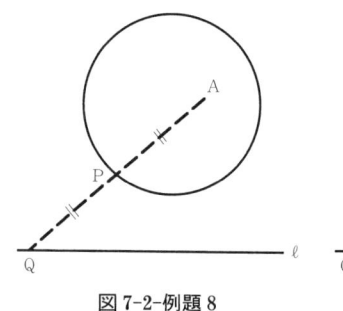

図 7-2-例題 8

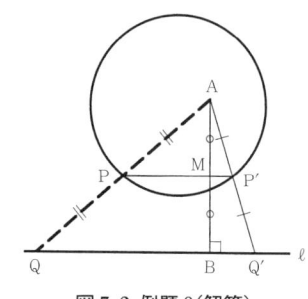

図 7-2-例題 8(解答)

例題 9 与えられた三角形 △ABC の辺 BC 上に点 P をとって，辺 AB, AC に下ろした垂線 PQ, PR の長さが等しくなるように作図しなさい．

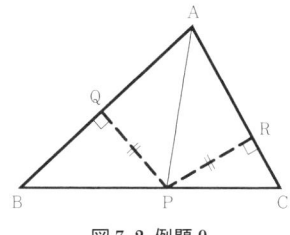

図 7-2-例題 9

解答 2 つの三角形 △APQ, △APR について
$$\overline{PQ} = \overline{PR}, \quad \overline{AP} \text{ は共通}, \quad \angle PQA = \angle PRA = 90°$$
$$\triangle APQ \equiv \triangle APR, \quad \angle PAQ = \angle PAR$$

作図 ∠A の二等分線を引いて BC との交点 P が求める点です．P から AB, AC に下ろした垂線 PQ, PR について，$\overline{PQ} = \overline{PR}$．

例題 10 三角形 △ABC と辺 AC 上に点 D が与えられている．D を通る直線を引いて △ABC の面積を二等分しなさい．

解答 辺 AC の中点 M を通り，BD に平行な直線が辺 AB と交わる点(辺 BC と交わる場合は証明が少し変わります)を E とすれば，DE が求める直線です．

M は辺 AC の中点だから，$\triangle BCM = \frac{1}{2} \triangle ABC$．△BDE, △BDM は底辺 BD を共有し，高さが等しいから，△BDE = △BDM．したがって

$$\square BCDE = \triangle BDE + \triangle BCD = \triangle BDM + \triangle BCD$$
$$= \triangle BCM = \frac{1}{2} \triangle ABC$$

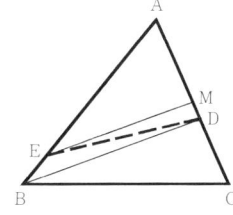

図 7-2-例題 10(解答)

2　作図の例題

例題 11 三角形 △ABC の外に点 K が与えられている．K を通る直線が △ABC の辺 AB, AC またはその延長と交わる点をそれぞれ P, Q とするとき，△APQ の面積が △ABC の面積と等しくなるように作図しなさい．

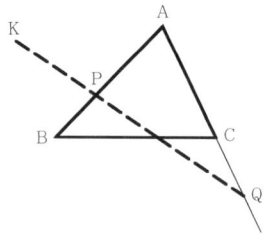

図 7-2-例題 11

解答 AC を 1 辺として，△AKB と相似な三角形 △ACR を △ABC の外側につくる．K を通り，AB に平行な直線が RA の延長と交わる点を S とする．3 つの点 K, R, S を通る円をえがき，AC あるいはその延長との交点を Q とし，KQ が AB と交わる点を P とする．このとき，△APQ と △ABC の面積は等しい（△APQ＝△ABC）．

△AKB と △ACR は相似だから

$$\overline{AK}:\overline{AC}=\overline{AB}:\overline{AR}, \quad \overline{AK}\times\overline{AR}=\overline{AB}\times\overline{AC}$$

△AKP, △AQR について，

$$\angle KAP = \angle QAR \quad (\triangle AKB, \triangle ACR は相似)$$
$$\angle APK = 180°-\angle SKP = \angle ARQ$$
$$(SK \parallel AP, \square SKQR は円に内接する)$$

したがって，△AKP, △AQR は相似となり

$$\overline{AK}:\overline{AQ}=\overline{AP}:\overline{AR}$$
$$\overline{AP}\times\overline{AQ}=\overline{AK}\times\overline{AR}=\overline{AB}\times\overline{AC}$$

したがって，△APQ＝△ABC．

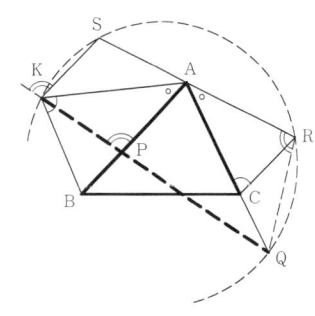

図 7-2-例題 11（解答）

K の位置によっては，この方法では作図できないこともあるのはわかりますか．

例題 12 円 O のなかの定点 A を通る弦 PQ を引いて，$\overline{PA}:\overline{QA}=p:q$ となるようにしなさい．ここで，p, q は一定の正数とします．

解答 OA を延長して，$\overline{BA}:\overline{OA}=p:q$ となる点 B をとれば，$\overline{BP}:\overline{OQ}=p:q$．

作図 OA を A をこえて延長して，$\overline{BA}:\overline{OA}=p:q$ となるような点 B をとり，B を中心として，半径が円 O の半径の $\dfrac{p}{q}$ の大きさの円 B をえがきます．円 B と円 O の交点を P

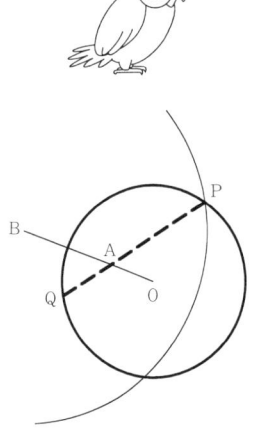

図 7-2-例題 12（解答）

とし，PA の延長が円 O と交わる点を Q とすれば，PQ が求める弦となります．

練習問題

(1) 円 O と一定の長さ a が与えられている．円の外の点 A から円 O に割線 APQ を引いて，$\overline{PQ}=a$ となるように作図しなさい．

(2) 与えられた 2 つの円 O, O′ に共通の接線 PQ を引きなさい．

(3) 与えられた三角形 △ABC の外接円を作図しなさい．

(4) 与えられた三角形 △ABC の内接円を作図しなさい．

(5) 辺 BC と重心 G の位置がわかっているとき，三角形 △ABC を作図しなさい．

(6) 辺 BC と垂心 H の位置がわかっているとき，三角形 △ABC を作図しなさい．

(7) 定円 O に内接する三角形 △ABC の 2 つの角の大きさ ∠B=β，∠C=γ がわかっている．△ABC を作図しなさい．

(8) 三角形 △ABC について，辺 BC の長さ $\overline{BC}=a$，角 ∠A の大きさ ∠A=α，頂点 A から対辺 BC に下ろした垂線の長さ $\overline{AH}=h$ がわかっている．△ABC を作図しなさい．

(9) 三角形 △ABC について，頂点 A と対辺 BC の中点 M をむすぶ線分の長さ $\overline{AM}=m$，AM と 2 つの辺 AB, AC との間の角の大きさ ∠MAB=β，∠MAC=γ がわかっている．△ABC を作図しなさい．

(10) 三角形 △ABC について，各頂点 A, B, C から対辺 BC, CA, AB に下ろした垂線の足 D, E, F からつくられる垂足三角形 △DEF がわかっている．△ABC を作図しなさい．

117 ページの練習問題のヒント
(1) 円 O のなかに長さ a の弦を任意にとり，中心 O からこの弦に下ろした垂線の長さを半径として，O を中心とする円 O′ をえがく．与えられた点 A から円 O′ に引いた接線が円 O と交わる点を P, Q とすればよい． (2) 円 O′ の半径 r' の方が円 O の半径 r より大きいとして，O′ を中心として，半径 $r'-r$ の円 O″ をえがく．O から円 O″ に引いた接線の接点を R とし，O′R の延長が円 O′ と交わる点を Q とし，O を通り，O′R に平行な直線が円 O と交わる点を P とすればよい． (3) △ABC の 2 つの辺 AB, AC の中点においてそれぞれの辺に垂直な直線を引いて，その交点を O とする．O を中心として，OA を半径とする円が求める円である．点 O は △ABC の外心にほかならない． (4) △ABC の 2 つの角 ∠A, ∠B の二等分線が交わる点を O とする．O を中心として，O から AB に下ろした垂線 OH を半径とする円が求める円である．点 O は △ABC の内心にほかならない． (5) BC の中点 M をとり，MG を G をこえて 2 倍の長さだけ延長した点を A とすれば △ABC が求める三角形である． (6) BH, CH あるいはその延長に C, B から下ろした垂線の足をそれぞれ D, E とする．2 つの線分 BE, CD あるいはその延長が交わる点を A とすれば，△ABC が求める三角形である． (7) 円 O 上に任意に点 A をとり，円周角がそれぞれ ∠B=β, ∠C=γ となるような弦 AC, AB を A の反対側にとる．△ABC が求める三角形である． (8) 円周角 α の弦 BC の長さが a に等しくなるような円 O をえがく．弦 BC と平行で高さが h の直線を引き，円 O との交点を A とすれば，△ABC が求める三角形である．(A は一般に 2 つある．) (9) 長さ m の線分 AM を引き，M をこえて等しい長さだけ延長した点を D とする：$\overline{MD}=\overline{AM}=m$．△CAD を考えると，$\overline{AD}=2m$, ∠CDA=β, ∠CAM=γ．長さ $2m$ の線分 AD を引き，D, A でそれぞれ β, γ の角をなす線分を引き，その交点を C とする．C と AD の中点をむすぶ線分 CM を等しい長さだけ延長した点を B とすればよい． (10) △ABC の垂心は垂足三角形 △DEF の内心となっていることを使う．△DEF の内心 H を求め，HD, HE, HF に垂直な直線を引き，その 3 直線の交点を A, B, C とすれば，△ABC が求める三角形である．

3

正五角形の作図

正多角形のうち，正三角形，正方形，正六角形などの作図はかんたんですが，正五角形はかんたんには作図することはできません．

正三角形，正方形，正六角形の作図

円 O をえがき，円周上に任意の点 A をとります．A から出発して，長さが円 O の半径に等しいような弦をつぎつぎにえがき，AB, BC, CD, DE, EF, FA とします．このとき，さいごは A にもどります．このようにしてつくられる六角形 ABCDEF は正六角形になっています．この正六角形を1辺おきにむすぶ三角形 △ACE は円 O に内接する正三角形となります．

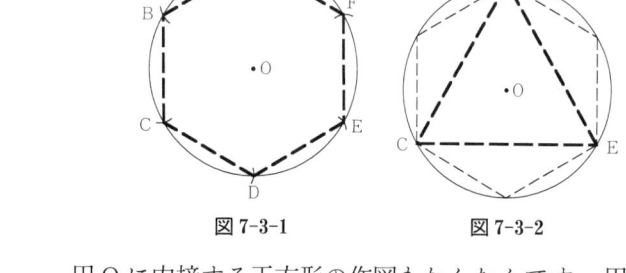

図 7-3-1　　　　　図 7-3-2

円 O に内接する正方形の作図もかんたんです．円 O の任意の直径 AB をとり，それに垂直な直径 CD をえがきます．このとき，四角形 □ACBD は正方形となります．

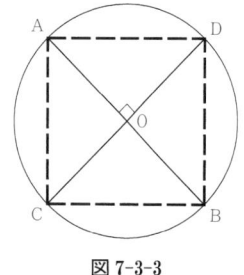

図 7-3-3

練習問題 与えられた円 O に内接する正八角形，正十二角形，正十六角形の作図を最初からていねいにやりなさい．

正五角形，正十角形の作図

　正五角形の作図は，ユークリッドの『原本』のなかにある「バビロニアの問題」を解くことによって求められます．これは古代バビロニア人が神聖視していた五角星(Pentagram)をしらべるときに重要な役割をはたし，黄金分割に関係するものです．ユークリッドの方法は第3巻『代数で幾何を解く―解析幾何』でお話しすることにして，ここでは，正五角形の古典的な作図法を紹介しておきましょう．

与えられた円Oに内接する正五角形を作図する

　まず，正十角形を作図します．円Oの上に点Aをとり，半径OAと直交する半径をOBとし，半径OAの中点Mをとります．Mを中心として半径MBの円をえがき，半径OAのAをこえた延長と交わる点をCとします．つぎに，Cを中心として半径$\overline{\text{AO}}$の円をえがき，与えられた円Oと交わる点をPとすれば，弦APが求める正十角形の1辺となります．Aから出発して，円Oの円周を$\overline{\text{AP}}$の長さで順々に切っていくと，10番目の点がちょうどAと一致します．このようにしてえがかれた正十角形を1辺おきにむすぶと正五角形が求められるわけです．この作図法が正しいことを証明するのはかんたんではありません．そのための準備として，相似と比例にかんするいくつかの基本的な性質を復習しておきましょう．

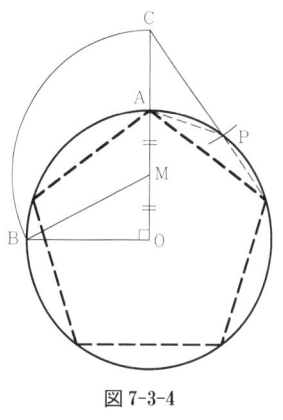

図 7-3-4

レンマI　与えられた線分ABを内分または外分する点をPとすれば

$$\overline{\text{PA}}^2 + \overline{\text{PB}}^2 = 2(\overline{\text{PM}}^2 + \overline{\text{AM}}^2)$$
$$\overline{\text{PA}} \times \overline{\text{PB}} = \overline{\text{AM}}^2 \sim \overline{\text{PM}}^2$$

ここで，Mは線分ABの中点で，～は2つの大きさの差をあらわします．

証明　最初にPが線分ABを内分する場合を考えます．図7-3-5に示されているように，PはMとBの間にあるとします．

$\overline{\text{AM}} = \overline{\text{BM}} = a$，$\overline{\text{PM}} = x$ とおけば

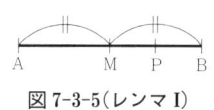

図 7-3-5（レンマI）

$$\overline{PA} = \overline{AM}+\overline{PM} = a+x, \qquad \overline{PB} = \overline{BM}-\overline{PM} = a-x$$
$$\overline{PA}^2+\overline{PB}^2 = (a+x)^2+(a-x)^2 = 2(a^2+x^2) = 2(\overline{PM}^2+\overline{AM}^2)$$
$$\overline{PA}\times\overline{PB} = (a+x)(a-x) = a^2-x^2 = \overline{AM}^2-\overline{PM}^2$$

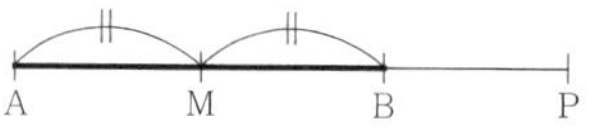

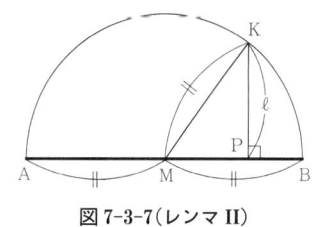

図 7-3-6 (レンマ I)

つぎに，P が線分 AB を外分する場合を考えます．図 7-3-6 に示されているように，P が線分 AB の B をこえた延長上にあるとします．この場合も，$\overline{AM}=\overline{BM}=a$，$\overline{PM}=x$ とおけば

$$\overline{PA} = \overline{AM}+\overline{PM} = a+x, \qquad \overline{PB} = \overline{PM}-\overline{BM} = x-a$$
$$\overline{PA}^2+\overline{PB}^2 = (a+x)^2+(x-a)^2 = 2(a^2+x^2) = 2(\overline{PM}^2+\overline{AM}^2)$$
$$\overline{PA}\times\overline{PB} = (a+x)(x-a) = x^2-a^2 = \overline{PM}^2-\overline{AM}^2$$
Q. E. D.

レンマ II 与えられた線分 AB あるいはその延長上の点 P を，PA, PB からつくられる長方形の面積が，1 辺がある一定の長さ ℓ の正方形と同じ面積をもつように作図せよ．
$$\overline{PA}\times\overline{PB} = \ell^2$$

証明 最初に P が線分 AB を内分する場合を考えます．線分 AB の中点 M を中心として半径 $\overline{AM}$ の半円をえがき，その円周上に AB からの高さ ℓ の点 K を求め，K から線分 AB に下ろした垂線の足 P が求める点です．この作図法が正しいことは，上のレンマ I から自明でしょう．

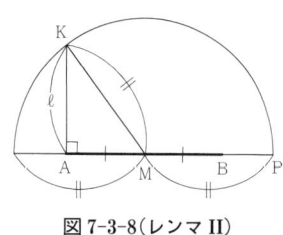

図 7-3-7 (レンマ II)

つぎに，P が線分 AB を外分する場合を考えます．このときは，A において線分 AB に対する垂線を立て，高さ ℓ の点を K とします．$\overline{KA}=\ell$．

線分 AB の中点 M を中心として半径 $\overline{MK}$ の円をえがき，線分 AB の B をこえた延長と交わる点 P が求める点です．

△KAM は直角三角形だから，ピタゴラスの定理によって
$$\overline{MK}^2 = \overline{KA}^2+\overline{AM}^2$$
$$\overline{PA} = \overline{AM}+\overline{PM}, \qquad \overline{PB} = \overline{PM}-\overline{BM}$$
$$\overline{PM} = \overline{MK}, \qquad \overline{BM} = \overline{AM}$$
$$\overline{PA}\times\overline{PB} = \overline{MK}^2-\overline{AM}^2 = \overline{KA}^2 = \ell^2 \qquad \text{Q. E. D.}$$

図 7-3-8 (レンマ II)

正五角形の作図法の証明 線分 AO に対してレンマ II の外分の作図法を考えると
$$\overline{CA}\times\overline{CO} = \overline{OB}^2, \qquad \overline{OA} = \overline{OB} = \overline{OP} = \overline{CP}$$
$$\overline{CA}\times\overline{CO} = \overline{CP}^2$$

方ベキの定理によって，CP は △AOP の外接円に接し，∠APC=∠AOP．△PCO は二等辺三角形だから，

$$\angle POC = \angle PCO, \quad \angle APC = \angle ACP$$
$$\angle PAO = 2\angle PCA = 2\angle AOP$$
$$\angle APO = \angle PAO = 2\angle AOP$$
$$\angle AOP + \angle PAO + \angle APO = 5\angle AOP = 180°$$
$$\angle AOP = 36°$$

したがって，AP が正十角形の 1 辺となることがわかります．

Q. E. D.

練習問題

(1) 上の正五角形の作図で，CP の延長が円 O と交わる点を Q とすれば，AQ は正五角形の 1 辺となる．このことを証明しなさい．

(2) [正五角形のもう 1 つの作図法] 与えられた円 O 上に点 A をとり，半径 OA と直交する半径 OB の中点 M をとる．M を中心として半径 AM の円をえがき，半径 BO の O をこえた延長と交わる点を C とする．A を中心として半径 AC の円をえがき，円 O と交わる点を P とすれば，弦 AP が求める正五角形の 1 辺となる．この作図法が正しいことを証明しなさい．

121 ページの練習問題のヒント

(1) $\angle OPQ = 2\angle AOP = 72°$．△POQ は二等辺三角形だから，$\angle POQ = 36°$，$\angle AOQ = \angle AOP + \angle POQ = 72°$． (2) 本文の作図法で，P から半径 OA に下ろした垂線の足を H として，線分 PH の長さの 2 倍が練習問題(2)の弦 AP の長さに等しいことを示せばよい．△PHO にピタゴラスの定理を適用し，線分 OA 上のレンマ I を適用する．むずかしい問題です．くわしくは第 3 巻『代数で幾何を解く―解析幾何』でお話しします．

3　正五角形の作図

第 7 章 作 図 問 題

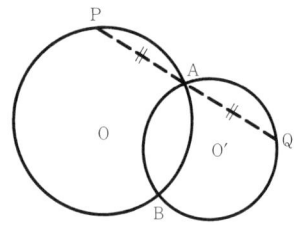

図 7-問題 I-1

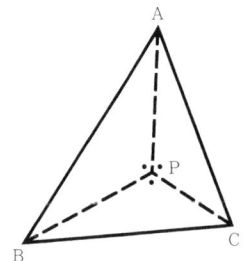

図 7-問題 I-8

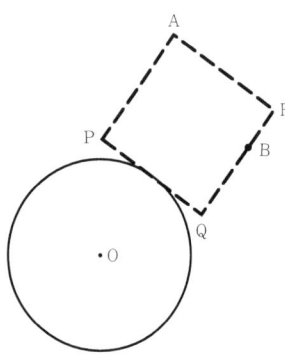

図 7-問題 I-9

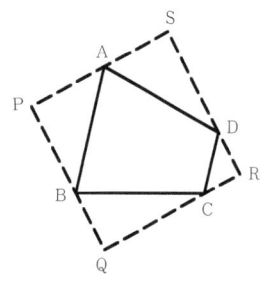

図 7-問題 I-10

問 題 （I）

問題 1　2 つの点 A, B で交わる 2 つの円 O, O′ がある．A を通る直線が円 O, O′ と交わる点をそれぞれ P, Q とするとき，$\overline{AP}=\overline{AQ}$ となるように作図せよ．

問題 2　三角形 △ABC について，角 ∠A の大きさ ∠A=α，その二等分線 AD によって分けられる辺 BC の 2 つの部分の長さ $\overline{BD}=b$，$\overline{CD}=c$ がわかっている．このとき，△ABC を作図せよ．

問題 3　三角形 △ABC について，角 ∠A の大きさ ∠A=α，および B, C と対辺 AC, AB の中点 E, F をむすぶ線分の長さ $\overline{BE}=b$，$\overline{CF}=c$ がわかっている．このとき，△ABC を作図せよ．

問題 4　3 つの中線 AD, BE, CF の長さ $\overline{AD}=\ell$，$\overline{BE}=m$，$\overline{CF}=n$ を知って三角形 △ABC を作図せよ．

問題 5　三角形 △ABC について，角 ∠A の大きさ ∠A=α，辺 BC の長さ $\overline{BC}=a$，のこりの 2 辺の長さの和 $\overline{AB}+\overline{AC}=s$ がわかっている．△ABC を作図せよ．

問題 6　三角形 △ABC について，3 辺の長さの和 $\overline{BC}+\overline{AB}+\overline{CA}=2s$，角 ∠A の大きさ ∠A=α，頂点 A の高さ h がわかっている．この三角形 △ABC を作図せよ．

問題 7　三角形 △ABC の 2 つの角の大きさ ∠B=β，∠C=γ，3 辺の長さの和 $\overline{BC}+\overline{AB}+\overline{CA}=2s$ を知って，△ABC を作図せよ．

問題 8　与えられた三角形 △ABC のなかに ∠BPC=∠CPA=∠APB をみたす点 P を求めよ（△ABC のどの角も 120° より小さいとする）．

問題 9　図のように円 O とその外に 2 つの点 A, B がある．A を 1 つの頂点とし，B が 1 つの辺上にあって，もう 1 つの辺が円 O に接するような正方形 □APQR を作図せよ．

問題 10　与えられた四辺形 □ABCD に外接する正方形 □PQRS を作図せよ．

問題 11　与えられた三角形 △ABC の面積を，底辺 BC に平行で，2 つの辺 AB, AC とそれぞれ P, Q で交わる線分 PQ によって二等分せよ．

問題 12　与えられた三角形 △ABC の 2 つの辺 AB, AC 上にそれぞれ点 P, Q をとって $\overline{BP}=\overline{PQ}=\overline{QC}$ となるようにせよ．

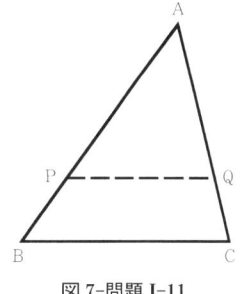

図 7-問題 I-11

問　題（II）

問題 1　1 辺 BC と B, C から対辺 AC, AB に下ろした垂線 BD, CE の長さ m, n を知って三角形 △ABC を作図せよ．

問題 2　角 ∠A の大きさ ∠A=α，底辺の長さ $\overline{BC}=a$，内接円 I の半径 r を知って三角形 △ABC を作図せよ．

問題 3　底辺 BC，角 ∠A の大きさ ∠A=α，垂心 H と B との間の距離 $\overline{BH}=\ell$ を知って三角形 △ABC を作図せよ．

問題 4　角 ∠A の大きさ ∠A=α，A から底辺 BC に下ろした垂線 AD の長さ $\overline{AD}=\ell$ と内分比 $\overline{BD}:\overline{DC}=p:q$ を知って三角形 △ABC を作図せよ．

問題 5　与えられた三角形 △ABC のなかに点 K をとって，K から各辺 BC, CA, AB に下ろした垂線の足 P, Q, R からつくられる三角形 △PQR が正三角形となるようにせよ．

問題 6　与えられた円 O の弓形 AB に内接し，1 辺が弦 AB 上にあるような正方形 □PQRS を作図せよ．

問題 7　円 O の弦 AB とその劣弧上に 2 つの定点 C, D がある．弦 AB の優弧上の点 P とむすぶ線分 PC, PD が弦 AB と交わる点 Q, R からできる線分 QR が与えられた長さ ℓ に等しくなるようにせよ．

問題 8　2 つの点 A, B で交わる 2 つの円 O, O′ がある．A を通り，円 O, O′ とそれぞれ P, Q で交わる線分 PQ の中点を R とするとき，線分 BR がある一定の長さ ℓ に等しくなるように作図せよ．

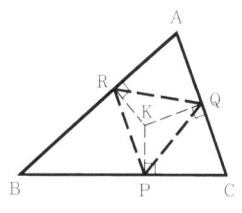

図 7-問題 II-5

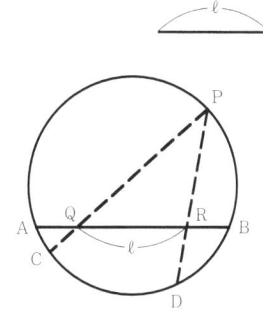

図 7-問題 II-7

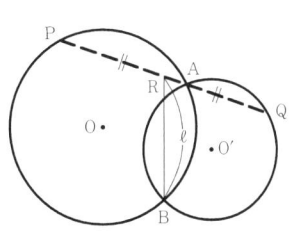

図 7-問題 II-8

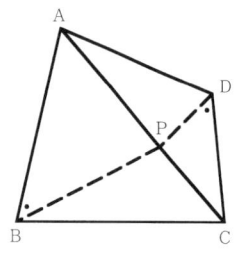

図7-問題 II-9

問題9 任意の四角形 □ABCD が与えられている．その対角線 AC 上に1点 P をとり，∠PBA＝∠PDC となるようにせよ．

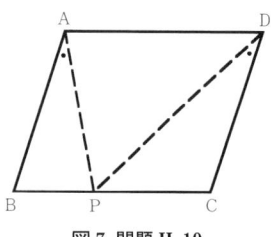

図7-問題 II-10

問題10 与えられた平行四辺形 □ABCD の底辺 BC 上に1点 P をとり，∠PAB＝∠PDC となるようにせよ．

問題11 与えられた任意の四角形 □ABCD のなかに1点 K をとり，K から各辺 AB, BC, CD, DA への垂線の足 P, Q, R, S を頂点とする □PQRS が平行四辺形となるようにせよ．

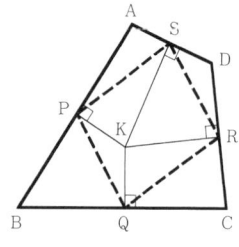

図7-問題 II-11

問題12 一直線上にある4つの任意の点 A, B, C, D に対して，∠APB＝∠BPC＝∠CPD となるような点 P を求めよ．

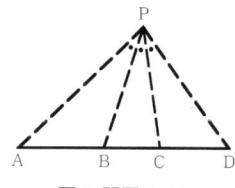

図7-問題 II-12

問 題 (III)

問題1 四角形 □ABCD の1辺 AD 上に点 E が与えられている．E を通る直線を引いて □ABCD の面積を二等分せよ．

問題2 平行四辺形 □ABCD とある一定の長さ ℓ が与えられている．与えられた平行四辺形 □ABCD と同じ面積をもち，1辺の長さが ℓ に等しい平行四辺形を作図せよ．

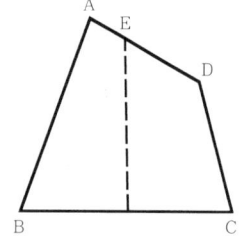

図7-問題 III-1

問題 3 三角形 △ABC の辺 AB, AC の上にそれぞれ点 D, E が与えられている．△PAD, △PAE の面積が等しくなるような点 P を辺 BC 上に求めよ．

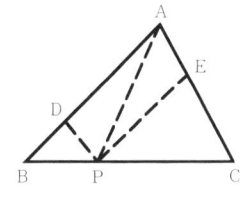

図 7-問題 III-3

問題 4 直線 XY とその同じ側に 2 つの点 A, B，角の大きさ α が与えられている．つぎの条件をみたす点 P を直線 XY 上に求めよ．∠APY + ∠BPY = α．

問題 5 2 つの円 O, O′ とその外に点 A が与えられている．A を 1 つの頂点とし，他の 2 つの頂点 B, C がそれぞれ円 O, O′ の上にあるような正三角形 △ABC を作図せよ．

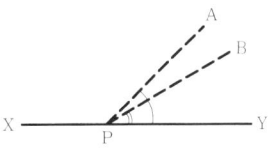

図 7-問題 III-4

問題 6 2 つの直線 ℓ, ℓ' とその外に点 A が与えられている．A を 1 つの頂点とし，他の 2 つの頂点 B, C がそれぞれ直線 ℓ, ℓ' 上にあるような正三角形 △ABC を作図せよ．

問題 7 与えられた円 O に内接する正十五角形を作図せよ．

問題 8 2 つの円 O, O′ と一定の長さと方向をもつ線分 ℓ が与えられている．円 O, O′ の上に点 P, Q をとり，PQ=ℓ となるように作図せよ．

問題 9 三角形 △ABC の外の図の位置にある定点 P を通る直線が辺 AB, AC あるいはその延長と交わる点をそれぞれ D, E とするとき，△ADE の面積が △ABC の面積の $\frac{1}{2}$ になるように作図せよ．

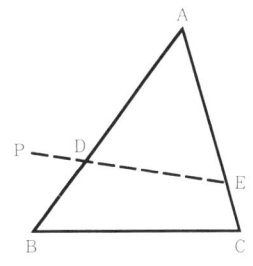

図 7-問題 III-9

問題 10 円 O の扇形 AOB (∠AOB < 90°) が与えられている．辺 QR が半径 OB の上にあって，頂点 P, S がそれぞれ半径 OA，弧 AB の上にあるような正方形 □PQRS を作図せよ．

問題 11 与えられた円 O の扇形 AOB (∠AOB=α<90°) に内接する円 P を作図せよ．

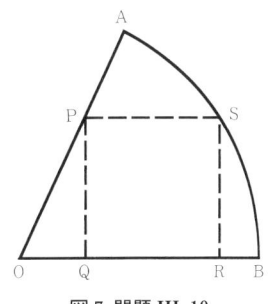

図 7-問題 III-10

問題 12 三角形 △ABC とある一定の比 $p:q:r$ ($p, q, r > 0$) が与えられている．△ABC の各頂点 A, B, C からの距離の比が $p:q:r$ となるような点 P を作図せよ．

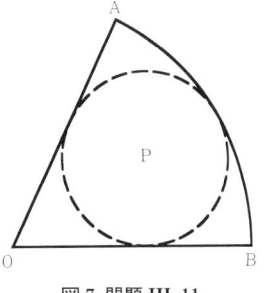

図 7-問題 III-11

第 8 章
アポロニウスの十大問題

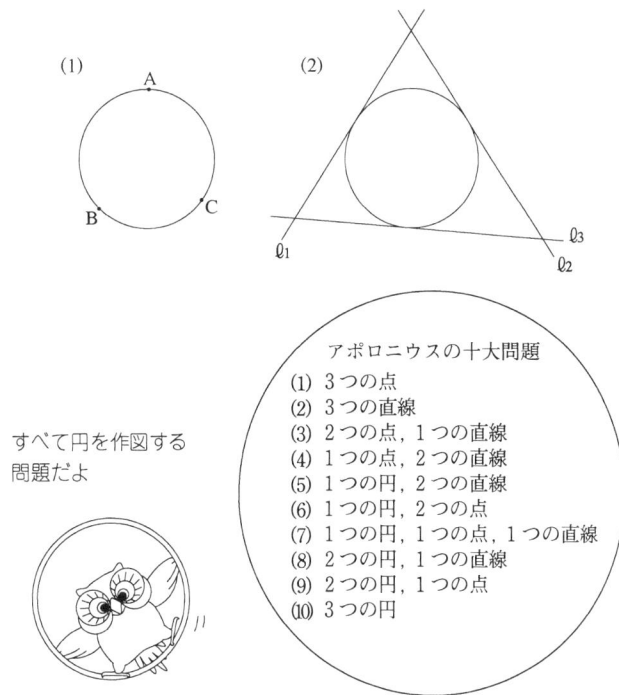

　アポロニウスの十大問題とよばれる幾何の難問があります．この問題は，題名しかのこっていなかったアポロニウスの著作をパッポスの『解析宝典』にもとづいて復元したものです．非常に興味深い問題ですが，たいへんむずかしく，昔から多くの数学者の頭をなやましたものです．とくに難解な部分があって，その部分についてニュートンのすぐれた解答がのこっています．

1

アポロニウスの十大問題(I)

アポロニウスの十大問題 任意に与えられた3つの点,直線,円の自由な組み合わせに対して,その3つのすべてに接する円を作図せよ.

任意に与えられた3つの点,直線,円の自由な組み合わせというとき,つぎの10通りが考えられます.

(1) 3つの点
(2) 3つの直線
(3) 2つの点,1つの直線
(4) 1つの点,2つの直線
(5) 1つの円,2つの直線
(6) 1つの円,2つの点
(7) 1つの円,1つの点,1つの直線
(8) 2つの円,1つの直線
(9) 2つの円,1つの点
(10) 3つの円

点に接する円というのは,その点を通る円のことです.

円と円の接し方には外接と内接があるので,実際には
(5)～(7)は2通り
(8),(9)は4通り
(10)は8通り
の答えが考えられますが,ここではすべての円が外接しているときだけを扱います.

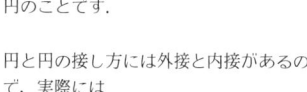

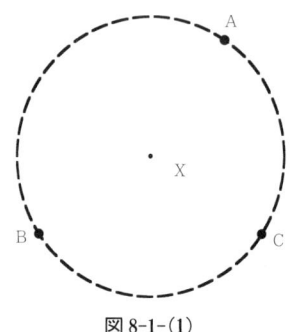

図 8-1-(1)

アポロニウスの問題(1) 3つの点 A, B, C に接する円 X を作図せよ.

解答 求める円 X は三角形 △ABC に外接する円で,その中心は △ABC の外心 O です.

練習問題 3点 A, B, C を適当にとって,この3点を通る円 X を作図しなさい.

アポロニウスの問題(2) 3つの直線 ℓ_1, ℓ_2, ℓ_3 に接する円 X を作図せよ.

解答 求める円 X は,ℓ_1, ℓ_2, ℓ_3 によってつくられる三角形 △ABC に内接する円で,その中心は △ABC の内心 I です.

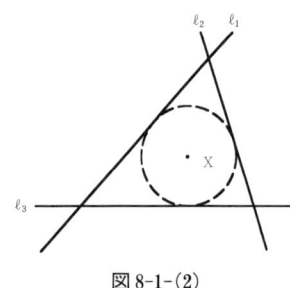

図 8-1-(2)

これ以外にもあと3つ円があります.考えてみましょう.

練習問題

(1) 3直線 ℓ_1, ℓ_2, ℓ_3 を適当に引いて，この3直線に接する円 X を作図しなさい．

(2) 与えられた3つの直線 ℓ_1, ℓ_2, ℓ_3 のうち，2つの直線 ℓ_1, ℓ_2 がお互いに平行であるときに，3直線 ℓ_1, ℓ_2, ℓ_3 に接する円 X を作図しなさい．

129ページの練習問題（上）のヒント
(2) ℓ_3 が ℓ_1（あるいは ℓ_2）となす角の二等分線が，直線 ℓ_1, ℓ_2 をちょうど二等分する平行線と交わる点が求める円の中心である．

アポロニウスの問題(3) 2つの点 A, B と直線 ℓ に接する円 X を作図せよ．

解答 2点 A, B と直線 ℓ に接する円 X が求まったとして，円 X と直線 ℓ の接点を T とします．線分 AB の延長が直線 ℓ と交わる点を P とすれば

$$\overline{PT}^2 = \overline{PA} \times \overline{PB}$$

A, B, P と直線 ℓ はわかっていますから，$x = \overline{PT}$ の長さがわかれば T がわかり，アポロニウスの問題(2)の作図法を適用することができます．$a = \overline{PA}$，$b = \overline{PB}$，$x = \overline{PT}$ とおいて，図 8-1-(3)b のように作図して，$x^2 = ab$ をみたすような x を求めればよいわけです．

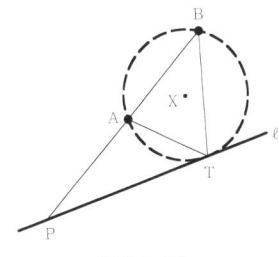

図 8-1-(3)a

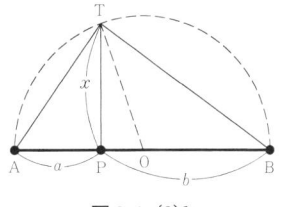

図 8-1-(3)b

練習問題

(1) A, B と ℓ を適当にとって，A, B を通り直線 ℓ に接する円 X を作図しなさい．

(2) AB と ℓ が平行であるときに，A, B を通り直線 ℓ に接する円 X を作図しなさい．

129ページの練習問題（下）のヒント
(2) 線分 AB の垂直二等分線と直線 ℓ との交点を C とする．線分 AC, BC の垂直二等分線の交点が求める円の中心である．

アポロニウスの問題(4) 点 A と 2直線 ℓ_1, ℓ_2 に接する円 X を作図せよ．

解答 A と 2直線 ℓ_1, ℓ_2 に接する円 X が求められたとします．直線 ℓ_1, ℓ_2 の交点を P とし，P を通って直線 ℓ_1, ℓ_2 のなす角を二等分する直線を ℓ とします．この直線 ℓ を軸として A と対称な点を B とします．A から直線 ℓ に下ろした垂線の足を C とし，$\overline{AC} = \overline{BC}$ をみたす点が B です．円 X は A, B を通り直線 ℓ_1 に接する円となります．アポロニウスの問題(3)の作図法を適用すればよいわけです．

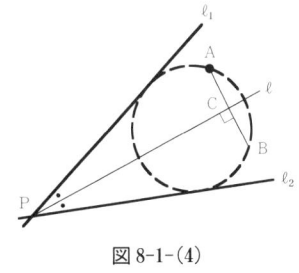

図 8-1-(4)

練習問題

(1) 点 A と 2 直線 ℓ_1, ℓ_2 を自分で適当にとって，A を通り，直線 ℓ_1, ℓ_2 に接する円 X をじっさいに作図しなさい．

(2) 与えられた 2 つの直線 ℓ_1, ℓ_2 がお互いに平行であるときに，点 A を通り，直線 ℓ_1, ℓ_2 に接する円 X を作図しなさい．

130 ページの練習問題(上)のヒント
(2) 平行な直線 ℓ_1, ℓ_2 の距離の $\frac{1}{2}$ が求める円 X の半径である．

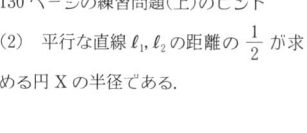

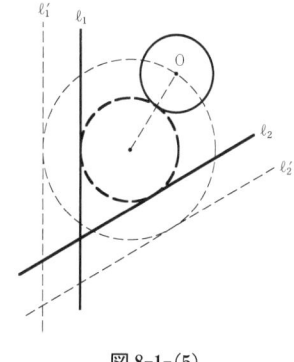

図 8-1-(5)

アポロニウスの問題(5) 円 O と 2 つの直線 ℓ_1, ℓ_2 に接する円 X を作図せよ．

解答 2 つの直線 ℓ_1, ℓ_2 を円 O の半径だけ外側にずらして，直線 ℓ_1', ℓ_2' をえがきます．アポロニウスの問題(4)の作図法を使って，点 O と直線 ℓ_1', ℓ_2' に接する円 X' をえがきます．この円 X' を，中心はそのままにして，円 O の半径だけ縮小して円 X をえがきます．あたらしい円 X が求める円です．

練習問題 円 O と 2 つの直線 ℓ_1, ℓ_2 を自分で適当にえがいて，円 O と直線 ℓ_1, ℓ_2 に接する円 X を作図しなさい．

2

アポロニウスの十大問題 (II) ☆

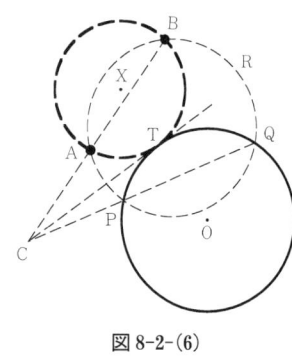

図 8-2-(6)

アポロニウスの問題(6) 1 つの円 O と 2 つの点 A, B が与えられているとき，2 点 A, B と円 O に接する円 X を作図せよ．

解答 2 点 A, B を通り円 O と 2 つの交点 P, Q をもつ円 R を適当にえがきます．2 つの弦 AB, PQ の延長が交わる点を C とし，C から円 O に引いた接線の接点を T とすれば，3 点 A, B, T を通る円 X が求める円です．

証明は方ベキの定理を使います．C は円 R の 2 つの弦 AB, PQ の延長が交わる点だから，方ベキの定理によって，
$\overline{CA} \times \overline{CB} = \overline{CP} \times \overline{CQ}$．

T は C から円 O に引いた接線の接点，PQ は円 O の弦であるから，方ベキの定理を適用して，
$$\overline{CP} \times \overline{CQ} = \overline{CT}^2 \quad \Rightarrow \quad \overline{CA} \times \overline{CB} = \overline{CT}^2$$

方べキの定理の逆によって，T は C から 3 点 A, B, T を通る円 X に引いた接線の接点となります．CT は 2 つの円 O, X の共通の接線となり，円 X が 2 点 A, B を通り，円 O に接する円となることがわかります．

練習問題
(1) 円 O と 2 つの点 A, B を適当にとって，A, B を通り円 O に接する円 X をじっさいに作図しなさい．
(2) 上の作図で，2 つの弦 AB, PQ がお互いに平行であるときには，2 点 A, B を通り円 O に接する円 X を作図するにはどうしたらよいでしょうか．

131 ページの練習問題のヒント
(2) 線分 AB の垂直二等分線が円 O と交わる点を T とし，3 点 A, B, T を通る円をえがけばよい．

アポロニウスの問題(7)　1 つの円 O, 1 つの点 A, 1 つの直線 ℓ が与えられているとき，点 A と円 O と直線 ℓ に接する円 X を作図せよ．

解答　点 A を通り，円 O と直線 ℓ に接する円 X が求められたとします．円 O の中心 O から直線 ℓ に下ろした垂線の足を H とし，垂線 OH とその延長が円 O と交わる点をそれぞれ B, C とします．また，円 X の中心 X から直線 ℓ に下ろした垂線の足を K とします．円 O, 円 X の接点 T は，円 O, 円 X の中心をむすぶ直線 OX 上にあり，△OCT, △XKT はどちらも二等辺三角形となるから，∠OCT = ∠OTC, ∠XTK = ∠XKT．CO ∥ XT より ∠X = ∠O となり，∠OTC = ∠XTK．したがって，C, T, K は一直線上に位置します．また，BC は円 O の直径だから，∠CTB = 90°．∠BHK = 90° より □BHKT は円に内接するから，方べキの定理によって，
$$\overline{CB} \times \overline{CH} = \overline{CT} \times \overline{CK}$$

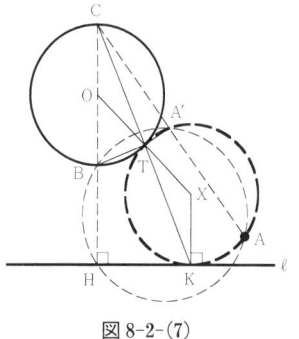

図 8-2-(7)

　また，C と A をむすぶ直線が円 X と交わる A 以外の点を A' とし，2 つの弦 A'A, TK に対して方べキの定理を適用すれば，
$$\overline{CT} \times \overline{CK} = \overline{CA'} \times \overline{CA} \Rightarrow \overline{CB} \times \overline{CH} = \overline{CA'} \times \overline{CA}$$
方べキの定理の逆を適用すれば，□BHAA' が円に内接することがわかります．

　問題(7)は，つぎの作図法によって解くことができます．円 O, 点 A, 直線 ℓ が与えられているとします．まず，円 O の中心 O から直線 ℓ に下ろした垂線の足を H とし，垂線

OH とその延長が円 O と交わる点をそれぞれ B, C とします．3 点 A, B, H を通る円をえがき，C と A をむすぶ直線と交わる A 以外の点を A′ とします．（A 以外の点と交わらないときには，A 自身とします．）問題(3)の作図法によって，2 点 A, A′ を通り，直線 ℓ に接する円 X をえがくと，この円 X が求める円です．

練習問題

(1) 円 O，点 A，直線 ℓ を適当にとって，A を通り円 O と直線 ℓ に接する円 X を作図しなさい．

(2) 上の解法で，A が線分 BH 上に位置しているときには，A を通り，円 O と直線 ℓ に接する円 X を作図するにはどうしたらよいでしょうか．

アポロニウスの問題(8) 2 つの円 O_1, O_2 と 1 つの直線 ℓ が与えられているとき，円 O_1, O_2 と直線 ℓ に接する円 X を作図せよ．

解答 2 つの円 O_1, O_2 の半径の小さい方を O_2 とします．円 O_1 の中心 O_1 はそのままで，半径を O_2 の半径だけ縮小した円を円 O_1' とし，直線 ℓ を O_2 の半径だけ円 O_2 の反対の方向にずらした直線を ℓ' とします．このとき，アポロニウスの問題(7)の作図法を使って，小さい方の円 O_2 の中心 O_2 を通り，円 O_1' と直線 ℓ' に接する円 X′ をえがきます．円 X′ の中心はそのままにして，半径を O_2 の半径だけ縮小した円 X が求める円になります．

132 ページの練習問題(上)のヒント
(2) $\overline{CB} \times \overline{CH} = \overline{CA'} \times \overline{CA}$ となる A′ を BH 上にとればよい．

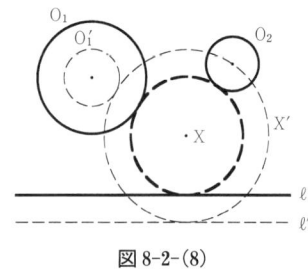

図 8-2-(8)

132 ページの練習問題(下)のヒント
(2) 円 O_1, O_2 の共通の接線と直線 ℓ によってつくられる角の二等分線と，円 O_1, O_2 の中心をむすぶ直線との交点が求める円の中心となる．

練習問題

(1) 円 O_1, O_2 と直線 ℓ を適当にとって，円 O_1, O_2 と直線 ℓ に接する円 X を作図しなさい．

(2) 半径の小さい方の円 O_2 が円 O_1 に内接する場合について，円 O_1, O_2 と直線 ℓ に接する円 X を作図しなさい．

アポロニウスの問題(9) 2 つの円 O_1, O_2 と 1 つの点 A が与えられているときに，A と円 O_1, O_2 に接する円 X を作図せよ．

解答 いま，円 O_1, O_2 に接し，A を通る円 X が求められた

とします．図 8-2-(9) に示されているような場合を考えます．

　円 X が円 O_1, O_2 と接する点をそれぞれ T_1, T_2 とすれば，T_1T_2 の延長が O_1O_2 の延長と交わる点 S は相似の中心となります．$\triangle XO_1O_2$ と点 S, T_1, T_2 について，メネラウスの定理の逆を使うと，S, T_1, T_2 は一直線上にあり，つぎの関係が成立します．
$$\overline{ST_1} \times \overline{ST_2} = \overline{SK_1} \times \overline{SK_2}$$
(K_1, K_2 は，それぞれ線分 O_1O_2 が円 O_1, O_2 と交わる点とします．)

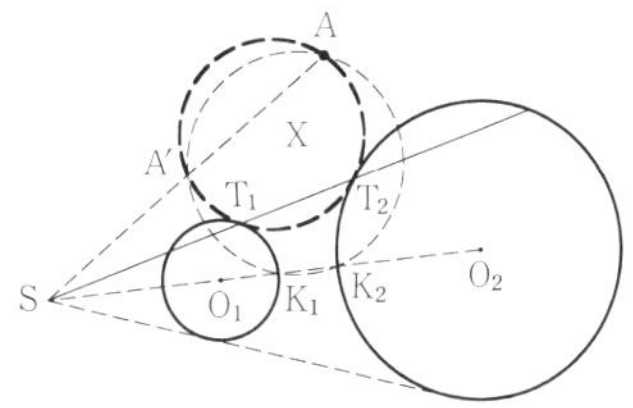

　SA あるいはその延長が円 X と交わる点を A′ とすれば，方ベキの定理を使って
$$\overline{SA'} \times \overline{SA} = \overline{ST_1} \times \overline{ST_2}$$
したがって，
$$\overline{SA'} \times \overline{SA} = \overline{SK_1} \times \overline{SK_2}$$
方ベキの定理の逆を適用すれば，□$AA'K_1K_2$ は円に内接します．A′ は $\triangle AK_1K_2$ の外接円上にあり，求める円 X は 2 点 A, A′ を通り，円 O_1 に接します．

作図　線分 O_1O_2 が円 O_1, O_2 と交わる点 K_1, K_2 を求め，3 つの点 A, K_1, K_2 を通る円をえがきます．つぎに，2 つの円 O_1, O_2 の相似の中心 S を求め，SA あるいはその延長がこの円と交わる点を A′ とします．アポロニウスの問題(6)の作図法を使って，2 つの点 A, A′ を通り，与えられた円 O_1 に接する円 X が求める円となります．

図 8-2-(9)

練習問題

(1) 上の作図によって求めた円 X が点 A と円 O_1, O_2 に接する円となっていることを直接証明しなさい．

(2) 2 つの円 O_1, O_2 と円 X の間の関係が内接もある場合について，アポロニウスの問題(9)を解きなさい．

アポロニウスの問題(10)　3 つの円 O_1, O_2, O_3 に接する円 X を作図せよ．

解答　3 つの円 O_1, O_2, O_3 の半径のもっとも小さい円をえらびます．たとえば，円 O_3 の半径 r_3 が最小とします．残りの 2 つの円 O_1, O_2 について，中心はそのままにして，半径が r_3 だけ小さい円をそれぞれ O_1', O_2' とします．アポロニウスの

133ページの練習問題のヒント
(1) 方ベキの定理と相似の中心にかんする定理の論理をたどればよい．　(2) 上の作図を内接の場合についてそのままたどればよい．

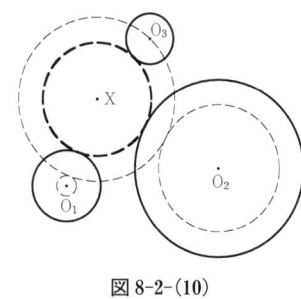

図 8-2-(10)

問題(9)の作図法を使って，円 O_3 の中心を通り，2 つの円 O_1', O_2' に接する円 X' をえがきます．円 X' の中心はそのままで，半径を r_3 だけ小さい円 X をえがけば，円 X が求める円です．円 X が 3 つの円 O_1, O_2, O_3 に接することは作図から明らかでしょう．

練習問題 3 つの円 O_1, O_2, O_3 と円 X の間の関係が内接もある場合について，アポロニウスの問題(10)を解きなさい．

134 ページの練習問題のヒント
略

第8章 アポロニウスの十大問題 問題

幾何の歴史的問題

パッポスの問題 角 ∠A の大きさ α, 辺 BC の長さ a, 角 ∠A の二等分線 AD (D は辺 BC 上の点)の長さ d を知って三角形 △ABC を作図せよ.

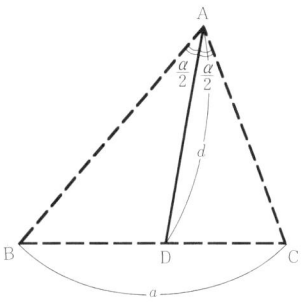

図 8-問題-パッポスの問題

パッポスは, 紀元 300 年ごろアレキサンドリアで活躍したギリシアの偉大な数学者の 1 人です. パッポスの問題とよばれる幾何の定理が数多く残っています. パッポスが編纂した全 8 巻からなる『シナゴーグ』(Synagoge)は『集成』とも訳され, ギリシア数学の粋をあつめた貴重な書物で, 歴史的に重要な意味をもっています. 残念ですが, もっとも大事な第 1 巻と第 2 巻の主な部分は消失してしまって現在残っていません.

パッポスの定理 四角形 □ABCD の 2 組の対辺 AD, BC と BA, CD の延長が交わる点をそれぞれ P, Q とする. 2 つの対角線 BD, AC の延長が PQ またはその延長と交わる点をそれぞれ R, S とすれば, $\overline{RP}:\overline{RQ}=\overline{SP}:\overline{SQ}$.

この条件は, アポロニウスの軌跡を求めるときにも出てきました. このとき, 4 つの点 P, Q, R, S は調和列点をなすといいます.

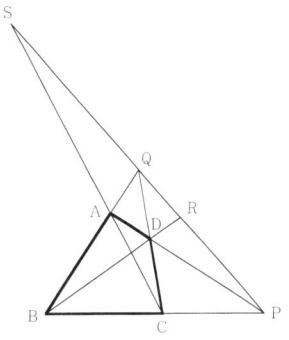

図 8-問題-パッポスの定理

レギオモンタヌスの問題 4 辺の長さ ($\overline{AB}=a$, $\overline{BC}=b$, $\overline{CD}=c$, $\overline{DA}=d$) が与えられている四角形 □ABCD を与えられた円 O に内接するように作図せよ.

レギオモンタヌスは 15 世紀のドイツのすぐれた数学者ヨハン・ミュラーのことです. 出身地ケーニヒスブルクのラテン語名レギオモンタヌスとして知られています. レギオモンタヌスは 1436 年に生まれて, 1476 年に没しています. 中世は, 395 年, テオドシウス 1 世が亡くなって, ローマ帝国が

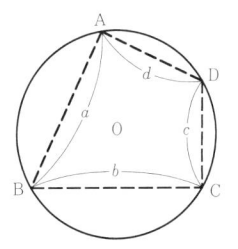

図 8-問題-レギオモンタヌスの問題

東西に分かれたときにはじまります．東ローマ帝国はその首都コンスタンティノープルのギリシア名ビザンティウムをとってビザンティン帝国とよばれました．1453 年，コンスタンティノープルはトルコ人によって陥落され，1000 年にわたって栄華をほこったビザンティン帝国が滅亡し，中世がおわったのです．レギオモンタヌスは，この世界史的な転換点に生きた数学者だったわけです．

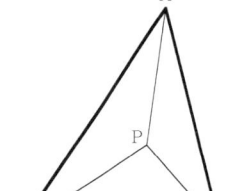

図 8 問題-フェルマーの問題

フェルマーの問題 鋭角三角形 △ABC のなかにあって $\overline{PA}+\overline{PB}+\overline{PC}$ を最小にするような点 P を求めよ．

　フェルマーは 17 世紀に活躍したフランスの大数学者です．フェルマーは，ギリシアの数学者ディオファントスの『アリスメティカ』という代数の書物に夢中になって，その翻訳を出しました．そのノートの余白に，整数論にかんするある命題を述べて，「私は，この命題のすばらしい証明を発見したが，余白がせますぎて，書きしるすことができない．」この命題は，のちにフェルマーの大問題とよばれるたいへんむずかしい命題で，数学者はかならず，一生に一度はその証明をこころみるといわれています．フェルマーの大問題の証明がみつかったのは，つい最近のことです．

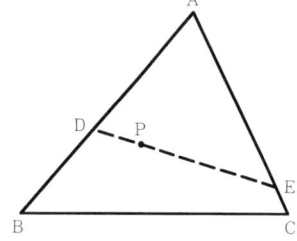

図 8-問題-シュタイナーの作図

シュタイナーの作図 三角形 △ABC のなかに定点 P が与えられているとき，P を通り，2 辺 AB, AC と D, E で交わる直線を引いて，△ADE の面積が △ABC の面積の半分になるようにせよ．（P が三角形 △ABC の外にある場合のシュタイナーの作図は第 7 章問題 III-9 です．）

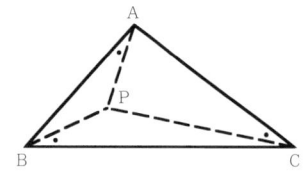

図 8-問題-ブロカールの問題

ブロカールの問題 三角形 △ABC のなかに点 P をえらんで ∠PAB＝∠PBC＝∠PCA となるようにせよ．

フォイエルバッハの定理 三角形 △ABC の九点円はその内接円および傍接円に接する．（九点円の存在とそのかんたんな性質については，第 2 章問題 II-11, 12 で取り扱いました．これらの命題もフォイエルバッハの定理といわれることがあります．）

第 9 章
ギリシアの数学

ギリシア文明の誕生

　メソポタミア，エジプトにつづいて，古代西洋文明の中心となったのがギリシアです．ギリシアは，紀元前7世紀から紀元前4世紀末にかけて，自由な政治と高度な文化をもった国としてさかえ，華麗な学問，芸術の花を咲かせました．ギリシア文明は西欧文明の源泉であるだけでなく，インド，中国，さらに朝鮮半島を通って日本にも大きな影響を与えました．

　ギリシアは，東地中海のバルカン半島の南端に位置し，西はイオニア海，東はエーゲ海にかこまれた地域で，半島部の周りには数多くの島があります．ピンドス山系から分かれた小山脈が無数に走っていて，数多くの盆地と河谷があります．ギリシアの最高峰は，海抜2917メートルの有名なオリンポス山です．ギリシアには，いたるところに，白い地肌を露出した石灰岩の丘陵がみられますが，ここから古代ギリシアの神殿建築の素材となった大理石が切り出されたのです．

　ギリシアの文化は新石器時代にさかのぼり，テッサリアを中心としてかなり高度な発展をしていたと考えられています．しかし，古代ギリシアの文明をきずき上げたのは，紀元前2000年頃，北の方からバルカン半島に南下してきたアーリア人の種族でした．このアーリア人たちは先住ギリシア人とよばれます．

ギリシアの歴史

　古代ギリシアの最初の文明は，紀元前 1600 年頃からはじまったミュケナイ文明です．その中心ミュケナイには豪壮な遺跡がのこっています．シュリーマンが有名な「プリアモスの財宝（ざいほう）」を発掘したのも，このミュケナイ遺跡の竪穴（たてあな）のお墓からだったのです．

　同じ頃，地中海のクレタ島を中心として華麗なエーゲ文明がさかえました．その最盛期は紀元前 1500 年頃，ミュケナイ人が中心になってきずき上げたと考えられています．クノッソス宮殿跡などのクレタ遺跡から当時の王権の強大さが，しのばれます．クノッソス宮殿は，タテ 170 m，ヨコ 180 m という規模をもつ壮麗な建造物で，ラビュリントスともよばれています．ラビュリントスは，英語の Labyrinth で，迷宮と訳されています．ギリシア神話によれば，クレタ王ミノスが，名工ダイダロスに命じてつくらせた迷宮は，ひとたび入ると外に出ることができなくなってしまったといわれています．

　紀元前 1200 年頃，これまでとは違う方言を話すギリシア人が西の方から侵入してきました．先住ギリシア人の一部は小アジアに逃れて，植民都市をきずきます．新しくやってきたギリシア人が中心になってつくり出したのがポリス社会でした．紀元前 9 世紀から 8 世紀にかけて，数多くのポリスが形成され，ギリシア文明の原型をつくり出したのです．アテナイとスパルタがもっとも代表的なポリスです．

　ポリスは自由と自治を理想とする都市国家でしたが，それはあくまでも，土地と奴隷（どれい）を所有し，政治と軍事を担当する貴族階級が支配し，農民と商人からなる平民が経済的な基盤を支えるというものでした．しかし，紀元前 6 世紀に入るとともに，アテナイをはじめとして，多くのポリスで，貴族と平民が平等な資格で政治に参加する民主化への道が開けはじめました．この政治的民主化の流れは，紀元前 5 世紀の前半，当時，世界最強の軍事力を誇ったペルシア帝国との戦争を通じて，いっそうつよめられることになったのです．まず，紀元前 490 年，アテナイは独力で，ペルシアのダレイオス 1 世

の大軍をマラトンの会戦で撃退します．つづいて，紀元前480年，アテナイとスパルタを中心とするポリス同盟軍は，ペルシアのクセルクセス大王みずから率いた大軍をサラミス海峡に迎えて戦い，大勝利をおさめたのです．ペルシアとの戦争は，紀元前449年，カリアスの和平条約をもって終止符をうちます．同じ頃，西からギリシア侵略をくわだてたカルタゴとエトルリアの軍隊も撃退し，ギリシアは地中海の広大な地域をその支配下におさめます．とくにアテナイは，ギリシアの諸ポリスを統合したデロス同盟の盟主として，かつてない経済的繁栄を享受することになったのです．

ギリシアの数学

　当時，世界の文化の中心はエジプトとバビロニアでした．ギリシアの学問，芸術も，その多くをエジプトとバビロニアからまなびました．数学の場合，とくにエジプトの影響がつよかったと思われています．ギリシアの数学者の多くは，エジプトに留学して，エジプトの僧侶(そうりょ)から直接を教えをうけたり，あるいはパピルス文書にのこされた古代エジプトの数学をまなんだのです．

　ギリシアの数学はタレスにはじまります．というより，タレス以前の数学者は，エジプトでも，またバビロニアでも，ほとんど名前がのこっていません．

　タレスは，紀元前624年，イオニアの植民都市ミレトスに生まれ，紀元前547年，77歳で亡くなったといわれています．タレスはもともと商人でしたが，エジプトの僧侶から数学，とくに幾何をまなび，数学に魅了されてしまったといわれています．そして，リンド・パピルスを自分で読んだりして，当時のエジプトの僧侶たちよりずっと進んだ数学を身につけたのではないかと思われています．

　タレスは大ピラミッドの高さをはかって，ときのエジプト王アマーシスを驚かせたという伝説がつたわっています．タレスが使ったのは，長さのわかっている棒を垂直に立てて，その棒の影とピラミッドの影の長さの比から，ピラミッドの高さをはかるという方法でした．タレスはリンド・パピルスを読んでいて，この三角形の比にかんする定理を知っていた

わけです.

　タレスが発見したり，または伝えたといわれる幾何の定理はたくさんあります．三角形の3つの内角の和は180°となる，二等辺三角形の等辺に対する2つの角は相等しい，1辺の長さとその両端の角の大きさがお互いに等しい2つの三角形は合同である，直径に対する円周角はすべて直角である，などです．

　タレスが，3つの角がそれぞれ相等しい2つの三角形の各辺の長さは比例するという定理を使って，沖にいる船と海岸との距離をはかったことは有名です．いま，海岸に2つの点A, Bをとり，まず直線ABの距離をはかります．かりに，240 mだったとします．つぎに，A点，B点に立って，船と直線ABとの間の角度をはかります．それぞれ65°, 72°だったとします．1/2000の縮尺で，三角形△ABCをえがきます．Cは船の位置です．

$$\overline{AB} = 12 \text{ cm}, \quad \angle A = 65°, \quad \angle B = 72°$$

この図で，Cから辺ABに下ろした垂線の足をDとします．このとき，$\overline{CD}$=約15 cmとなります．したがって，船は海岸から15 cm×2000＝300 mの距離にいることになります．

　タレスはまた，天文学についても深い知識をもっていました．日蝕を予言して人々を驚かせたのは，紀元前585年のことです．

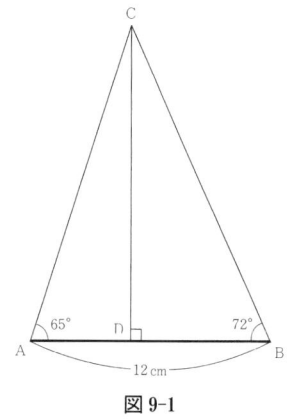

図 9-1

　タレスにつづいて，ギリシアの数学者を代表するのがピタゴラスです．あまりはっきりしていませんが，ピタゴラスは，紀元前580年頃生まれて，紀元前500年頃亡くなったといわれています．タレスより50歳ほど若かったことになります．ピタゴラスが生まれたのは小アジアのイオニアのサモス島です．タレスの生まれたミレトスの近くです．ギリシアの哲学者，数学者の多くがギリシアの植民都市で生まれた人々だったというのはたいへん興味深いことです．おそらくエジプトやバビロニアと近く，文化的，学問的影響を受けやすかったからでないでしょうか．

　ピタゴラスは少年の頃から，数学に興味をもっていました．タレスを慕って，ミレトス島にやってきましたが，タレスの

すすめでエジプトに留学することになります．ピタゴラスのエジプト滞在は長期間にわたりましたが，その間にバビロニアを訪れています．一説によると，ピタゴラスはインドまで行ったともいわれています．ピタゴラスは仏陀(お釈迦さま)，孔子と同時代の人です．キリストの時代はだいぶあとになりますが，人類の歴史でもっとも偉大な宗教家，学者，思想家がたまたま同じ時期にあらわれたわけです．

　ピタゴラスは，長年にわたったエジプト，バビロニアの旅を終えて故郷のサモス島に帰り，学校を開こうとしました．しかし，サモス島は当時僭王ポリクラテスの圧制下にあって，とても新しい学校を開くような雰囲気ではありませんでした．ふたたび流浪の旅に出たピタゴラスはようやく，南イタリアのクロトンで学校を開くことができたのです．クロトンは当時，マグナ・グレキア(大ギリシア)といって，南イタリアにあったギリシアの植民都市の1つで，ギリシア文化の中心でした．ピタゴラスのつくった学校は，政治，宗教の束縛から自由な立場に立って，あくまでも真理を追究することを目的とした理想的な学校でした．何事にもとらわれずに，空間，物質，時間の本質を明らかにし，あくまでも真理を求めるという人間のもっている本有的性向を展開することを目的としたのです．ピタゴラスの学校は，のちにつくられたプラトンのアカデミアとならんで，ギリシア文明の精神を具現化するものだったといってもよいと思います．

　ピタゴラス学派はまた一種の秘密結社のような面をもっていました．そのメンバーは，生命を賭して，アカデミアの結束を守り，また新しい定理の発見を外部にもらすことはかたく禁じられていました．ピタゴラス学派は，新しい定理の発見はすべて始祖ピタゴラスに帰するという慣行を守りつづけたのです．ピタゴラスのアカデミアは紀元前4世紀末までつづいたといわれています．

　ピタゴラス自身はじつは，悲劇的な死を遂げます．ピタゴラス学派の神秘主義，貴族的性向に批判的だった狂信的な集団がピタゴラスのアカデミアを襲撃し，破壊したのです．ピタゴラスはいったんはマグナ・グレキアの中心都市タラントに逃げたのですが，さらに追われて，タラント湾に面したメタポントというところで殺されてしまいました．

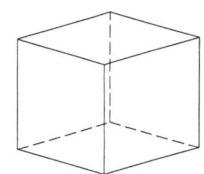
正六面体

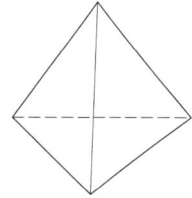
正四面体

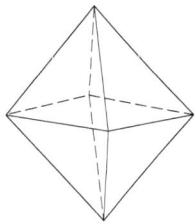
正八面体

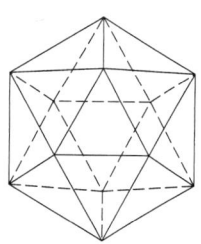
正二十面体

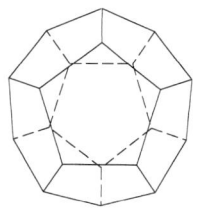
正十二面体

図 9-2

　ピタゴラスの定理は，数多い幾何の定理のなかでもっとも重要なものであるだけでなく，数学全体を通じてもっとも基本的な定理です．この『好きになる数学入門』でお話しする数学の考え方も多くがピタゴラスの定理にもとづくものです．ピタゴラスの定理はピタゴラス自身が発見したものです．ピタゴラスはこの定理を発見したとき，欣喜雀躍(きんきじゃくやく)して，牛 100 頭を犠牲(いけにえ)として神に捧げたという伝説がのこっているほどです．もっともこの伝説は事実ではなく，犠牲の代わりに小麦でつくった牛を神前に供えたといわれています．ピタゴラスは宗教上の理由から，血を流すことをきらっていたからです．

　ピタゴラス学派の人々はまた，正多面体につよい関心をもっていました．正多面体というのは，正六面体(サイコロの形)のように，各面が同一の正多角形となるような多面体です．正六面体のほかに，正四面体，正八面体，正二十面体があることは当時よく知られていました．ピタゴラス学派の人々はもう 1 つの正多面体があることを発見したのです．正十二面体です．

　ピタゴラス学派の人々は，正十二面体を「12 の五角形をもつ球」と呼んで，宇宙の神秘を象徴するものだと考えていました．ピタゴラス学派のヒッパソスは「12 の五角形をもつ球」の秘密をもらした廉(かど)で海に投げ込まれたといわれています．

　2 の平方根 $\sqrt{2}$ は分数ではあらわすことはできません．つまり $\sqrt{2}$ は有理数ではなく，無理数です．このことを最初に証明したのもピタゴラス学派の人々でした．第 1 巻『方程式を解く―代数』でお話しした証明も，ピタゴラス学派の証明を少し変えたもので，ユークリッドの『原本』に紹介されているものです．

　ピタゴラス学派の人々が興味をもっていた問題の 1 つに，角の三等分の問題があります．角の二等分はかんたんです．作図でやった通りです．また与えられた角が直角の場合には，角の三等分の問題はつぎのように考えるとすぐできます．

　直角 ∠AOB が与えられています．O を中心として，適当な半径をもった円をえがき，OA, OB との交点をそれぞれ C, D とします．C, D を中心として，先ほどえがいた円と同じ半径をもつ円をえがき，最初の円との交点を E, F とします．

OE, OF が直角 ∠AOB を三等分することはすぐわかると思います．

しかし，任意に与えられた角 ∠AOB を定規とコンパスを使って三等分せよというのが角の三等分の問題です．じつは，この問題は解くことができません．つまり，任意に与えられた角 ∠AOB を定規とコンパスだけを使って三等分することは不可能だということがわかっています．しかし，このことを「証明」するのは，むずかしい数学を必要とし，じっさいに「証明」されたのは，ずっと後世になってからのことです．この『好きになる数学入門』では，残念ですが，角の三等分の不可能性の「証明」をすることはできません．

ピタゴラス学派の人々だけでなく，当時の数学者はみんな必死になって，角の三等分の問題を解こうと努力しました．結局この問題を解くことはできなかったわけですが，かれらの努力によって数学は大きく進歩することになりました．

当時の数学者たちを悩ました問題の1つに，円積の問題があります．円積の問題というのは，与えられた円と等しい面積をもつ正方形を求めよという問題です．この問題もずっとあとになって，解くことが不可能だということがわかったのですが，当時多くの数学者たちは，そのことを知る由もなかったのです．

もう1つ有名な問題があります．それは倍積の問題といって，与えられた立方体の2倍の体積をもつ立方体を求めよという問題です．

紀元前4世紀はギリシア文明が，その最盛期を迎えた世紀でした．紀元前480年，アテナイのテミストクレスの率いるギリシア同盟軍が，古代世界で最大版図を誇ったペルシアの大海軍を，サラミス海峡に迎え撃って打ち破ったのです．このことは上にも述べましたが，それから約100年間にわたって，ギリシアの人々はゆたかな経済と民主的な政治を享受し，ギリシア文明の黄金時代をきずき上げました．その政治的指導者がアテナイのペリクレスでした．アテネは，全ギリシアの中心として，世界でもっとも裕福な，美しい都市といわれたのです．ただ，当時のギリシアは奴隷制をとっていましたから，経済のゆたかさと政治の自由を享受することができたのは市民にかぎられ，奴隷は非人間的な生活を強いられてい

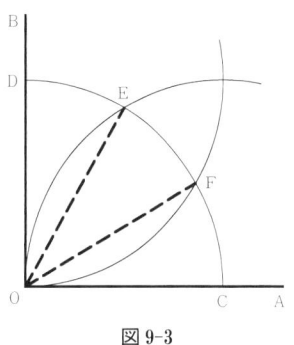

図 9-3

たことは忘れてはならないと思います．

　このアテネで，紀元前429年，悪疫（黒死病といわれたペスト）が流行って，大ぜいの人々が犠牲になったことがあります．アテネの人口の4分の1が亡くなり，ペリクレス自身もその悪疫にかかって亡くなったといわれています．そこでデロス島にあるアポロン神殿にお伺いをたてたところ，つぎのような神託がありました．アポロン神殿には立方体の形をした祭壇があったのですが，その祭壇を立方体のまま体積を2倍にすれば，疫病は治まるという神託だったのです．アテネの人々は，さっそく大工さんに頼んで，神託の通りの祭壇をつくってもらいました．大工さんはさっそく祭壇の各稜の長さを2倍にして，立方体の祭壇をつくりました．ところが悪疫は治まるどころか，ますますひどくなってしまったといわれています．みなさんはすぐその理由がわかると思います．各稜の長さを2倍にすると，体積は8倍になってしまうからです．

　正方形の場合は，倍積の問題はかんたんに解けます．いま，四角形 □ABCD が正方形だとします．このとき，対角線 AC を1辺とする正方形 □ACEF の面積が正方形 □ABCD の2倍になっていることはすぐわかると思います．

　立方体の場合，倍積の問題は普通の作図の方法では解けません．作図は定規とコンパスだけを使って解くのですが，それは，直線と円だけを使って解くということを意味します．ずっとあとになって，プラトン学派の数学者たちによって，円錐曲線をたくみに使って，倍積の問題を解く方法が考えだされました．

　ペリクレスのアテネでは，人々はこぞって数学に精を出しました．（当時のアテネでは，数学がちょうど，今の日本でのパチンコと同じように流行していたのです．文化的水準の，あまりにも大きな違いに，悲しい思いをもたざるを得ません．）そこで，アテネでは，数学を教える教師がおおぜい必要になりました．この数学の教師はほとんど，ピタゴラス学派の教えがひろく行き渡っているシシリー島からやってきたのです．これらの人々は，ソフィスト（智者，詭弁家）とよばれ，社会的地位が高く，経済的収入も多かったといわれています．た

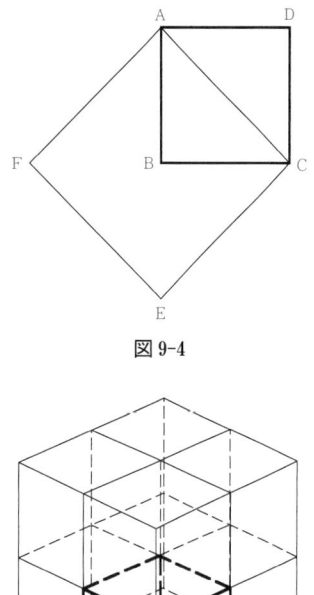

図 9-4

図 9-5

円錐曲線とは，放物線，楕円，双曲線のことです．

第9章 ギリシアの数学

144

だ，なかには詐欺まがいのことをする人も出てきて，いまでもソフィストというとかならずしもいい意味だけには使われていません．ソフィストたちがもっとも力を注いだのが，角の三等分，円積，倍積の3つの問題でした．

　紀元前431年から404年にかけて，前後27年にわたって，ギリシアの多くの都市国家は2つの同盟に分かれて，はげしい戦争に巻き込まれてしまいました．ペロポネソス戦争です．その結果，アテナイを盟主とする民主主義同盟はスパルタに率いられた寡頭主義同盟に敗れて，アテナイの政治的覇権は失われてしまいました．しかしアテネは学問の中心地として，いっそう輝かしい都市となっていったのです．紀元前4世紀のアテネを代表するのがプラトンです．プラトンは紀元前429年，つまり黒死病が大流行した年に生まれ，紀元前348年，81歳で亡くなりました．プラトンは，その師ソクラテスとならんで歴史上もっとも偉大な哲学者といわれています．プラトンは師ソクラテスの死後，諸国漫遊の旅に出ましたが，南イタリアやシシリー島でピタゴラス学派の数学者たちと親しくなり，数学の魅力にとりつかれたのです．プラトンは紀元前389年頃，アテネに帰り，アテネの郊外アポロン・アカデモスの神域の森のなかに学院を創立し，学問の教授と研究にその余生を捧げました．その学院はアカデミアとよばれ，大学の起源となったのです．

　アカデミアは，哲学，数学，自然科学を教えるだけでなく，「リベラル・アーツ」(Liberal Arts)を中心とした理想的な学園でした．ピタゴラスの学校と同じように，こまかな専門分野の枠組みにとらわれないで，また政治，宗教の束縛から自由な立場に立って，あくまでも真理を追究することを目的としていたのです．プラトンのアカデミアは，紀元529年，ローマのユスティニアヌス大帝の勅命によって閉鎖されるまで，じつに900年間にわたって，学問の中心だったのです．プラトンのアカデミアでは，数学，とくに幾何に重点がおかれていました．プラトンのアカデミアの門には，「幾何学を知らざるもの，この門を入るべからず」という立て札が掲げてあったのは有名な話です．

　プラトンは立方体の倍積問題を解決したと主張したといわ

れています．倍積問題は，定規とコンパスを使って解くことができないことは今では知られていますから，プラトンの解決法は，定規とコンパス以外の器具を使って解いたものでした．のちになって，プラトン学派のメナイクモスが円錐曲線を発見し，さらに，その兄弟ディノストラトスが，ソフィスト学派のヒッピアスのつくった円積曲線を使って円積問題の器械的解法を考えつくことになったのです．

紀元前338年，アテナイは，中部ギリシアのカイロネイアで，北方から侵入してきたマケドニアの大軍に打ち破られ，覇権を失い，歴史の表舞台から姿を消していきました．代わって登場してきたのが，マケドニアの王子，のちのアレキサンドロス大王です．アレキサンドロス大王はペルシア帝国を征覇し，エジプトを攻略し，さらにバビロニア，イラン高原を平定し，インダス河を渡って，インドにまで攻め入ります．アレキサンドロス大王は在位わずか12年8カ月にして，一大帝国をきずき上げました．アレキサンドロス大王は32歳の若さで亡くなり，世界制覇の夢を実現することはできませんでしたが，古代世界の政治，軍事，経済，文化，およそあらゆる面で，それまで経験したことがない大きな影響を与えました．

アレキサンドロス大王は占領した土地いたるところに，アレキサンドリアという名の都市をつくりました．なかでも有名なのは，紀元前332年，エジプトのナイル河の河口に建設されたアレキサンドリアです．エジプトのアレキサンドリアは古代世界で，もっとも華麗で，壮大な都市といわれています．高さ160mのアレキサンドリアの大灯台は古代世界の七不思議の1つになっています．アレキサンドロス大王のあとを継いだプトレマイオス王朝の時代，とくにプトレマイオス1世の頃には，アレキサンドリアは古代世界の学問の中心になりました．アレキサンドリアには，世界最初の大学が創立され，大図書館をはじめ，数多くの学問の施設がつくられ，世界中から学者が招かれました．プラトン学派の数学者ユークリッドもその1人でした．

ユークリッドはプラトン学派の教えに精通し，またピタゴラス以来の先人の遺した資料，文献を丹念にしらべて，『原

本』(Elements)としてまとめたのです．『原本』は，幾何学を中心として，ピタゴラス学派からプラトン学派にいたるまでの数学の考え方を網羅して，しかも1つ1つの定理について完全な証明を与えたものです．2000年以上も昔に書かれた本ですが，ユークリッドの『原本』は現在でも数学のもっともすぐれた入門書とされています．イギリスのパブリック・スクールでは，いまでもユークリッドの『原本』を教科書として使っているところがあります．この『図形を考える─幾何』も，ユークリッドの『原本』を参考にしながら書いたものです．ユークリッドの『原本』がはじめて活字版の書物として出版されたのは，イタリアのヴェネチアで，1464年のことですが，現在までに，1000版以上，版を重ね，『聖書』に次ぐ世界のベストセラーとなっています．

　プトレマイオス1世があるとき，ユークリッドに向かって「『原本』はむずかしすぎる．もっとやさしい幾何学の入門書はないだろうか」と聞きました．「幾何学に王道はございません」とユークリッドが答えたというのは有名な話です．当時，一般民衆の通る道とは別に，王道がつくられていて，ずっと便利なようになっていたのです．同じようなエピソードは，当時のほかの数学者についても語りつがれています．

　タレス，ピタゴラスとならんでギリシアを代表する数学者がアルキメデスです．アルキメデスは，紀元前287年頃，シシリー島のシラクサで生まれ，紀元前212年に亡くなりました．アルキメデスもまた，エジプトに留学し，アレキサンドリアでまなびました．アルキメデスは数学，物理をはじめとして，自然科学の多くの分野にわたってすぐれた業績をのこしました．アルキメデスは古代世界最高の科学者です．

　アルキメデスの仕事のなかで，とくに有名なのはアルキメデスの原理です．アルキメデスの原理は現在にいたるまで，物理のもっとも基礎的な考え方となっています．水中にある物体はその体積の水の重さに等しい浮力をうけて，その分だけ軽くなるという考え方です．アルキメデスは梃子の原理をたくみに使って数多くの数学の問題を解きました．

　アルキメデスはまた，いろいろな図形の面積をはかる方法を考えたことでも有名です．アルキメデスの方法は「取り尽

くし法」といって，現代数学の基本的な考え方を示すものとなっています．アルキメデスの「取り尽くし法」を円の例を使って説明しましょう．

　アルキメデスは円の面積をはかるために，つぎのような方法を考えました．いま，点Oを中心とする円が与えられているとし，円に内接する正方形をとります．この正方形の各辺の中点に垂線を立て，円周との交点と正方形の頂点とをむすんで，正八角形をえがきます．この正八角形の面積は，各辺と円の中心Oからできる三角形の面積をすべて足し合わせたものになります．したがって，正八角形の面積は

$$\frac{1}{2} \times (中心と各辺の間の距離)$$
$$\times (正八角形の1辺の長さ) \times 8$$

つぎに，この正八角形の各辺の垂直二等分線を立てて，円周との交点を求め，正八角形の頂点とむすんで，正十六角形をえがきます．この正十六角形の面積は

$$\frac{1}{2} \times (中心と各辺の間の距離)$$
$$\times (正十六角形の1辺の長さ) \times 16$$

この操作を何回も繰り返しておこなうことによって，円の内部を「取り尽くす」ことができるわけです．つまり，円の内部のどんな点をとってきても，上の操作を何回もくり返せば，いつかは正多角形のなかに入ることになります．したがって，円の半径をrとすれば，円の面積Sについて

$$S = \frac{1}{2} \times (半径) \times (円周) = \pi r^2 \quad (\pi は円周率)$$

という公式を導き出すことができます．

　アルキメデスの「取り尽くし法」を使って，みなさんもよく知っている公式が「証明」されたわけです．円周率をギリシア文字のπ(パイ)であらわすのは，ギリシア語の周という言葉の最初の字母がπだからです．

　アルキメデスは「取り尽くし法」を使って，さまざまな図形の面積を求める公式を導き出しました．アルキメデスの「取り尽くし法」は無限，連続などという現代数学の大切な考え方の萌芽となっています．アルキメデスはこの他にも，数多くの数学の業績を遺しました．この『好きになる数学入

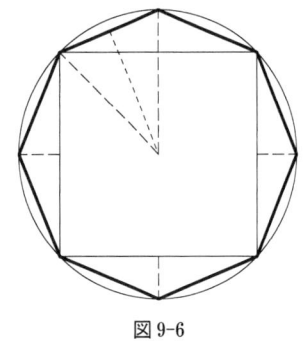

図9-6

門』シリーズでも，その一端にふれたいと思っています．

　アルキメデスはまた，発明の天才でした．ヒエロン王のために，数多くの武器・兵器を発明したと伝えられています．太陽光線をうまく反射させる反射鏡をつくって，シシリー島に襲来したローマ軍の戦艦を炎上させたという話は，みなさんも聞いたことがあると思います．アルキメデスは放物線の原理を知っていて，反射鏡をつくったのです．放物線は円錐曲線の一種です．倍積問題を解決するために，プラトン学派の人々が円錐曲線を使ったということはお話しした通りですが，アルキメデスは円錐曲線についてもくわしくしらべていたのです．

　当時，カルタゴとローマは地中海の覇権を争って，壮絶な戦いをくり返していました．カルタゴの英雄ハンニバルの話はみなさんもよく知っていることと思います．カルタゴは結局，第2ポエニ戦役に敗れ，歴史から姿を消してしまいます．ヒエロン王はカルタゴについてローマ軍と戦うわけですが，戦いに敗れ，美しかったシラクサの街も，ローマ軍の兵士たちによって蹂躙されてしまいました．

　シラクサがローマ軍の手に陥ちた日，アルキメデスはいつものように，砂の上に図形をかいて，幾何の問題を考えていました．そこにローマ軍の兵士が乱入してきました．アルキメデスは思わず「私の円を消さないでくれ」と叫んだところ，ローマ軍の兵士は侮辱されたと勘違いして，アルキメデスに襲いかかり，一撃のもとにたおしてしまったというのです．

　アルキメデスの悲劇的な死は平和を求め，学問を愛したギリシア時代の終わりを象徴するものです．やがて歴史の舞台は貪欲に実利を追求した，世俗的なローマの時代に移ります．

　アレキサンドリア学派の最後を飾ったのは，絶世の美女といわれた数学者ヒュパチアです．ヒュパチアは，アレキサンドリア大学で教えていましたが，キリスト教の教義に逆らって，学問の自由を守り，ギリシア数学を教えたという罪で，聖シリル寺院の僧侶たちによって虐殺されてしまいました．イギリスの歴史家エドワード・ギボンはその大著『ローマ帝国衰亡史』のなかで，ヒュパチアの無惨な死をことこまかに伝えて，平和と理性を象徴したギリシア数学の死を悼み，ロ

第9章　ギリシアの数学

149

ーマ帝国自体の崩壊を嘆いたのです．イギリスの作家チャールズ・キングズレーの名作『ハイペイシャ』は，ヒュパチアの悲劇を素材にしたものです．

問題解答

❖ **第1章 三角形**

問題（I）

問題1 $y+z<b+c$, $z+x<c+a$, $x+y<a+b$
$$2(x+y+z) < 2(a+b+c)$$

問題2 $\angle PAB > \angle PAC$ のとき，$\angle PAB$ のなかに $\angle QAB = \angle PAC$, $\overline{AQ} = \overline{AP}$ となるような点 Q をとれば，$\triangle PAC \equiv \triangle QAB$ より $\overline{QB} = \overline{PC}$. 2つの三角形 $\triangle PAB, \triangle QAB$ を比較して
$$\angle PAB > \angle QAB \;\Rightarrow\; \overline{PB} > \overline{BQ} = \overline{PC}$$
逆の証明は帰謬法を使えばよい．

問題3 P を通り，底辺 BC に平行な直線が AB, AC と交わる点を B′, C′ とし，B′ から AC に下ろした垂線の足を H′ とすれば
$$\overline{PE} + \overline{PF} = \overline{B'H'}$$
$\triangle AB'C'$ は正三角形だから，A から B′C′ に下ろした垂線の足を K とすれば，$\overline{B'H'} = \overline{AK}$. したがって，$\overline{PD} + \overline{PE} + \overline{PF} = \overline{AK} + \overline{PD}$ となり，A から底辺 BC に下ろした垂線の長さに等しく，一定となる．

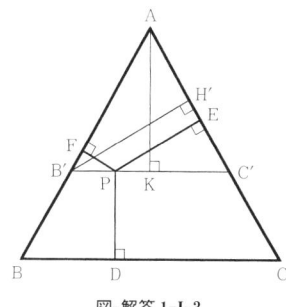

図-解答 1-I-3

問題4 $\triangle QBP$ に注目して，$\angle QBP = \angle PBC$, $\angle QPB = \angle PBC \Rightarrow \angle QBP = \angle QPB \Rightarrow \overline{QP} = \overline{BQ}$. 同じように，$\triangle PRC$ に注目して，$\overline{PR} = \overline{CR}$.
$$\overline{QR} = \overline{QP} + \overline{PR} = \overline{BQ} + \overline{CR}$$

問題5 AD を D をこえて同じ長さだけ延長した点を E とすれば，$\triangle ACD, \triangle EBD$ は合同となる．したがって

$$\overline{AB} + \overline{AC} = \overline{AB} + \overline{BE} > \overline{AE} = \overline{AD} + \overline{DE} = 2\overline{AD}$$

問題6 D を通り，AE に平行な直線が BC と交わる点を Q とすれば，Q は PC の中点となる．$\overline{PQ} = \overline{QC}$. EP ∥ DQ より P は BQ の中点となり
$$\overline{BP} = \overline{PQ} = \overline{QC} = \frac{1}{3}\overline{BC}$$

問題7 $\overline{AB} > \overline{AC}$ の場合を考える．線分 CD の延長線が辺 AB と交わる点を C′ とすれば，$\triangle AC'D \equiv \triangle ACD$, $\overline{C'D} = \overline{CD}$, $\overline{AC'} = \overline{AC}$. DE ∥ C′B より E は辺 BC の中点となり，$\overline{DE} = \frac{1}{2}\overline{C'B} = \frac{1}{2}(\overline{AB} - \overline{AC})$.

問題8 2つの線分 AD, AE の延長が底辺 BC あるいはその延長と交わる点をそれぞれ F, G とすれば
$$\triangle ABD \equiv \triangle FBD, \quad \triangle ACE \equiv \triangle GCE$$
$$\Rightarrow \overline{AD} = \overline{DF}, \quad \overline{AE} = \overline{EG} \;\Rightarrow\; DE \parallel BC$$

問題9 $\angle A$ の二等分線が BD と交わる点を F とすれば，$\angle BAF = 45° = \angle ACE$,
$$\angle ABF = 90° - \angle ADB = \angle CAE, \quad \overline{AB} = \overline{CA}$$
$$\triangle ABF \equiv \triangle CAE, \quad \overline{FA} = \overline{EC}$$
さらに，$\angle DAF = 45° = \angle DCE$, $\overline{AD} = \overline{CD}$.
$$\triangle AFD \equiv \triangle CED, \quad \angle ADB = \angle CDE$$

問題10 線分 PO の延長が直線 ℓ' と交わる点を R とすれば，$\overline{PA} = \overline{BR}$, $\overline{OP} = \overline{OR}$, $\angle POQ = 90°$. したがって，$\triangle QPR$ は二等辺三角形となり
$$\overline{PQ} = \overline{QR} = \overline{QB} + \overline{BR} = \overline{QB} + \overline{PA}$$

問題11 対角線 BD の中点を K とすれば，NK ∥ AB, $\overline{NK} = \frac{1}{2}\overline{AB}$, MK ∥ CD, $\overline{MK} = \frac{1}{2}\overline{CD} \Rightarrow \overline{NK} = \overline{MK}$. 三角形 $\triangle KMN$ は二等辺三角形となり，$\angle KNM = \angle KMN$. NK ∥ AB, MK ∥ CD だから，$\angle BPM = \angle KNM$, $\angle CQN = \angle KMN$.

問題12 2つの三角形 $\triangle MPD, \triangle MQE$ について
$$\overline{DP} = \frac{1}{2}\overline{AB}, \quad \overline{DM} = \frac{1}{2}\overline{AC}$$
$$\angle MDP = 90° + \angle MDB = 90° + \angle A$$
$$\overline{EQ} = \frac{1}{2}\overline{AC}, \quad \overline{EM} = \frac{1}{2}\overline{AB}$$
$$\angle QEM = 90° + \angle CEM = 90° + \angle A$$

したがって △MPD ≡ △QME ⇒ $\overline{MP} = \overline{MQ}$.

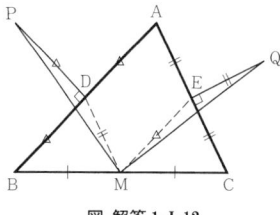

図-解答 1-I-12

問題 (II)

問題 1 △RBP, △ABC を比較すると
$\overline{RB} = \overline{AB}$, $\overline{BP} = \overline{BC}$, ∠RBP = ∠ABC
⇒ △RBP ≡ △ABC ⇒ $\overline{RP} = \overline{AC}$ (= $\overline{AQ}$)
△QPC, △ABC を比較して,
　　　△QPC ≡ △ABC ⇒ $\overline{QP} = \overline{AB}$ (= $\overline{AR}$)
　　　$\overline{RP} = \overline{AQ}$, $\overline{QP} = \overline{AR}$

問題 2 E を通り AG に平行な直線が AP の延長と交わる点を Q とするとき, □EAGQ が平行四辺形であることを示せばよい. △EAQ, △ABC を比較すると, $\overline{EA} = \overline{AB}$, ∠EAQ = 90° − ∠BAH = ∠ABH = ∠B. ∠EQA = ∠QAG = 90° − ∠CAH = ∠ACH = ∠C.

ゆえに, △EAQ ≡ △ABC ⇒ $\overline{EQ} = \overline{AC} = \overline{AG}$, EQ ∥ AG ⇒ □EAGQ は平行四辺形.

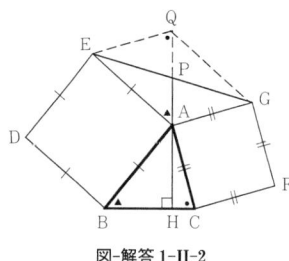

図-解答 1-II-2

問題 3 2つの三角形 △ABD, △CDB を考えると
$PS \parallel BD$, $\overline{PS} = \frac{1}{2}\overline{BD}$, $QR \parallel BD$, $\overline{QR} = \frac{1}{2}\overline{BD}$
　　⇒ $PS \parallel QR$, $\overline{PS} = \overline{QR}$
　　⇒ □PQRS は平行四辺形

問題 4 問題 3 によって, N は線分 PR, QS の中点となっているから, 四辺形 □SMQL が平行四辺形であることを示せばよい. △ACD, △BCD を考

ると, LS ∥ CD, $\overline{LS} = \frac{1}{2}\overline{CD}$, QM ∥ CD, $\overline{QM} = \frac{1}{2}\overline{CD}$ ⇒ LS ∥ QM, $\overline{LS} = \overline{QM}$.

問題 5 E を通り AB に平行な直線を引き, BC との交点を C′ とすれば, △EC′C は二等辺三角形となり, $\overline{C'E} = \overline{BD}$, C′E ∥ BD ⇒ △BDP ≡ △C′EP ⇒ $\overline{DP} = \overline{PE}$.

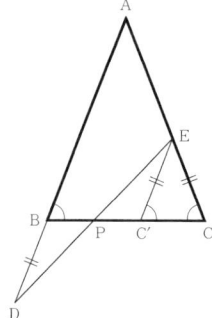

図-解答 1-II-5

問題 6 △PBQ について, ∠BPQ > ∠BAC > ∠ABC > ∠PBQ ⇒ $\overline{BQ} > \overline{PQ}$. △QBC について, ∠BQC > ∠BAC > ∠BCQ ⇒ $\overline{BC} > \overline{BQ}$. したがって, $\overline{BC} > \overline{BQ} > \overline{PQ}$.

問題 7 ∠A < ∠D とする. △ABD, △DCA を考えると, 辺 AD は共通, $\overline{AB} = \overline{DC}$, ∠A < ∠D ⇒ $\overline{BD} < \overline{CA}$.

△DCB, △ABC を考えると, 辺 BC は共通, $\overline{DC} = \overline{AB}$, $\overline{BD} < \overline{CA}$ ⇒ ∠C < ∠B.

問題 8 $\overline{AB} > \overline{AC}$ とすれば, ∠B < ∠C. ∠ACE のなかに ∠B の半分の大きさの角 ∠GCE をとり, BD, BA と交わる点をそれぞれ F, G とする.

$$\angle GCE = \frac{1}{2}\angle B = \angle ABD = \angle DBC$$

△GBC について
　　∠GBC = 2∠ABD < ∠GCE + ∠ECB = ∠GCB
　　⇒ $\overline{GB} > \overline{GC}$
△GBF, △GCE を比較して, ∠G は共通, ∠GBF = ∠GCE, $\overline{GB} > \overline{GC}$ ⇒ $\overline{BF} > \overline{CE}$. ゆえに, $\overline{BD} > \overline{BF} > \overline{CE}$.

問題 9 BC を B をこえて AB と等しい長さだけ延長した点を D とすれば, △ABD は二等辺三角形となり, ∠ADB = $\frac{1}{2}$∠ABC = ∠ACB. △ADC も二

等辺三角形となり，$\overline{DH}=\overline{HC}$．辺 AC の中点を N とすれば，AD∥NH，AB∥NM，$\overline{NM}=\frac{1}{2}\overline{AB}$．∠MNH＝∠BAD＝∠ADB＝∠NHM より △NHM も二等辺三角形となり，$\overline{MH}=\overline{NM}=\frac{1}{2}\overline{AB}$．

問題 10 BH の延長と AC の延長の交点を E とすれば，△ABE は二等辺三角形となり，$\overline{BH}=\overline{EH}$．したがって，E を通り，BC に平行な直線を引き，AH の延長と交わる点を K とすれば，△BHD≡△EHK，$\overline{DH}=\overline{KH}=\frac{1}{2}\overline{DK}$．$\overline{AC}<\frac{1}{2}\overline{AB}=\frac{1}{2}\overline{AE}\Rightarrow \overline{AC}<\overline{CE}\Rightarrow \overline{AD}<\overline{DK}=2\overline{DH}$．

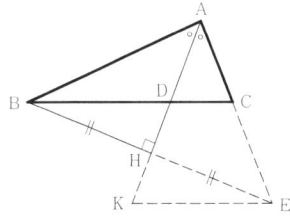

図-解答 1-II-10

問題 11 AC を C をこえて AB の長さになるように延長した点を E とすれば（AB＝AE），△ABE は二等辺三角形となり，$\overline{BH}=\overline{HE}$．CE の中点を M とすれば，HM∥BC．△AHM について，DC∥HM，$\overline{AC}=\overline{CM}\Rightarrow\overline{AD}=\overline{DH}$．

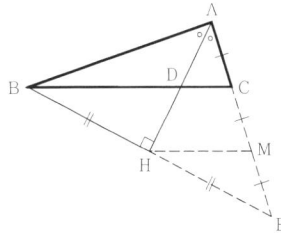

図-解答 1-II-11

問題 12 △DBC，△EBC はともに直角三角形で，M は両方の直角三角形の斜辺 BC の中点だから，$\overline{MD}=\overline{ME}=\frac{1}{2}\overline{BC}$．△MDE は二等辺三角形で，N は底辺 DE の中点となり，MN⊥DE．

❖ 第 2 章 円

問 題（I）

問題 1 □APBC は円に内接しているから，CA を A をこえて延長した直線上に点 D をとれば，∠PBC＝∠PAD．また，∠PCB，∠PAB はともに弧 PB の円周角だから，∠PCB＝∠PAB．PA は ∠BAD を二等分するから，∠PAB＝∠PAD．したがって，∠PBC＝∠PCB．△PBC は二等辺三角形となり，$\overline{PB}=\overline{PC}$．

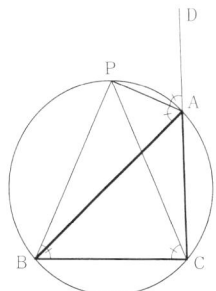

図-解答 2-I-1

問題 2 △ABC は二等辺三角形だから，∠ABC＝∠ACB．また，∠AQB，∠ACB は同じ弧 AB の円周角だから，∠AQB＝∠ACB．ゆえに，∠ABC＝∠AQB．

問題 3 △ABC は正三角形だから，∠ABC＝∠ACB＝60°，∠APB＝∠ACB＝60°．ここで，$\overline{PB}=\overline{PQ}$ となるような点 Q を AP 上にとれば，△BPQ は正三角形となり，$\overline{PB}=\overline{BQ}$，∠AQB＝180°−∠BQP＝120°．△ABQ，△CBP について，$\overline{AB}=\overline{CB}$，∠AQB＝∠CPB＝120°，∠BAQ＝∠BCP⇒△ABQ≡△CBP⇒$\overline{QA}=\overline{PC}$，$\overline{PA}=\overline{PQ}+\overline{QA}=\overline{PB}+\overline{PC}$．

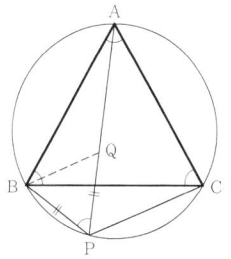

図-解答 2-I-3

問題 4 ∠P，∠Q の二等分線の交点を R とし，直

線 PR が AD, BC と交わる点をそれぞれ S, T とする．□ABCD は円に内接するから，∠BCD＝∠PAD．△PSA に注目して，∠PSA＝180°－∠PAS－∠APS．△PTC に注目して，∠PTC＝180°－∠PCT－∠CPT．∠APS＝∠CPT，∠PAS＝∠PCT だから，∠PSA＝∠PTC．∠QST＝∠QTS より △QST は二等辺三角形となり，QR は頂角∠Q の二等分線となるから，PR⊥QR．

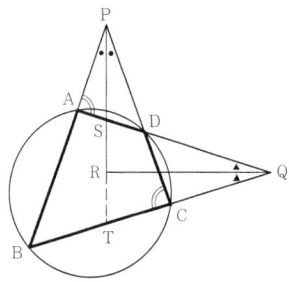

図-解答 2-I-4

問題 5 AP は A における円 O′ の接線だから，∠PAB＝∠AQB．同じように，AQ は A における円 O の接線だから，∠QAB＝∠APB．

$$\angle PBA = 180°－\angle PAB－\angle APB,$$
$$\angle QBA = 180°－\angle AQB－\angle QAB$$

ゆえに，∠PBA＝∠QBA．

問題 6 A を通る円 O, O′ の共通の接線を BAC（B と P は同じ側）とすれば，∠QPA＝∠QAC，∠SRA＝∠SAB ⇒ ∠QPA＝∠SRA ⇒ PQ∥SR．

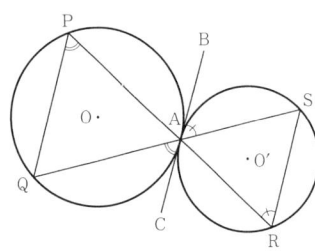

図-解答 2-I-6

問題 7 2つの正三角形 △RAB, △QAC の外接円の A 以外の交点を S とする．□ARBS は円に内接するから，∠ASB＝180°－∠ARB＝180°－60°＝120°．□AQCS も円に内接するから，∠ASQ＝∠ACQ＝60° より，∠BSQ＝∠ASB＋∠ASQ＝180°．同様に ∠CSR＝180°．したがって，BSQ, CSR は直線で，BQ, CR の交点が S であることがわかる．

また，∠BSC＝360°－∠ASB－∠ASC＝360°－120°－120°＝120°．ゆえに，□SBPC は円に内接し，S は △PBC の外接円上にあるので，上と同様にすると，AP, BQ, CR は1点 S で交わる．

問題 8 たとえば △HBC を取り上げる．△ABC の頂点 B, C から対辺 CA, AB に下ろした垂線の足を E, F とすれば，□AFHE は円に内接する．

$$\angle BHC\,(=\angle FHE) = 180°－\angle A$$

したがって，△HBC と △ABC の外接円は同じ大きさをもつ．

問題 9 2つの三角形 △ADQ, △AOQ を比較すれば，∠DAQ＝∠OAQ，$\overline{AD}=\overline{AO}$，$\overline{AQ}$ は共通．したがって，△ADQ≡△AOQ，∠ADQ＝∠AOQ．同じようにして，△AER≡△AOR，∠AER＝∠AOR．∠AOQ＋∠AOR＝∠ADQ＋∠AER＝180°．Q, O, R は一直線上にある．

問題 10 □AQMR は円に内接するから，∠BQM＝∠MRA．したがって，∠BQM＋∠MRC＝∠MRA＋∠MRC＝180°．$\overline{BM}=\overline{CM}$ だから，△BMQ, △CMR の外接円の大きさは等しい．また，∠RMP と ∠RAP は同じ弧 PR の上の円周角だから，∠RMP＝∠RAP．さらに，□AQMP は円に内接するから，∠QMB＝∠QAP．AP は A の二等分線だから，∠QAP＝∠RAP．ゆえに，∠RMC＝∠QMB．BQ, CR は同じ大きさの円の弦で，円周角が等しいから，$\overline{BQ}=\overline{CR}$．

問題 11 ∠OAP＝∠OBP＝90°，∠OAQ＝∠OCQ＝90° より □OPAB, □OAQC はともに円に内接し，∠OPA＝∠OBC，∠OQA＝∠OCB．また，∠OBC＝∠OCB だから，∠OPA＝∠OQA．したがって，△OPQ は二等辺三角形となり，$\overline{PA}=\overline{QA}$．

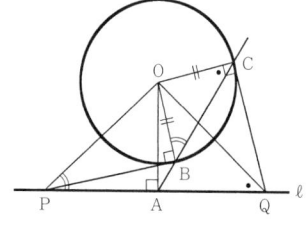

図-解答 2-I-11

問題 12 GC の延長が弧 EF と交わる点を Q として，□CEQF が平行四辺形となることを示せばよい．

□AGCD は円に内接しているから，DA の A をこえた延長上の任意の点を R とすれば，∠ECP＝

∠GAR. また，□AGFQ も円に内接しているから，∠GQF = ∠GAR. したがって，∠ECP = ∠GQF. ゆえに，CE∥FQ. ∠GCB, ∠GAB は同じ弧 GB の円周角だから，∠GCB = ∠GAB. また，□AGEQ は円に内接し，∠GQE, ∠GAE は同じ弧 GE の円周角だから，∠GQE = ∠GAB. したがって，∠GCB = ∠GQE. ゆえに，CF∥EQ. したがって，□CEQF は平行四辺形となる．

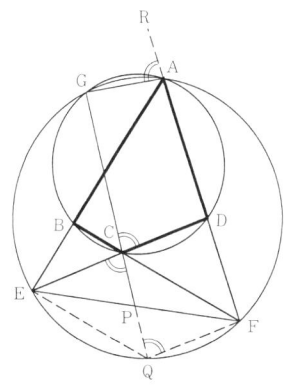

図-解答 2-I-12

問　題（II）

問題 1 △ABC の頂点 C と O をむすぶ線分の延長が外接円と交わる点を E とすれば，CE は外接円の直径となり，∠EBC = 90°，EB∥OD，$\overline{OD} = \frac{1}{2}\overline{EB}$. また，∠EAC = 90°，EA∥BH．□EBHA は平行四辺形となり，$\overline{EB} = \overline{AH}$，$\overline{OD} = \frac{1}{2}\overline{EB} = \frac{1}{2}\overline{AH}$.

問題 2 問題 1 の証明を少し変えればよい．

問題 3 △ABC の頂点 B から対辺 AC に下ろした垂線の足を E とする．2 つの直角三角形 △BCE, △ACD を比較して，∠CBE = ∠CAD. ∠CBK, ∠CAK はともに弧 KC の円周角だから，∠CBK = ∠CAK ⇒ ∠CBE = ∠CBK ⇒ △HBD ≡ △KBD ⇒ $\overline{HD} = \overline{DK}$.

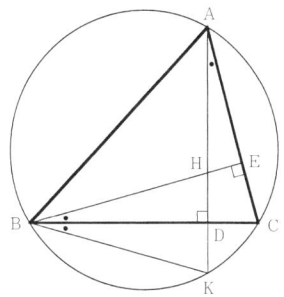

図-解答 2-II-3

問題 4 問題 3 の証明を少し変えればよい．

問題 5 問題 1 によって，△ABC の頂点 A と垂心 H の距離は，外心 O から辺 BC に下ろした垂線の足 M と外心 O とをむすぶ線分の長さの 2 倍となる：$\overline{AH} = 2\overline{OM}$．したがって，AM と OH の交点を G′ とすれば，$\overline{AG'} : \overline{MG'} = 2 : 1$. ゆえに，G′ は重心 G と一致し，$\overline{HG} = 2\overline{OG}$.

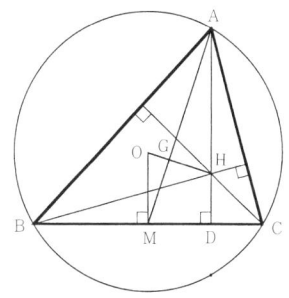

図-解答 2-II-5

問題 6 ∠APB = ∠AQB = 90°だから，□ABPQ は円に内接し，∠APQ = ∠ABQ. 同じように，□ACPR も円に内接し，∠APR = ∠ACR. 2 つの直角三角形 △ABQ, △ACR を比較して，∠ABQ = ∠ACR ⇒ ∠APQ = ∠APR. 同じようにして，∠BQR = ∠BQP. ゆえに，H は垂足三角形 △PQR の内心となる．後半もまったく同じようにして証明できる．

問題 7 △ABC の内心 I，傍心 I_A は ∠A の二等分線上にあり，∠A の二等分線は △$I_A I_B I_C$ の辺 $I_B I_C$ に垂直となることを使う．

問題 8 ∠BDP = ∠BFP = 90°だから，□BDFP は円に内接し，∠BDF + ∠BPF = 180°. 同じく，□PDCE も円に内接し，∠CDE = ∠CPE. 2 つの直角三角形 △BPF, △CPE について，∠BPF = 90° −

∠FBP, ∠CPE＝90°－∠PCE. □APBC は円に内接するから, ∠FBP＝∠PCE⇒∠BPF＝∠CPE⇒∠BDF＋∠CDE＝180°⇒D, E, F は一直線上にある.

問題9 問題8の証明を逆にたどればよい.

問題10 □ABCD は円に内接しているから, ∠DBC＝∠DAC. また, 2つの対角線は直交しているから, ∠BPR＝90°－∠APQ＝∠DAC. すなわち, ∠PBR＝∠BPR. したがって, R は直角三角形 △PBC の斜辺 BC の中点となる.

問題11 いずれも同じようなステップをふんで証明できるので, L, D, R, P の4つの点が同一円上にあることだけを証明する. P, R はそれぞれ AH, CH の中点だから, PR ∥ AC. L, R は BC, CH の中点だから, LR ∥ BE⇒∠LRP＝∠BEA＝90°. また, ∠LDP＝90°⇒L, D, R, P は同一円上にある.

問題12 問題11の解答から明らかなように, 九点円の中心 V は, 直角三角形 △LRP の斜辺 LP の中点となる. 線分 HV を V をこえて同じ長さだけ延長した点を O′ とすれば □O′LHP は平行四辺形となるから,

$$O'L \perp BC, \quad \overline{O'L} = \overline{PH} = \frac{1}{2}\overline{AH}$$

問題1から明らかなように, O′ は外接円の中心 O と一致する.

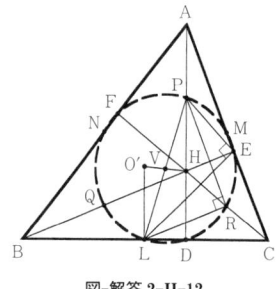

図-解答 2-II-12

問 題 (III)

問題1 □ABCD の頂点 A, B, C, D の内角の大きさをそれぞれ $2\alpha, 2\beta, 2\gamma, 2\delta$ とすれば

$$\alpha+\beta+\gamma+\delta = \pi \ (= 180°)$$
$$\angle APB = \alpha+\beta, \quad \angle DRC = \gamma+\delta$$
$$\angle APB + \angle DRC = \alpha+\beta+\gamma+\delta = \pi$$

したがって, □ABCD は円に内接する.

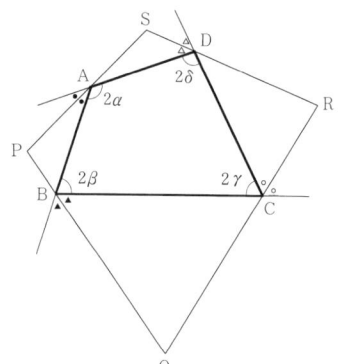

図-解答 2-III-1

問題2 PR, QS の交点を T として, □APTS, □TQCR に注目する. $\angle ASQ + \angle CQS = (\angle ASO + \angle OSQ) + (\angle CQO - \angle SQO) = \frac{\pi}{2} + \frac{\pi}{2} = \pi$.

同じようにして, ∠APR＋∠CRP＝π. □APTS と □TQCR の内角の和は, (∠A＋∠C)＋(∠ASQ＋∠CQS)＋(∠APR＋∠CRP)＋2∠PTS＝4π.

□ABCD は円に内接するから, ∠A＋∠C＝π. ゆえに, 2∠PTS＝4π－3π＝π.

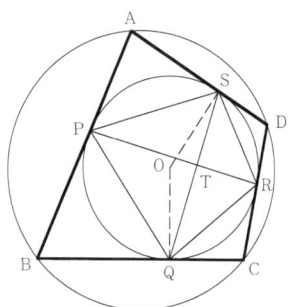

図-解答 2-III-2

問題3 A を一端とする外接円の直径を AOA′ とすれば, ∠A′AC＝∠A′BC. また, ∠BFC＝∠BEC＝$\frac{\pi}{2}$ だから, □FBCE は円に内接し, ∠AEF＝∠ABC. OA, EF の交点を K とすれば, ∠AKF＝∠KAE＋∠KEA＝∠A′BC＋∠ABC＝$\frac{\pi}{2}$.

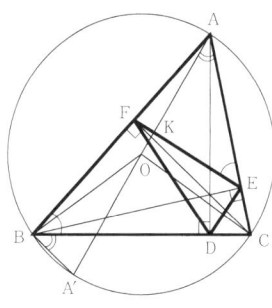

図-解答 2-III-3

問題 4 △ABC の垂心を H とする．△BPD, △BQD は直角三角形だから，□PBDQ は円に内接し，∠PQB=∠PDB．△HQD, △HRD も直角三角形だから，□HQDR も円に内接し，∠HQR=∠HDR．

直角三角形 △RDC に注目して，∠HDR=$\frac{\pi}{2}$－∠RDC=∠RCD．FC∥PD より ∠RCD=∠PDB．したがって，∠PQB=∠HQR．P, Q, R は一直線上にある．同じようにして，Q, R, S が一直線上にあることが示される．

問題 5 P から円 O に引いた PB 以外の接線の接点を K とすれば，∠POK=∠POB．OP∥AB だから，∠POB=∠OBA=∠OAB ⇒ ∠POK=∠OAB．同じように，Q から円 O に引いた接線の接点を K' とすれば，∠QOK'=∠OAC．したがって

∠POK+∠QOK'=∠OAB+∠OAC=∠POQ

ゆえに，∠POK+∠QOK'=∠POQ．したがって，K と K' は一致する．

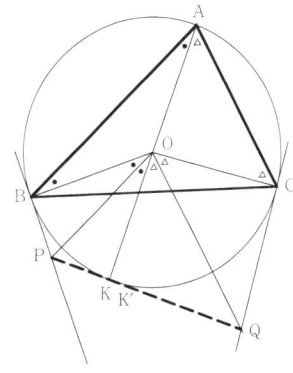

図-解答 2-III-5

問題 6 I は △ABC の内心だから，∠IAB=∠IAC．BA は A で円 O に接するから

∠IDA=∠IAB=∠IAC

また，∠ADE, ∠AIE はともに弦 AE の円周角となっているから，∠ADE=∠AIE．
∠IDC=∠IDA+∠ADC=∠IAC+∠AIE
       =∠IKC

したがって，2 つの三角形 △IDC, △IKC について，辺 IC は共通，∠ICD=∠ICK, ∠IDC=∠IKC．ゆえに，△IDC≡△IKC, $\overline{DC}=\overline{KC}$．

問題 7 △BHC の外接円 O' は △ABC の外接円 O と同じ大きさの半径をもち（2 章問題 I-8 より），$\overline{OM}=\overline{O'M}$．鈍角三角形 △AOM, △PO'M について，$\overline{OM}=\overline{O'M}, \overline{OA}=\overline{O'P}, \angle AMO=\angle PMO'$．したがって，△AOM≡△PO'M, $\overline{AM}=\overline{MP}$．

問題 8 P を通り，弦 AB に平行な直線が円 O と交わる点を K とすれば，$\overline{PM}=\overline{KM}, \angle KPM=\angle PKM$ =∠PMC=∠KMD．□KPQR は円に内接し，∠KPQ=180°－∠KRQ ⇒ ∠KMD=∠KPQ=180° －∠KRQ となり，□KRDM も円に内接する．したがって，∠DKM=∠MRD=∠CPM．△PCM, △KDM について，$\overline{PM}=\overline{KM}, \angle PMC=\angle KMD$．∠CPM=∠DKM より，△PCM≡△KDM ⇒ $\overline{CM}=\overline{DM}$．

問題 9 ∠AQP, ∠ABP は弧 AP の円周角だから，∠AQP=∠ABP．∠BFP=∠BDP=90° だから，□FBPD は円に内接し，∠QDF=∠FBP．ゆえに，∠AQP=∠QDF．AQ はシムソン線 FDE と平行となる．

問題 10 P から辺 BC に下ろした垂線 PD の延長が外接円と交わる点を Q とする．△QBC の垂心を H' とし，△QBC の外接円の中心 O から弦 BC に下ろした垂線の足を M とすれば，QH'⊥BC, $\overline{QH'}=2\overline{OM}$（問題 II-1 より）．△ABC を考えれば，AH⊥BC, $\overline{AH}=2\overline{OM}$．したがって，□QH'HA は平行四辺形となり，H'H∥QA．問題 9 により，FDE∥QA．△H'PH に注目して，H'H∥FDE, $\overline{H'D}=\overline{DP}$（問題 II-3 より）．したがって，$\overline{HK}=\overline{KP}$．

問題 11 △APQ は二等辺三角形だから，∠AQP=∠APQ, ∠APB=90° より ∠RPB=180°－∠APB －∠APQ=90°－∠APQ．また，直角三角形 △QAR に注目して，∠PRA=90°－∠AQP．したがって，∠RPB=∠PRA．ゆえに，△PBR は二等辺三角形となって，$\overline{BP}=\overline{BR}$．したがって，P が A に近づくとき，R は直径 AB を B をこえて直径 AB の長さだけ延長した点に近づく．

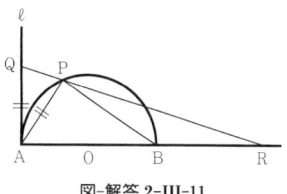

図-解答 2-III-11

❖ 第3章　ピタゴラスの定理

問題1　△ABC の外接円 O をえがき，C を一端とする直径 COK をとれば，□AKBH は平行四辺形となる．したがって，$\overline{KB}=\overline{AH}$．直角三角形 △KBC にピタゴラスの定理を適用して，
$$\overline{KB}^2+\overline{BC}^2=\overline{KC}^2=(外接円の直径)^2$$

問題2　直角三角形 △CAQ，△CBP，△CPQ にピタゴラスの定理を適用すれば
$$\overline{AQ}^2=\overline{AC}^2+\overline{QC}^2, \quad \overline{BP}^2=\overline{BC}^2+\overline{PC}^2$$
$$\overline{PQ}^2=\overline{PC}^2+\overline{QC}^2$$
$$\overline{AQ}^2+\overline{BP}^2-\overline{PQ}^2=\overline{AC}^2+\overline{BC}^2\,(=\overline{AB}^2)$$

問題3　頂点 C から辺 AB に下ろした垂線の足を H とし，P が線分 AH 上にある場合を考える．$h=\overline{CH}$，$x=\overline{PH}$ とおけば
$$\overline{AH}=\overline{BH}=h, \quad \overline{AP}=h-x, \quad \overline{BP}=h+x$$
$$\overline{AP}^2+\overline{BP}^2=(h-x)^2+(h+x)^2=2(h^2+x^2)$$
また，直角三角形 △CHP にピタゴラスの定理を適用すれば $\overline{CP}^2=\overline{CH}^2+\overline{PH}^2=h^2+x^2$．

問題4　対角線の交点を O として，直角三角形 △ABO，△BCO，△CDO，△DAO にピタゴラスの定理を適用すればよい．

問題5　2つの直角三角形 △ABH，△ACH にピタゴラスの定理を適用すれば($h=\overline{AH}$)
$$c^2=\left(\frac{a}{2}+x\right)^2+h^2, \quad b^2=\left(\frac{a}{2}-x\right)^2+h^2$$
$$c^2-b^2=\left(\frac{a}{2}+x\right)^2-\left(\frac{a}{2}-x\right)^2=2ax$$

問題6　つぎの条件をみたす AB 上の点 H を通り，AB に垂直な直線が求める軌跡である．
$\overline{HA}^2-\overline{HB}^2=k$ (与えられた定数)，P から線分 AB に下ろした垂線の足を H′ とすれば，$k=\overline{PA}^2-\overline{PB}^2$ $=\overline{H'A}^2-\overline{H'B}^2 \Rightarrow H=H'$．

問題7　AB の中点 M を中心として，ある一定の半径の円が求める軌跡である．三角形の中線定理によって，$\overline{PA}^2+\overline{PB}^2=2(\overline{PM}^2+\overline{AM}^2) \Rightarrow \overline{PM}=$一定．

問題8　A から円 O に引いた接線 AB の中点 M から線分 AO に下ろした垂線の足を H とすれば，求める軌跡は AO 上の点 H を通り，AO に垂直な直線である．
直角三角形 △POQ について
$$\overline{PO}^2=\overline{PQ}^2+\overline{OQ}^2, \quad \overline{PO}^2-\overline{PA}^2=\overline{PQ}^2+\overline{OQ}^2-\overline{PA}^2$$
$$\overline{PA}^2-\overline{PO}^2=\overline{OQ}^2(一定)$$
問題6を適用すればよい．

問題9　線分 AO を O をこえて等しい長さだけ延長した点を B とする．
$$\overline{AO}=\overline{BO}, \quad \overline{QA}=\overline{PB}$$
三角形の中線定理を △PAB に適用すれば
$$\overline{PA}^2+\overline{PB}^2=2(\overline{PO}^2+\overline{AO}^2)$$
$$\overline{PA}^2+\overline{QA}^2=2(\overline{PO}^2+\overline{AO}^2)=一定$$

問題10　RO の延長が小さい方の円と交わる点 S は弦 PQ の上にあり，$\overline{PS}=\overline{TQ}$．直角三角形 △PTR にピタゴラスの定理を適用して，$\overline{TP}^2+\overline{TR}^2=\overline{PR}^2$．△PSR に三角形の中線定理を適用して，$\overline{PR}^2+\overline{PS}^2$ $=2(\overline{PO}^2+\overline{OS}^2)$．
$$\overline{TP}^2+\overline{TQ}^2+\overline{TR}^2=2(\overline{PO}^2+\overline{OS}^2)=一定$$

問題11　□ABCD の対角線 AC，BD の交点 E は AC，BD の中点となり，$\overline{AE}=\overline{BE}$．2つの三角形 △PAC，△PBD に対して三角形の中線定理を適用すれば
$$\overline{PA}^2+\overline{PC}^2=2(\overline{PE}^2+\overline{AE}^2),$$
$$\overline{PB}^2+\overline{PD}^2=2(\overline{PE}^2+\overline{BE}^2)$$

問題12　辺 BC の中点を D とすれば，$\overline{BD}=\frac{1}{2}\overline{BC}=\frac{a}{2}$，$\overline{GD}=\frac{1}{2}\overline{AG}=\frac{x}{2}$．△GBC に対して三角形の中線定理を適用すれば，$\overline{GB}^2+\overline{GC}^2=2(\overline{BD}^2+\overline{GD}^2)$．
$$y^2+z^2=2\left(\frac{a^2}{4}+\frac{x^2}{4}\right), \quad a^2+3x^2=2(x^2+y^2+z^2)$$
同じようにして，
$$b^2+3y^2=c^2+3z^2=2(x^2+y^2+z^2)$$

❖ 第4章　相似と比例

問　題　(I)

問題1　△APE ∽ △ABC
$$\Rightarrow \overline{PE}:\overline{BC}=\overline{AE}:\overline{AC}$$
△DEQ ∽ △DBC $\Rightarrow \overline{EQ}:\overline{BC}=\overline{DE}:\overline{DB}$

$AD \parallel BC \Rightarrow \overline{AE} : \overline{AC} = \overline{DE} : \overline{DB}$
したがって，$\overline{PE} : \overline{BC} = \overline{EQ} : \overline{BC}$ となり，$\overline{PE} = \overline{EQ}$.

問題 2　C を通り，AB に平行な直線と PQ の交点を S とすれば，
$$\angle ARQ = \angle AQR = \angle CQP, \quad \angle ARQ = \angle CSQ$$
$$\Rightarrow \angle CSQ = \angle CQP \Rightarrow \overline{CQ} = \overline{CS}$$
また，$\triangle RPB \infty \triangle SPC \Rightarrow \overline{BP} : \overline{CP} = \overline{BR} : \overline{CS} = \overline{BR} : \overline{CQ}$.

問題 3　R を通り，BC に平行な直線が辺 AB, AC と交わる点を H, K とすれば，$\overline{HR} = \overline{RK}$（問題 1 より）.
$$\triangle AHR \infty \triangle ABS \Rightarrow \overline{HR} : \overline{BS} = \overline{AR} : \overline{AS}$$
$$\triangle ARK \infty \triangle ASC \Rightarrow \overline{RK} : \overline{SC} = \overline{AR} : \overline{AS}$$
したがって，$\overline{BS} = \overline{SC}$.

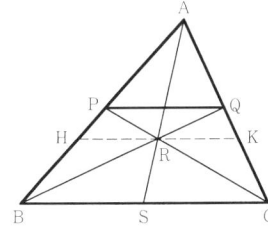

図-解答 4-I-3

問題 4　$\triangle ABC$ の各頂点 A, B, C から直線 ℓ に下ろした垂線の足を A′, B′, C′ とする．$\triangle BPB' \infty \triangle CPC'$
$\Rightarrow \dfrac{\overline{BP}}{\overline{CP}} = \dfrac{\overline{BB'}}{\overline{CC'}}$．同じように，$\dfrac{\overline{CQ}}{\overline{AQ}} = \dfrac{\overline{CC'}}{\overline{AA'}}$,
$\dfrac{\overline{AR}}{\overline{BR}} = \dfrac{\overline{AA'}}{\overline{BB'}}$．
$$\frac{\overline{BP}}{\overline{CP}} \frac{\overline{CQ}}{\overline{AQ}} \frac{\overline{AR}}{\overline{BR}} = \frac{\overline{BB'}}{\overline{CC'}} \frac{\overline{CC'}}{\overline{AA'}} \frac{\overline{AA'}}{\overline{BB'}} = 1$$

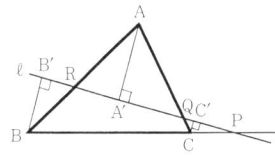

図-解答 4-I-4

問題 5　PQ の延長が辺 AB と交わる点を R′ とすれば，P, Q, R′ についてメネラウスの関係が成立するから，$\dfrac{\overline{AR}}{\overline{BR}} = \dfrac{\overline{AR'}}{\overline{BR'}}$．したがって，R = R′.

問題 6　メネラウスの定理の逆を使う．頂点 A の外角の二等分線が対辺 BC の延長と交わる点 P は辺 BC を $\overline{AB} : \overline{AC}$ の比に外分する（61 ページ練習問題

(1)より）．$\dfrac{\overline{BP}}{\overline{CP}} = \dfrac{\overline{AB}}{\overline{AC}}$．同じように，$\dfrac{\overline{CQ}}{\overline{AQ}} = \dfrac{\overline{BC}}{\overline{BA}}$,
$\dfrac{\overline{AR}}{\overline{BR}} = \dfrac{\overline{CA}}{\overline{CB}} \Rightarrow \dfrac{\overline{BP}}{\overline{CP}} \dfrac{\overline{CQ}}{\overline{AQ}} \dfrac{\overline{AR}}{\overline{BR}} = \dfrac{\overline{AB}}{\overline{AC}} \dfrac{\overline{BC}}{\overline{BA}} \dfrac{\overline{CA}}{\overline{CB}} = 1$.

問題 7　$\triangle OAB, \triangle OAC$ の面積を比較すれば，$\dfrac{\overline{BP}}{\overline{CP}}$
$= \dfrac{\triangle BPA}{\triangle CPA} = \dfrac{\triangle OAB}{\triangle OAC}$．同じようにして，$\dfrac{\overline{CQ}}{\overline{AQ}} = \dfrac{\triangle OBC}{\triangle OBA}$, $\dfrac{\overline{AR}}{\overline{BR}} = \dfrac{\triangle OCA}{\triangle OCB}$.
$$\frac{\overline{BP}}{\overline{CP}} \frac{\overline{CQ}}{\overline{AQ}} \frac{\overline{AR}}{\overline{BR}} = \frac{\triangle OAB}{\triangle OAC} \frac{\triangle OBC}{\triangle OBA} \frac{\triangle OCA}{\triangle OCB} = 1$$

問題 8　AP, BQ（あるいはその延長）の交点を O とし，CO（あるいはその延長）が AB と交わる点を R′ とすれば，P, Q, R′ についてチェバの定理を適用して
$$\frac{\overline{AR}}{\overline{BR}} = \frac{\overline{AR'}}{\overline{BR'}}$$
したがって，R と R′ は一致する．

問題 9　頂点 A の内角の二等分線が対辺 BC と交わる点 P は辺 BC を $\overline{AB} : \overline{AC}$ の比に内分する．$\dfrac{\overline{BP}}{\overline{CP}}$
$= \dfrac{\overline{AB}}{\overline{AC}}$．同じように，$\dfrac{\overline{CQ}}{\overline{AQ}} = \dfrac{\overline{BC}}{\overline{BA}}$, $\dfrac{\overline{AR}}{\overline{BR}} = \dfrac{\overline{CA}}{\overline{CB}}$.
$$\frac{\overline{BP}}{\overline{CP}} \frac{\overline{CQ}}{\overline{AQ}} \frac{\overline{AR}}{\overline{BR}} = \frac{\overline{AB}}{\overline{AC}} \frac{\overline{BC}}{\overline{BA}} \frac{\overline{CA}}{\overline{CB}} = 1$$

問題 10　P, Q, R は辺 BC, CA, AB の中点だから
$$\frac{\overline{BP}}{\overline{CP}} = 1, \quad \frac{\overline{CQ}}{\overline{AQ}} = 1, \quad \frac{\overline{AR}}{\overline{BR}} = 1$$
$$\frac{\overline{BP}}{\overline{CP}} \frac{\overline{CQ}}{\overline{AQ}} \frac{\overline{AR}}{\overline{BR}} = 1$$

問題 11　直角三角形 $\triangle ABP, \triangle CBR$ の相似から，
$\dfrac{\overline{BP}}{\overline{BR}} = \dfrac{\overline{AB}}{\overline{CB}}$．同じように，$\dfrac{\overline{CQ}}{\overline{CP}} = \dfrac{\overline{BC}}{\overline{AC}}$, $\dfrac{\overline{AR}}{\overline{AQ}} = \dfrac{\overline{CA}}{\overline{BA}}$.
$$\frac{\overline{BP}}{\overline{CP}} \frac{\overline{CQ}}{\overline{AQ}} \frac{\overline{AR}}{\overline{BR}} = \frac{\overline{BP}}{\overline{BR}} \frac{\overline{CQ}}{\overline{CP}} \frac{\overline{AR}}{\overline{AQ}} = \frac{\overline{AB}}{\overline{CB}} \frac{\overline{BC}}{\overline{AC}} \frac{\overline{CA}}{\overline{BA}}$$
$$= 1$$

問題 12　P を通り，辺 BC に平行な直線を引き，QH, RH との交点をそれぞれ S, T とし，辺 AC, AB と交わる点をそれぞれ V, W とする．P が線分 ST の中点となることを示せばよい．
$$\frac{\overline{TP}}{\overline{BC}} = \frac{\overline{TP}}{\overline{HC}} \frac{\overline{HC}}{\overline{BC}} = \frac{\overline{WP}}{\overline{BC}} \frac{\overline{HC}}{\overline{BC}}$$

$$= \frac{\overline{WP}}{\overline{BH}} \cdot \frac{\overline{BH}}{\overline{BC}} \cdot \frac{\overline{HC}}{\overline{BC}} = \frac{\overline{PV}}{\overline{HC}} \cdot \frac{\overline{BH}}{\overline{BC}} \cdot \frac{\overline{HC}}{\overline{BC}}$$

$$[\triangle RTP \backsim \triangle RHC, \quad \triangle RWP \backsim \triangle RBC]$$

$$[\triangle AWP \backsim \triangle ABH, \quad \triangle APV \backsim \triangle AHC]$$

$$= \frac{\overline{PV}}{\overline{HC}} \cdot \frac{\overline{HC}}{\overline{BC}} \cdot \frac{\overline{BH}}{\overline{BC}} = \frac{\overline{PV}}{\overline{BC}} \cdot \frac{\overline{BH}}{\overline{BC}}$$

$$= \frac{\overline{PS}}{\overline{BH}} \cdot \frac{\overline{BH}}{\overline{BC}} = \frac{\overline{PS}}{\overline{BC}}$$

$$[\triangle QPV \backsim \triangle QBC, \quad \triangle QPS \backsim \triangle QBH]$$

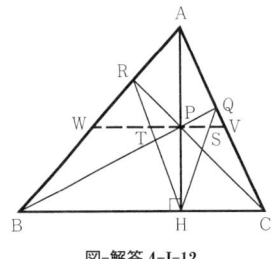

図-解答 4-I-12

問　題　(II)

問題1　AA′, BB′ の交点 P と △ABC の頂点 C をむすぶ直線が △A′B′C′ の辺 B′C′ と交わる点を D とする．

$$A'B' \parallel AB \Rightarrow \overline{PA'} : \overline{PA} = \overline{PB'} : \overline{PB}$$
$$B'D \parallel BC \Rightarrow \overline{PB'} : \overline{PB} = \overline{PD} : \overline{PC}$$

したがって，$\overline{PA'} : \overline{PA} = \overline{PD} : \overline{PC} \Rightarrow A'D \parallel AC$ となって，D は C′ と一致する．

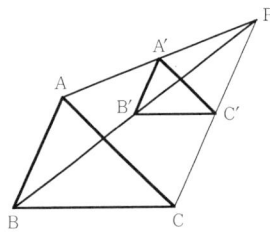

図-解答 4-II-1

問題2　BP の延長が A における円の接線と交わる点を T とする．△APT は直角三角形となり，また $\overline{QA} = \overline{QP}$. したがって，Q は斜辺 AT の中点となり，$\overline{TQ} = \overline{QA}$.

$$PR \parallel TA \Rightarrow \overline{PS} : \overline{SR} = \overline{TQ} : \overline{QA} = 1$$
$$\Rightarrow \overline{PS} = \overline{SR}$$

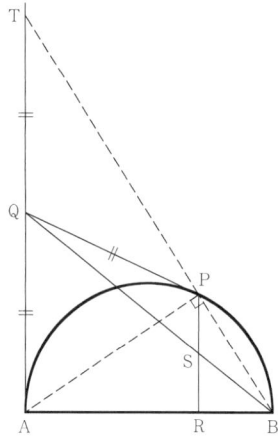

図-解答 4-II-2

問題3　$\triangle QAS \backsim \triangle BRS \Rightarrow \overline{QS} : \overline{BS} = \overline{QA} : \overline{BR}$.
接線の性質から，$\overline{QA} = \overline{QP}, \overline{BR} = \overline{PR}$.
したがって，
$$\overline{QS} : \overline{BS} = \overline{QP} : \overline{PR} \Rightarrow PS \parallel RB \Rightarrow PS \perp AB$$

問題4　$\angle RPA = \angle QBP, \angle PRA = \angle BQP = 90° \Rightarrow \triangle APR \backsim \triangle PBQ \Rightarrow \overline{RA} : \overline{QP} = \overline{PA} : \overline{BP}$.
同様にして
$$\triangle APQ \backsim \triangle PBS \Rightarrow \overline{PQ} : \overline{BS} = \overline{PA} : \overline{BP}$$
したがって，
$$\overline{RA} : \overline{QP} = \overline{PQ} : \overline{BS} \Rightarrow \overline{PQ}^2 = \overline{RA} \times \overline{SB}$$

問題5　$\triangle PAD \backsim \triangle PCA \Rightarrow \overline{AD} : \overline{CA} = \overline{PA} : \overline{PC}$.
$\triangle PBD \backsim \triangle PCB \Rightarrow \overline{BD} : \overline{CB} = \overline{PB} : \overline{PC}$
$\overline{PA} = \overline{PB} \Rightarrow \overline{AD} : \overline{CA} = \overline{BD} : \overline{CB}$
$\Rightarrow \overline{AD} \times \overline{BC} = \overline{AC} \times \overline{BD}$

問題6　線分 PS 上に $\overline{TC} = \overline{PC}$ となるような点 T をとれば，□SRBP, □SQCT が相似となることを使う．これはつぎの性質からわかる．
$$\overline{PB} = \overline{BR}, \quad \overline{TC}(=\overline{PC}) = \overline{CQ}$$
$$\angle PSR = \angle TSQ = 90°$$
$$\angle SPB = 180° - \angle TPC = 180° - \angle PTC = \angle STC$$
同様にして $\angle BRS = \angle CQS$.
□SRBP $\backsim$ □SQCT から，$\overline{RS} : \overline{SQ} = \overline{BP} : \overline{PC}$.

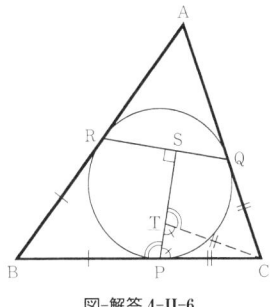

図-解答 4-II-6

問題7 Pが弧 AB 上にあるとする．直角三角形 △PAQ, △PDK について
$$\angle PAQ = \angle PDK \text{ （弧 PB の円周角）}$$
$$\triangle PAQ \backsim \triangle PDK \Rightarrow \overline{PQ}:\overline{PK}=\overline{PA}:\overline{PD}$$
直角三角形 △PAH, △PDR について，$\angle PAH=\angle PDR$（弧 PC の円周角）$\Rightarrow \triangle PAH \backsim \triangle PDR \Rightarrow \overline{PH}:\overline{PR}=\overline{PA}:\overline{PD}$. したがって，$\overline{PQ}:\overline{PK}=\overline{PH}:\overline{PR} \Rightarrow \overline{PQ}\times\overline{PR}=\overline{PH}\times\overline{PK}$.

問題8 三角形 △ABQ に注目して，△PBQ：△PAQ＝$\overline{PB}:\overline{PA}$. DP は∠ADB の二等分線$\Rightarrow \overline{PB}:\overline{PA}=\overline{DB}:\overline{DA} \Rightarrow \triangle PBQ:\triangle PAQ=\overline{DB}:\overline{DA}$. 同じようにして，△PCQ：△PAQ＝$\overline{DC}:\overline{DA}$. したがって，△PBQ：△PCQ＝$\overline{DB}:\overline{DC}$. AD は∠A の二等分線だから，$\overline{DB}:\overline{DC}=\overline{AB}:\overline{AC}$.
$$\triangle PBQ:\triangle PCQ=\overline{AB}:\overline{AC}$$

問題9 $\angle AEB=\angle ADB=90°$ だから，□ABDE は円に内接する．方べきの定理によって，$\overline{AH}\times\overline{HD}=\overline{BH}\times\overline{HE}$. 同じく，□AFDC は円に内接するから，$\overline{AH}\times\overline{HD}=\overline{CH}\times\overline{HF}$.

問題10 $\overline{AH}\times\overline{HD}=\overline{BH}\times\overline{HE}$ だから，方べきの定理によって□ABDE は円に内接し
$$\angle AEB=\angle ADB(=\alpha)$$
同じようにして，
$\overline{AH}\times\overline{HD}=\overline{CH}\times\overline{HF} \Rightarrow \angle AFC=\angle ADC(=\beta)$
$\overline{BH}\times\overline{HE}=\overline{CH}\times\overline{HF} \Rightarrow \angle BFC=\angle BEC(=\gamma)$
ここで，$\beta+\gamma=180°$, $\gamma+\alpha=180°$, $\gamma+\alpha=180° \Rightarrow \alpha=\beta=\gamma=90°$.

問題11 $\angle ABO=\angle ACO=90° \Rightarrow $□ABOC は円に内接し，$\overline{AM}\times\overline{MO}=\overline{BM}\times\overline{MC}$. 同じく，$\overline{BM}\times\overline{MC}=\overline{PM}\times\overline{MQ}$. したがって，$\overline{AM}\times\overline{MO}=\overline{PM}\times\overline{MQ}$. ゆえに，□APOQ は円に内接する．一方，$\overline{OP}=\overline{OQ} \Rightarrow \angle PAO=\angle QAO$.

問題12 A を通り，辺 BC に平行な直線が線分 DF, DE の延長と交わる点をそれぞれ P, Q とすれば，$\angle APD=\angle PDB$. △BDF は二等辺三角形だから，$\angle BFD=\angle BDF$. したがって，$\angle APD=\angle BFD=\angle AFP$. ゆえに，$\overline{AP}=\overline{AF}$.

一方，△AEQ∽△CED．△CED は二等辺三角形だから，△AEQ も二等辺三角形となって，$\overline{AQ}=\overline{AE}$. また，△AFE は二等辺三角形だから，$\overline{AF}=\overline{AE} \Rightarrow \overline{AP}=\overline{AQ}$. PQ∥BC∥KE だから，$\overline{KM}:\overline{ME}=\overline{AP}:\overline{AQ}=1 \Rightarrow \overline{KM}=\overline{ME}$.

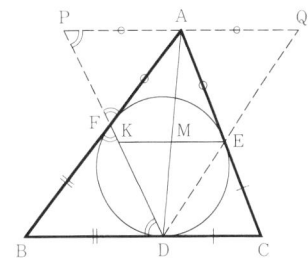

図-解答 4-II-12

問題13 2つの対角線の交点を O とする．2つの三角形 △OAB, △OPQ に注目して，$\angle APB=\angle AQB=90°$ だから，□ABPQ は円に内接し，$\angle OAB=\angle OPQ$, $\angle OBA=\angle OQP$. したがって，△OAB∽△OPQ. 他の辺についても，同様である．ゆえに，□ABCD∽□PQRS.

問題14 対角線 BD 上に，$\angle BAE=\angle CAD$ をみたすような点 E をとる．∠ABE と∠ACD はともに弧 AD の円周角だから，$\angle ABE=\angle ACD \Rightarrow \triangle ABE$∽△ACD. したがって
$$\overline{AB}:\overline{AC}=\overline{BE}:\overline{CD} \Rightarrow \overline{AB}\times\overline{DC}=\overline{AC}\times\overline{BE}$$
また，△ADE∽△ACB$\Rightarrow \overline{AD}:\overline{AC}=\overline{DE}:\overline{CB} \Rightarrow \overline{AD}\times\overline{BC}=\overline{AC}\times\overline{DE}$.
$$\overline{AB}\times\overline{DC}+\overline{AD}\times\overline{BC}=\overline{AC}\times\overline{BE}+\overline{AC}\times\overline{DE}$$
$$=\overline{AC}\times(\overline{BE}+\overline{DE})$$
$$=\overline{AC}\times\overline{BD}$$

問題15 □ABCD のなかに，$\angle BAK=\angle CAD$, $\angle ABK=\angle ACD$ となるような点 K をとると，△ABK∽△ACD. したがって
$$\overline{AB}:\overline{AC}=\overline{BK}:\overline{CD} \Rightarrow \overline{AB}\times\overline{DC}=\overline{AC}\times\overline{BK}$$
△ACD は，△ABK を A を中心として相似比例的に回転したものとなるから，$\angle BAC=\angle KAD$, $\angle ABC=\angle AKD \Rightarrow \triangle ABC$∽△AKD.
$$\overline{AC}:\overline{AD}=\overline{BC}:\overline{KD} \Rightarrow \overline{AD}\times\overline{BC}=\overline{AC}\times\overline{KD}$$
したがって，$\overline{AC}\times\overline{BD}=\overline{AB}\times\overline{DC}+\overline{AD}\times\overline{BC}=\overline{AC}$

$\times \overline{BK} + \overline{AC} \times \overline{KD} = \overline{AC}(\overline{BK} + \overline{KD}) \Rightarrow \overline{BD} = \overline{BK} + \overline{KD}$. B, K, D は一直線上にあって，∠ABD=∠ACD．よって □ABCD は円に内接する．

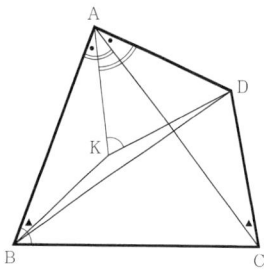

図-解答 4-II-15

❖ 第 5 章 最大最小問題

問題 1 2つの対角線 AC, BD の交点 O が求める点である．三角形 △PAC について
$$\overline{PA} + \overline{PC} > \overline{AC} = \overline{OA} + \overline{OC}$$
三角形 △PBD について，$\overline{PB} + \overline{PD} > \overline{BD} = \overline{OB} + \overline{OD}$．ゆえに，
$$\overline{PA} + \overline{PC} + \overline{PB} + \overline{PD} > \overline{OA} + \overline{OC} + \overline{OB} + \overline{OD}$$

問題 2 A を通り，OX に平行な直線を引き，OY と交わる点を M とする．OY 上で，$\overline{OM} = \overline{MC}$ となるような点を C として，CA の延長が OX と交わる点を B とすれば，BAC が求める線分で，△OBC の面積が最小となる．

他の任意の △OPQ に対して，C を通り，OX に平行な直線が PQ と交わる点を R とすれば，$\overline{PA} = \overline{AR}$，△APB ≡ △ARC．
△OPQ = □OBAQ − △APB = □OBAQ − △ARC
> □OBAQ − △AQC = △OBC

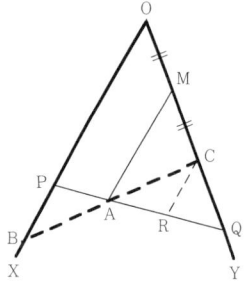

図-解答 5-2

問題 3 2つの辺 AB, AC の中点を P_0, S_0 として，P_0, S_0 から底辺 BC に下ろした垂線の足を Q_0, R_0 と

する．長方形 □$P_0Q_0R_0S_0$ が求める長方形である．

まず，△ABC が ∠A を直角とする直角二等辺三角形のときに上のことを証明する．P が線分 AP_0 上にある場合，P_0S_0 と PQ, SR との交点をそれぞれ H, K とすれば
$$□P_0Q_0R_0S_0 − □PQRS = 2△PP_0H + 2△SS_0K > 0$$
P が線分 BP_0 上にある場合にも，同じようにして，
$$□P_0Q_0R_0S_0 − □PQRS > 0$$
△ABC が一般の二等辺三角形のときには，底辺 BC はそのままにして，△ABC の高さを比例的に伸縮して，直角二等辺三角形に変形して考えれば，□$P_0Q_0R_0S_0$ > □PQRS を証明することができる．

△ABC が一般の三角形のときには，底辺 BC はそのままにして，△ABC の頂点 A を底辺 BC に平行に移動し，長方形 □PQRS の底辺 QR もそれにスライドさせて，二等辺三角形に変形して考えれば，□$P_0Q_0R_0S_0$ > □PQRS を証明することができる．

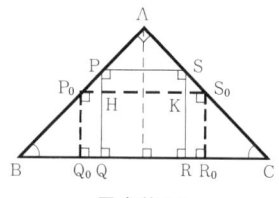

図-解答 5-3

問題 4 直径 AB 上にない頂点 P_0, S_0 の円の中心 O に対する角が 90°（∠P_0OS_0=90°）となるような長方形 □$P_0Q_0R_0S_0$ が求める長方形である．

この長方形 □$P_0Q_0R_0S_0$ の面積は，$2×△P_0OS_0 = \overline{OP_0} × \overline{OS_0} = $(半径)^2．

半円 O に内接する □$P_0Q_0R_0S_0$ 以外の任意の長方形 □PQRS の面積は，$2×△POS < \overline{OP} × \overline{OS} = $(半径)^2．

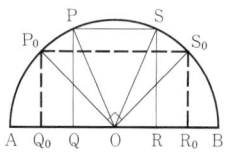

図-解答 5-4

問題 5 線分 AB の中点 P_0 を 1 つの頂点とする正方形 □$Q_0P_0BR_0$ が求める長方形である．このとき，
$$\overline{P_0Q_0} = \overline{Q_0R_0} = \overline{R_0B} = \frac{1}{2}\overline{AB}$$
他の任意の長方形 □QPBR ($\overline{PA} > \overline{PB}$) に対して，

辺 PQ と辺 Q_0R_0 の交点を C とすれば
$$\square QPBR = \square QCR_0R + \square CPBR_0$$
$$< \square Q_0P_0PC + \square CPBR_0 = \square Q_0P_0BR_0$$

問題 6 弦 P_0Q_0 の中心角が $90°$ となるような直線 AP_0Q_0 が求める直線である．
$$\angle P_0OQ_0 = 90°$$
このとき，三角形 $\triangle P_0OQ_0$ の面積は，
$$\triangle P_0OQ_0 = \frac{1}{2}\overline{OP_0}\times\overline{OQ_0} = \frac{1}{2}(半径)^2$$
他の任意の直線 APQ に対して，
$$\triangle POQ < \frac{1}{2}\overline{OP}\times\overline{OQ} = \frac{1}{2}(半径)^2$$

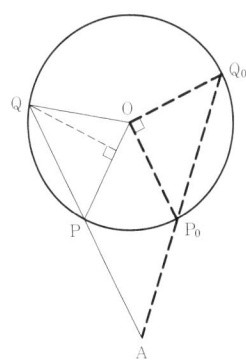

図-解答 5-6

問題 7 線分 AB の中点 C と円の中心 O をむすぶ線分が円 O と交わる点 P_0 が求める点である．このとき，$\overline{P_0A}^2 + \overline{P_0B}^2$ が最小となる．

三角形の中線定理（第 3 章）を使えば，
$$\overline{P_0A}^2 + \overline{P_0B}^2 = 2(\overline{P_0C}^2 + \overline{AC}^2)$$
円 O 上の他の任意の点 P について，$\overline{PA}^2 + \overline{PB}^2 = 2(\overline{PC}^2 + \overline{AC}^2) > 2(\overline{P_0C}^2 + \overline{AC}^2) = \overline{P_0A}^2 + \overline{P_0B}^2$.

問題 8 B を通り AB に垂直な弦 DE をとれば，$\overline{AD}\times\overline{AE}$ が最大となる．B を通る任意の弦 PQ について，つぎの関係が成り立つことに注目すればよい．
$$\overline{AP}\times\overline{AQ} = \overline{AH}\times\overline{AK}$$
ここで，H は A から弦 PQ に下ろした垂線の足，K は半径 AO の延長が円 O と交わる点とする．この関係は，2 つの直角三角形 $\triangle APH, \triangle AKQ$ が相似となることを使って証明できる．$\angle APH = \angle AKQ$, $\angle AHP = \angle AQK = 90° \Rightarrow \overline{AP}:\overline{AK} = \overline{AH}:\overline{AQ}$.

同じように，B を通り AB に垂直な弦 DE をとれ，$\overline{AD}\times\overline{AE}=\overline{AB}\times\overline{AK}$. ここで，$\overline{AB}>\overline{AH}$. したがって，$\overline{AD}\times\overline{AE}>\overline{AP}\times\overline{AQ}$.

問題 9 線分 OA の中点 M から OX, OY に下ろした垂線の足 B, C が求める点である．このとき，$\overline{AB}^2 + \overline{BC}^2 + \overline{CA}^2$ が最小となる．

$\triangle APO, \triangle AQO$ について，三角形の中線定理を適用すれば
$$\overline{AP}^2 + \overline{PO}^2 = 2(\overline{PM}^2 + \overline{OM}^2)$$
$$\overline{AQ}^2 + \overline{QO}^2 = 2(\overline{QM}^2 + \overline{OM}^2)$$
この 2 つの関係式を足し合わせて，ピタゴラスの定理を使うと
$$\overline{AP}^2 + \overline{PQ}^2 + \overline{QA}^2 = 2(\overline{PM}^2 + \overline{QM}^2) + 4\overline{OM}^2$$
とくに，$\overline{AB}^2 + \overline{BC}^2 + \overline{CA}^2 = 2(\overline{BM}^2 + \overline{CM}^2) + 4\overline{OM}^2$.
$$\overline{PM} > \overline{BM},\ \overline{QM} > \overline{CM}$$
$$\Rightarrow \overline{AP}^2 + \overline{PQ}^2 + \overline{QA}^2 > \overline{AB}^2 + \overline{BC}^2 + \overline{CA}^2$$

問題 10 ABC の重心を G とすれば，$\overline{GA}^2 + \overline{GB}^2 + \overline{GC}^2$ が最小となる．$\overline{PA}=x, \overline{PB}=y, \overline{PC}=z, \overline{GA}=a, \overline{GB}=b, \overline{GC}=c$ とおく．

レンマ 辺 BC の中点を M，三角形 $\triangle PMA$ の底辺 MA を $1:2$ に内分する点を G として，$\overline{PM}=p$, $\overline{PA}=x, \overline{PG}=w, \overline{MG}=\frac{1}{2}a, \overline{GA}=a$ とおけば，
$$3w^2 = 2p^2 + x^2 - \frac{3}{2}a^2.$$

レンマの証明 GA の中点を D とし，$\overline{PD}=v$ とおく．$\triangle PMD, \triangle PGA$ について，三角形の中線定理を使って，$p^2 + v^2 = 2w^2 + \frac{1}{2}a^2$, $w^2 + x^2 = 2v^2 + \frac{1}{2}a^2$.

第 1 式 $\times 2$ + 第 2 式
$$2p^2 + w^2 + x^2 = 4w^2 + \frac{3}{2}a^2$$
Q. E. D.

2 つの三角形 $\triangle PBC, \triangle GBC$ について，三角形の中線定理を適用すれば
$$y^2 + z^2 = 2p^2 + 2q^2,\ b^2 + c^2 = \frac{1}{2}a^2 + 2q^2 \quad (\overline{BM}=q)$$
この 2 つの式から $2q^2$ を消去すれば，
$$2p^2 = y^2 + z^2 - b^2 - c^2 + \frac{1}{2}a^2$$
この式とレンマの関係式から $2p^2$ を消去すれば，
$$x^2 + y^2 + z^2 - a^2 - b^2 - c^2 = 3w^2 \geq 0$$

問題 11 正三角形 $\triangle P_0Q_0R_0$ が求める三角形である．底辺 $PQ = P_0Q_0$ が一致する円 O の 2 つの内接三角形 $\triangle P_0Q_0R_0, \triangle PQR$ を比較すると，二等辺三角形の方が面積が大きい．このことから，帰謬法を使えば，定円 O に内接する三角形 $\triangle PQR$ のなかで正三

角形 △P₀Q₀R₀ の面積が最大であることがわかる.

問題 12 正三角形 △P₀Q₀R₀ が求める三角形である. 頂点 P=P₀ が一致する円 O の 2 つの外接三角形 △P₀Q₀R₀, △PQR を比較すると, 二等辺三角形の方が面積が小さい. このことはつぎのようにして証明することができる. いま, $\overline{PQ} > \overline{PR}$ の場合を考えて, QR と Q₀R₀ の交点を K とすれば, $\overline{QK} > \overline{KR}$. Q₀ を通って PR に平行な直線が QK と交わる点を S とすれば, $\overline{Q_0 S} > \overline{RR_0}$. また,

∠Q₀SQ = ∠PRK > ∠PR₀K = ∠PQ₀R₀ > ∠Q₀QS
⇒ $\overline{Q_0 Q} > \overline{Q_0 S} > \overline{RR_0}$

したがって, △PQR の周の長さの方が △P₀Q₀R₀ より大きい. △PQR = $\frac{1}{2}$×(円 O の半径)×(△PQR の周の長さ), △P₀Q₀R₀ = $\frac{1}{2}$×(円 O の半径)×(△P₀Q₀R₀ の周の長さ) だから, △PQR > △P₀Q₀R₀. このことから, 帰謬法を使えば, 定円 O に外接する三角形 △PQR のなかで正三角形 △P₀Q₀R₀ の面積が最小であることがわかる.

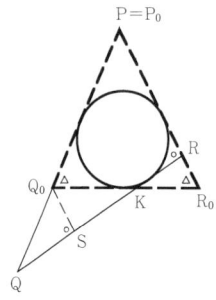

図-解答 5-12

❖ 第 6 章 軌 跡

問 題 (I)

問題 1 重心 G を通り, △ABC の 2 つの辺 AB, AC と平行な直線が底辺 BC と交わる点を D, E とする. 重心 G は頂点 A と底辺 BC の中点 M をむすぶ線分 AM を 2:1 の比に内分する点だから, D, E は線分 BM, MC をそれぞれ 2:1, 1:2 の比に内分する点となる. したがって, D, E は BC を三等分する点となり, ∠DGE = ∠A = α.

重心 G は線分 DE を弦とする円周角が α の円の弧の上にある.

逆に, 線分 DE を弦とする円周角が α の円の弧の上の任意の点 G をとる. DE の中点を M として, MG を G をこえて 2 倍の長さだけ延長した点を A とする. $\overline{AG} = 2\overline{MG}$.

A を通り GD, GE に平行な直線を引くと, DE の延長と交わる点はそれぞれ B, C となり, ∠A = α, G は △ABC の重心となる. 重心 G の軌跡は線分 DE を弦とする円周角 α の円の弧である.

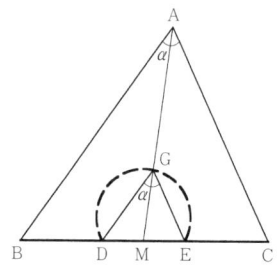

図-解答 6-I-1

問題 2 内心 I と各頂点 A, B, C をむすぶ線分は各内角の二等分線となっている. α=∠A, β=∠B, γ=∠C とおけば, α+β+γ=180°.

∠IAB = ∠IAC = $\frac{α}{2}$, ∠IBA = $\frac{β}{2}$, ∠ICA = $\frac{γ}{2}$

∠BIC = (∠IAB+∠IBA)+(∠IAC+∠ICA)
= $\left(\frac{α}{2}+\frac{β}{2}\right)+\left(\frac{α}{2}+\frac{γ}{2}\right)$
= $\frac{α}{2}+\left(\frac{α}{2}+\frac{β}{2}+\frac{γ}{2}\right) = \frac{α}{2}+90°$

内心 I は線分 BC を弦として円周角が $\frac{α}{2}+90°$ の弧の上にある.

逆に, 線分 BC を弦として円周角が $\frac{α}{2}+90°$ の弧の上の任意の点 I をとる. B, C を通り, BI, CI とそれぞれ ∠IBC, ∠ICB の角度をなす直線を引き, その交点を A とすれば, ∠A=α, I は △ABC の内心となる. 内心 I の軌跡は線分 BC を弦として円周角が $\frac{α}{2}+90°$ の弧である.

問題 3 傍心 I と各頂点 A, B, C をむすぶ線分はそれぞれ ∠A の内角, ∠B, ∠C の外角の二等分線となっている.

α=∠A, β=∠B, γ=∠C とおけば,

$$\alpha + \beta + \gamma = 180°$$
$$\angle \text{IAB} = \angle \text{IAC} = \frac{\alpha}{2}, \quad \angle \text{IBA} = 90° + \frac{\beta}{2},$$
$$\angle \text{ICA} = 90° + \frac{\gamma}{2}$$
$$\angle \text{BIC} = 360° - \angle \text{A} - \angle \text{IBA} - \angle \text{ICA}$$
$$= 360° - \alpha - \left(90° + \frac{\beta}{2}\right) - \left(90° + \frac{\gamma}{2}\right)$$
$$= 180° - \frac{\alpha}{2} - \left(\frac{\alpha}{2} + \frac{\beta}{2} + \frac{\gamma}{2}\right) = 90° - \frac{\alpha}{2}$$

逆に，線分 BC を弦として円周角が $90° - \frac{\alpha}{2}$ となるような弧の上の任意の点 I をとる．B, C において線分 BC に対して，それぞれ $2 \times \angle \text{IBC}$, $2 \times \angle \text{ICB}$ の角度をなす直線を引き，その交点を A とすれば，△ABC の ∠A のなかにある傍心は I, ∠A=α となる．求める軌跡は与えられた線分 BC を弦とする円周角 $90° - \frac{\alpha}{2}$ の弧である．

問題 4 △APC≡△CQB ⇒ ∠ACP = ∠CBQ.
$$\angle \text{BRC} = 180° - \angle \text{CBQ} - \angle \text{PCB}$$
$$= 180° - \angle \text{CBQ} - (60° - \angle \text{ACP}) = 120°$$
したがって，R は線分 BC を弦として円周角が 120° の弧の上にある．

逆に，線分 BC を弦として円周角が 120° の弧の上の任意の点 R をとる．CR, BR の延長が △ABC の辺 AB, AC と交わる点をそれぞれ P, Q とすれば，$\overline{\text{AP}} = \overline{\text{CQ}}$. 求める軌跡は線分 BC を弦として円周角が 120° の弧である．

問題 5 2 つの直角三角形 △QBP, △QBR は合同となるから，∠PQB = ∠RQB. QR∥AB だから，∠ABQ = ∠RQB. △QAB は二等辺三角形となり，$\overline{\text{AQ}} = \overline{\text{AB}}$. Q は A を中心とする半径 $\overline{\text{AB}}$ の半円上にある．

逆に，A を中心とする半径 $\overline{\text{AB}}$ の半円上に任意の点 Q をとる．線分 AQ と円 O の交点を P とし，Q から直線 ℓ に下ろした垂線の足を R とする．△QAB は二等辺三角形だから，∠AQB = ∠ABQ. QR∥AB だから，∠BQR = ∠ABQ. したがって，∠AQB = ∠BQR. ゆえに，△QBP≡△QBR, $\overline{\text{PQ}} = \overline{\text{QR}}$. 求める軌跡は，A を中心とする半径 $\overline{\text{AB}}$ の半円となる．

問題 6 R は円 O の弦 PQ の中点だから，∠ARO = 90°. したがって，R は AO を直径とする円の上にあって，与えられた円 O のなかにある．

逆に，AO を直径とする円の上にあって，与えられた円 O のなかから任意に点 R をとる．線分 AR とその延長が円 O と交わる点をそれぞれ P, Q とすれば，∠ARO=90° だから，R は弦 PQ の中点となる．

求める軌跡は AO を直径とする円周の一部で，与えられた円 O のなかの部分である．

問題 7 A と円 O の中心をむすぶ線分 AO を 1 辺とする正三角形を △AOO' とする．O' は正三角形 △AOO' の第 3 の頂点である．2 つの三角形 △AOP, △AO'Q について
$$\overline{\text{AO}} = \overline{\text{AO}'}, \quad \overline{\text{AP}} = \overline{\text{AQ}}, \quad \angle \text{OAP} = \angle \text{O}'\text{AQ}$$
したがって，△AOP≡△AO'Q, $\overline{\text{O}'\text{Q}} = \overline{\text{OP}}$.

Q は O' を中心として円 O と同じ大きさの円 O' の上にある．

逆に，O' を中心として円 O と同じ大きさの円 O' の上に任意に点 Q をとって，AQ を 1 辺とする正三角形 △APQ を円 O の側にえがくと，第 3 の頂点 P は円 O 上にある．求める軌跡は，O' を中心として円 O と同じ大きさの円 O' である．

問題 8 A を 1 つの頂点とし，辺 BC が直線 ℓ 上にあるような正三角形を △ABC とする(∠A = ∠B = ∠C=60°)．問題の条件をみたす正三角形 △APQ (∠PAQ = ∠APQ = 60°) を考える．△ACQ, △ABP について，∠CAQ = ∠BAP, $\overline{\text{AC}} = \overline{\text{AB}}$, $\overline{\text{AQ}} = \overline{\text{AP}}$. したがって，△ACQ≡△ABP, ∠ACQ = ∠ABP = 60°. ゆえに，Q は C を通り，直線 ℓ と 60° の角度をなす直線(ただし，A を通らない方)の上にある．

逆に，この直線上の任意の点 Q に対して，$\overline{\text{AP}} = \overline{\text{AQ}}$ となるような点 P を直線 ℓ 上にとれば，△ABP≡△ACQ, ∠PAQ = ∠BAC = 60°. したがって，△APQ は正三角形となる．求める軌跡は，B, C を通り，直線 ℓ と 60° の角度をなす直線(ただし，A を通らない方)となる．

問題 9 P における円 O, 円 O' の共通の接線が直線 ℓ と交わる点を C とすれば
$$\overline{\text{CA}} = \overline{\text{CP}}, \quad \overline{\text{CB}} = \overline{\text{CP}}$$
したがって，C は線分 AB の中点となり，△PAB は直角三角形となる．P は線分 AB を直径とする円の上にある．

逆に，線分 AB を直径とする円上の任意の点 P

をとる．ABの中点をCとして，PにおいてPCに垂直な直線が，A,Bにおいて直線ℓに立てた垂線と交わる点をそれぞれO, O'とする．O, O'を中心として，半径がそれぞれ$\overline{OA}$, $\overline{O'B}$の円O, O'をえがくと，円O, O'は直線ℓに接し，かつお互いに接する．求める軌跡は，線分ABを直径とする円である．

問題10 Aと円の中心Oを2つの頂点とし，3つの角が与えられた大きさα, β, γをもつ三角形の第3の頂点をO'とする．AOと円Oの交点Bを通り，OO'に平行な直線を引き，AO'との交点をCとすれば，O'を中心として，半径$\overline{CO'}$の円が求める軌跡である．問題の条件をみたす任意の三角形$\triangle APQ$に対して，$\triangle AOO' \circ \triangle APQ \Rightarrow \triangle AOP \circ \triangle AO'Q \Rightarrow \overline{AO'}:\overline{QO'}=\overline{AO}:\overline{PO}$．

また，$BC \parallel OO'$, $\overline{BO}=\overline{PO}$に注目して，
$$\overline{AO}:\overline{CO'}=\overline{AO}:\overline{BO}=\overline{AO}:\overline{PO}$$

したがって，$\overline{QO'}=\overline{CO'}$．ゆえに，Qは，O'を中心とする半径$\overline{CO'}$の円の上にある．

逆に，O'を中心として半径$\overline{CO'}$の円上の任意の点Qをとる．AOを1辺として，$\triangle AO'Q$と相似となるような三角形$\triangle AOP$をつくれば
$$\triangle APQ \circ \triangle AOO'$$
$$\overline{AO}:\overline{PO}=\overline{AO'}:\overline{QO'}=\overline{AO'}:\overline{CO'}$$
$$[\overline{QO'}=\overline{CO'} だから]$$
$$\overline{AO}:\overline{BO}=\overline{AO'}:\overline{CO'} \quad [BC \parallel OO' だから]$$
したがって，$\overline{PO}=\overline{BO}$．Qの軌跡はO'を中心として半径$\overline{CO'}$の円となる．

問題11 線分ABの中点をM，AMの中点をK，$\overline{AM}=\overline{MB}=a$, $\overline{AK}=\dfrac{a}{2}$, $\overline{PA}=x$, $\overline{PB}=y$, $PM=m$, $\overline{PK}=z$とおけば，三角形の中線定理によって
$$x^2+y^2=2(m^2+a^2), \quad x^2+m^2=2\left(z^2+\dfrac{a^2}{4}\right)$$

第2の式を2倍して，第1の式と足し合わせれば，$3x^2+y^2=4z^2+4a^2$．したがって，$3x^2+y^2=$一定 $\Leftrightarrow z^2=$一定．求める軌跡はKを中心として，zを半径とする円となる．

問題12 Pから2つの円A, Bに引いた接線の接点Q, Rに対して，$\overline{PQ}=\overline{PR}$とする．直角三角形$\triangle PQA$, $\triangle PRB$に対してピタゴラスの定理を適用して
$$\overline{PA}^2 = \overline{PQ}^2+\overline{QA}^2, \quad \overline{PB}^2 = \overline{PR}^2+\overline{RB}^2$$

$$\overline{PA}^2-\overline{PB}^2 = \overline{QA}^2-\overline{RB}^2 = 一定$$
PからABに下ろした垂線の足をCとすると，$\overline{CA}^2-\overline{CB}^2=\overline{PA}^2-\overline{PB}^2=$一定．したがってCは定点．

Pの軌跡は，Cを通り線分ABに垂直な直線となる．

問 題 (II)

問題1 $\overline{AB}>\overline{AC}$とする．PQの延長と辺BCの交点をHとすれば，PH⊥BC, CA⊥PB．したがって，Qは三角形$\triangle PBC$の垂心となり，$\angle BRC=90°$．ゆえに，RはBCを直径とする半円上にある．

逆に，BCを直径とする半円上の任意の点Rを考える．CR, BRあるいはその延長と$\triangle ABC$の辺AB, ACあるいはその延長と交わる点をそれぞれP, Qとすれば，PQ⊥BC. 求める軌跡はBCを直径とする半円となる．

問題2 $\angle A$, $\angle D$の二等分線が底辺BCあるいはその延長と交わる点をそれぞれE, Fとすれば，$\angle EPF=90°$. $\overline{BE}=\overline{AB}$, $\overline{CF}=\overline{DC}$だから，E, Fは定点である．よってPはEFを直径とする半円上にある．

逆に，EFを直径とする半円上に任意の点Pをとる．EP, FPの延長上に$\overline{AB}=\overline{BE}$, $\overline{DC}=\overline{CF}$となるような点A, Dをとれば，□ABCDは平行四辺形となり，Pは$\angle A$, $\angle D$の二等分線の交点となる．求める軌跡はEFを直径とする半円となる．

問題3 PはABを弦として，円周角$180°-\dfrac{1}{2}\theta$ ($\theta=\angle ACB$)の弧の上にある．$\alpha=\angle OPA=\angle OAP$, $\beta=\angle O'PB=\angle O'BP$とおけば
$$\angle CAP = 90°+\alpha, \quad \angle APB = 180°+\alpha-\beta,$$
$$\angle PBC = 90°-\beta, \quad \theta+2\alpha-2\beta = 0°$$
$$\angle APB = 180°+\alpha-\beta = 180°-\dfrac{1}{2}\theta$$

したがって，Pは線分ABを弦として，円周角$180°-\dfrac{1}{2}\theta$の弧の上にある．

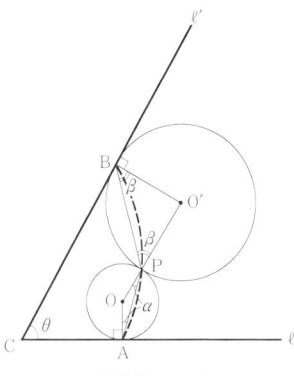

図-解答 6-II-3

問題 4 □PAQB は，線分 PQ を直径とする円に内接する．この円の中心 R から AB に下ろした垂線の足 M は AB の中点となる．また，Q から AB に下ろした垂線の足を D とすれば，$\overline{DM} = \overline{CM}$ となる．

逆に，AB の中点 M をとり，AB 上に $\overline{DM} = \overline{CM}$ となる点 D をとる．D において AB に直交する直線上の任意の点 Q をとる．M で AB に立てた垂線上に点 R を，$\overline{RA} = \overline{RQ}$ となるようにとり，QR の延長が直線 ℓ と交わる点を P とすれば，PA⊥QA，PB⊥QB．求める軌跡は D において AB に立てた垂線となる．

問題 5 BQ を Q をこえて延長し，AP と交わる点を R とすれば
$$\angle RPQ = \angle BPQ, \quad \angle RQP = \angle BQP = 90°$$
したがって，△PRQ ≡ △PBQ, $\overline{PR} = \overline{PB}$.
$$\overline{AR} = \overline{PA} - \overline{PR} = k$$
線分 AB の中点を M とすれば，$\overline{MQ} = \frac{1}{2}\overline{AR} = \frac{k}{2}$.

Q は AB の中点 M を中心とする半径 $\frac{k}{2}$ の円の上にある．

逆に，AB の中点 M を中心とする半径 $\frac{k}{2}$ の円上の任意の点 Q をとる．BQ を Q をこえて等しい長さだけ延長した点を R とし，AR と，Q において QB に垂直に立てた直線との交点を P とする．PQ は △PAB の頂点 P の角の二等分線で，PQ⊥QB，$\overline{PA} - \overline{PR} = k$．求める軌跡は AB の中点 M を中心とする半径 $\frac{k}{2}$ の円となる．[この問題で，点 P の軌跡は双曲線となります．第 6 章 2「軌跡の例題」の

例題 3 の場合，点 P の軌跡は楕円です．]

問題 6 AB を弦として，CB と B で接する円の中心を K とすれば，∠KAB = ∠KBA，∠KBC = 90°．

線分 KA が △PAQ の外接円と交わる A 以外の点を S とすれば，∠PQS = ∠PAS = ∠KBA.

また，∠AQC，∠ABC はともに弧 AC の円周角だから，∠AQC = ∠ABC．ゆえに，∠AQS = ∠AQP + ∠PQS = ∠ABC + ∠KBA = 90°．したがって，△PAQ の外心 R は A と K をむすぶ線分 AK 上にある．

逆に，A と K をむすぶ線分 AK 上の任意の点 R をとる．R を中心として，AR を半径とする円をえがいて，円 O の弦 AB，弧 AB との交点をそれぞれ P, Q とすれば，C, P, Q は一直線上にある．

求める軌跡は A と K をむすぶ線分 AK である．

問題 7 2 つの二等辺三角形 △OPA，△O'QA に注目して
$$\angle OPA = \angle OAP, \quad \angle O'QA = \angle O'AQ$$
$$\angle ORO' = 180° - (\angle RPQ + \angle RQP)$$
$$= 180° - (\angle OAP + \angle O'AQ) = \angle OAO'$$
ゆえに，R は OO' を弦として，円周角が ∠OAO' となるような弧の上にある．

逆に，OO' を弦とする円周角 ∠OAO' の弧上の任意の点 R をとる．RO，RO' の延長が円 O, O' と交わる点をそれぞれ P, Q とすれば，P, A, Q は一直線上にある．

求める軌跡は OO' を弦とする円周角 ∠OAO' の弧（A と反対側）である．

問題 8 P, A, B から対辺 AB, BP, AP に下ろした垂線の足をそれぞれ D, E, F とすれば，□PFQE は円に内接するから，∠AQB = 180° - ∠EPF = 180° - α．Q は AB を弦とする円周角 180° - α の弧 AB の上にある．

逆に，AB を弦とする円周角 180° - α の弧 AB 上の任意の点 Q をとる．A から BQ におろした垂線の足を F，B から AQ におろした垂線の足を E として，AF と BE の交点を P とすれば，∠APB = α，Q は △PAB の垂心となる．求める軌跡は AB を弦とする円周角が 180° - α の弧 AB である．

問題 9 直線 OX, OY 上に，$\overline{OE} = \overline{AB}$，$\overline{OF} = \overline{CD}$ となるような点 E, F をとる．
$$\triangle POE = \triangle PAB, \quad \triangle POF = \triangle PCD$$
$$\triangle POE + \triangle POF = \triangle PAB + \triangle PCD = k$$

$$\triangle PEF = k - \triangle OEF = 一定$$
$$\triangle PEF の高さ = 一定 (h)$$
P は線分 EF に平行で高さ h の線分上にある.

逆も明らか. 求める軌跡は, EF に平行で, 高さ h の直線が OX, OY と交わる点を K, M とするとき, 線分 KM となる.

問題 10 $\angle APH = \alpha$, $\angle BPH = \beta$ とおけば, $\alpha + \beta > 90°$ は一定となる.
$$\angle AQB = 360° - (\angle APB + \angle PAQ + \angle PBQ)$$
$$= 360° - 2(\alpha + \beta)$$
逆も明らか. 求める軌跡は, AB に対する円周角が $360° - 2(\alpha + \beta)$ となるような円の弧 AB である.

問題 11 線分 OA 上に, $\overline{OA} : \overline{O'A} = k : 1$ となるような点 O' をとれば, $\overline{O'Q} \parallel \overline{OP}$, $\overline{O'Q} = \dfrac{1}{k}\overline{OP}$ だから, Q は O' を中心とし半径が $\dfrac{1}{k}\overline{OP}$ の円周上にある. 逆も明らか.

求める軌跡は, 線分 OA 上の, $\overline{OA} : \overline{O'A} = k : 1$ となるような点 O' を中心とする, 半径が円 O の半径の $\dfrac{1}{k}$ の円となる.

問 題 (III)

問題 1 円 P と円 O の交点を Q とすれば, $\angle PQO = 90°$. したがって, OQ は円 P の接線となる. 円 P が AO あるいはその延長と交わる点を R とすれば
$$\overline{OA} \times \overline{OR} = \overline{OQ}^2 = (円 O の半径)^2$$
R は定点となり, 円 P の中心 P は AR の垂直二等分線上にある.

逆に, AR の垂直二等分線上にある点 P を中心として, 半径 PA の円 P をえがけば, 円 P は円 O と直交する. 求める軌跡は, AR の垂直二等分線となる.

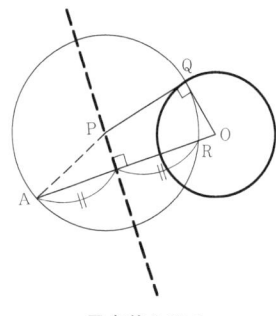

図-解答 6-III-1

問題 2 四角形 □RPCQ は円に内接するから, $\angle PRC = \angle PQC = 45°$. したがって, $\angle ARC = \angle ARP + \angle PRC = 90° + 45° = 135°$. R は AC の円周角が 135° に等しいような弧の上にある.

逆に, AC の円周角が 135° に等しいような弧の上の任意の点 R が与えられたとき, AR の延長が CD と交わる点を Q とし, R において AQ に立てた垂線が BC と交わる点を P とすれば, $\overline{PC} = \overline{QC}$.

求める軌跡は, AC の円周角が 135° に等しいような弧である.

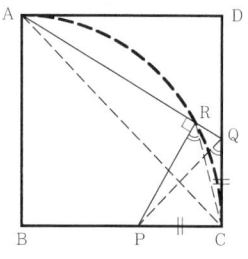

図-解答 6-III-2

問題 3 C から PB および PD の延長に下ろした垂線の足をそれぞれ Q, R とする. $\angle BPC = \angle CPD$ だから, $\triangle PQC \equiv \triangle PRC \Rightarrow \overline{QC} = \overline{RC}$. したがって, $\triangle QBC \equiv \triangle RDC \Rightarrow \angle QBC = \angle RDC$.

したがって, □PBCD は円に内接し, P は □ABCD の外接円の劣弧 AD 上にある.

逆に, P が正方形 □ABCD の外接円の劣弧 AD 上にあるとき, $\angle APB = \angle BPC = \angle CPD$.

求める軌跡は □ABCD の外接円の劣弧 AD である.

問題 4 $\triangle APM$, $\triangle AQN$ はともに二等辺三角形となるから
$$\angle MPA = \angle MAP, \quad \angle NQA = \angle NAQ$$
$$\angle MRN = 180° - \angle RPQ - \angle RQP$$
$$= 180° - \angle MAP - \angle NAQ = \angle A$$
辺 BC の中点を K とすれば, $\angle MRN = \angle A = \angle MKN$. したがって, R は $\triangle MKN$ の外接円上にある.

逆に, R が $\triangle MKN$ の外接円の弧 MKN 上にあるとき, RM, RN の延長にそれぞれ P, Q をとり, $\triangle APM$, $\triangle AQN$ が二等辺三角形となるようにすれば, P, A, Q は一直線上に位置し, BP, CQ はこの直線に垂直となる. 求める軌跡は $\triangle MKN$ の外接円の弧 MKN である.

問題 5 Q, R を通り PR, PQ に平行な 2 つの直線の交点を T とすれば，□TQPR は平行四辺形となり，S は対角線 PT の中点となる（第 1 章 問題 II-1）．また，△TAQ と △BTR と △BAP は合同となり，△TAB は正三角形となる．TA, TB の中点を M, N とすれば

SM ∥ PA, SN ∥ PB ⇒ ∠MSN = ∠APB = α

ゆえに，S は MN を弦として円周角 α の弧の上にある．

逆に，MN を弦として円周角 α の弧上の任意の点 S に対して，AM, BN の延長の交点を T とし，TS を等しい長さだけ延長した点を P とする．与えられた点 S は，△PAB について問題の条件をみたす点 S となる．点 S の軌跡は MN を弦として円周角 α の弧である．

問題 6 BP を 1 辺とする正三角形 △PBQ を △ABP の外側につくれば，

$\overline{AB} = \overline{CB}$, $\overline{PB} = \overline{QB}$, ∠ABP = ∠CBQ
⇒ △ABP ≡ △CBQ ⇒ $\overline{AP} = \overline{CQ}$

したがって，$\overline{CQ}^2 = \overline{QP}^2 + \overline{CP}^2$ ⇒ ∠QPC = 90°．

ゆえに，∠BPC = ∠BPQ + ∠QPC = 60° + 90° = 150°．P は BC を弦として円周角 150° の弧の上にある．

逆に，BC を弦として円周角 150° の弧上の点 P に対して，BP を 1 辺とする正三角形 △PBQ を △ABP の外側につくれば

△ABP ≡ △CBQ, $\overline{AP} = \overline{CQ}$,
∠QPC = 150° − 60° = 90°
$\overline{AP}^2 = \overline{CQ}^2 = \overline{QP}^2 + \overline{CP}^2 = \overline{BP}^2 + \overline{CP}^2$

求める軌跡は BC を弦として円周角 150° の弧である．

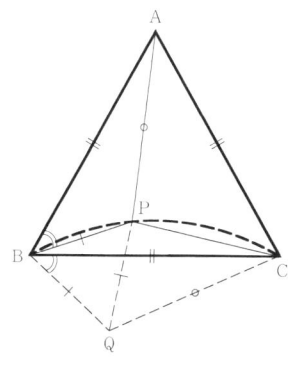

図-解答 6-III-6

問題 7 R から AO に下ろした垂線の足を S とし，RO と PQ の交点を T とすれば，∠ASR = ∠PTR = 90°．したがって，□RAST は円に内接するから

$\overline{OA} \times \overline{OS} = \overline{OR} \times \overline{OT}$

∠TRQ = 90° − ∠TQR = ∠TQO だから，OQ は △RTQ の外接円への接線となり

$\overline{OR} \times \overline{OT} = \overline{OQ}^2 = $ (円 O の半径)²
$\overline{OA} \times \overline{OS} = $ (円 O の半径)² = 一定

したがって，S は定点となる．

逆に，S において線分 AO に立てた垂線上で円 O の外の任意の点 R から円 O に引いた接線の接点を P, Q とすれば，A, P, Q は一直線上にある．

求める軌跡は S において線分 AO に立てた垂線上で円 O の外の部分である．

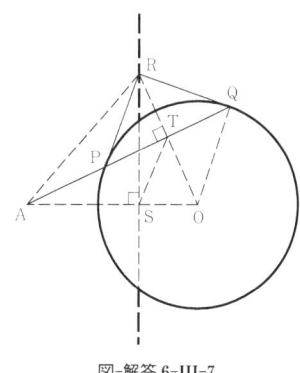

図-解答 6-III-7

問題 8 A と円 O の中心 O をむすぶ直線が円 O の円周と交わる点 P_0, P_1 を 1 辺とする正方形をそれぞれ □$AP_0Q_0R_0$, □$AP_1Q_1R_1$（□APQR と同じ向き）とする．

△RAR_0, △PAP_0 について，$\overline{RA} = \overline{PA}$，$\overline{R_0A} = \overline{P_0A}$，∠$RAR_0$ = ∠PAP_0．したがって，△RAR_0 ≡ △PAP_0
⇒ ∠RR_0A = ∠PP_0A．△RAR_1, △PAP_1 について，△RAR_1 ≡ △PAP_1 ⇒ ∠RR_1A = ∠PP_1A．∠R_0RR_1 = ∠RR_0A − ∠RR_1A = ∠PP_0A − ∠PP_1A = ∠P_0PP_1 = 90°．ゆえに，R は R_0R_1 を直径とする円上にある．

同じように，

△QAQ_0 ∽ △PAP_0 ⇒ ∠QQ_0A = ∠PP_0A
△QAQ_1 ∽ △PAP_1 ⇒ ∠QQ_1A = ∠PP_1A
∠Q_0QQ_1 = ∠QQ_0A − ∠QQ_1A = ∠P_0PP_1 = 90°

ゆえに，Q は Q_0Q_1 を直径とする円上にある．

逆に，Q, R がそれぞれ Q_0Q_1, R_0R_1 を直径とする

円上にあるとき，Q において RQ に立てた垂線が円 O と交わる点を P とすれば（P は QR に対し A と同じ側にとる），□APQR は正方形となる．Q, R の軌跡はそれぞれ Q_0Q_1, R_0R_1 を直径とする円である．

問題 9 P から円 O_1, O_2 に引いた接線の接点をそれぞれ T_1, T_2 とすれば，2 つの直角三角形 $\triangle PT_1O_1$, $\triangle PT_2O_2$ は相似となり

$$\overline{PO_1} : \overline{PO_2} = \overline{T_1O_1} : \overline{T_2O_2} = r_1 : r_2$$

(r_1, r_2 は円 O_1, O_2 の半径)

したがって，P は，線分 O_1O_2 にかんする比例比 $r_1 : r_2$ のアポロニウスの円上にある．

逆に，線分 O_1O_2 にかんする比例比 $r_1 : r_2$ のアポロニウスの円上にある任意の点 P から 2 つの円 O_1, O_2 を見込む角は等しい．求める軌跡は線分 O_1O_2 にかんする比例比 $r_1 : r_2$ のアポロニウスの円である．

問題 10 Q を一端とする円 O, O′ の直径をそれぞれ QR, QR′ とすれば，$\angle QAR = \angle QBR' = 90°$, $\angle QRA = \angle QPA = \angle QR'B$. したがって，$\triangle QAR \sim \triangle QBR'$ $\Rightarrow \overline{QA} : \overline{QB} = \overline{QR} : \overline{QR'} = k$. 求める軌跡は線分 AB にかんする比例比 k のアポロニウスの円上にある．

逆に，線分 AB にかんする比例比 k のアポロニウスの円上にある任意の点 Q は，問題の条件をみたす 2 つの円 O, O′ の交点となる．求める軌跡は線分 AB にかんする k の比例比のアポロニウスの円である．

問題 11 定三角形の 3 角の大きさを α, β, γ とすれば，$\angle A = \alpha$, $\angle B = \beta$, $\angle C = \gamma$. 辺 BC が直線 ℓ の上にある特別な場合を $\triangle AB_0C_0$ とすれば，$\angle ACB = \angle AC_0B = \gamma$. したがって，□$ABC_0C$ は円に内接し，$\angle CC_0\ell = \angle BAC = \alpha$. ゆえに，C は定点 C_0 を通り直線 ℓ と α の角をなす直線上にある．

逆に，C_0 を通り直線 ℓ と α の角をなす直線上の任意の点 C に対して，定三角形に相似な三角形 $\triangle ABC$ をつくると，その頂点 B は直線 ℓ 上にある．

求める軌跡は C_0 を通り直線 ℓ と α の角をなす直線である．

問題 12 A を通る円 O の直径の両端を B, B′ とし，$\angle BAC = \alpha$, $\overline{AB} \times \overline{AC} = k$, $\angle B'AC' = \alpha$, $\overline{AB'} \times \overline{AC'} = k$ をみたす点を C, C′ とする．このとき，$\angle PAB = \angle QAC$, $\overline{AP} \times \overline{AQ} = \overline{AB} \times \overline{AC} \Rightarrow \overline{AP} : \overline{AB} = \overline{AC} : \overline{AQ}$. したがって，$\triangle APB \sim \triangle ACQ \Rightarrow \angle AQC = \angle PBA$. 同じようにして，$\triangle APB' \sim \triangle AC'Q \Rightarrow \angle AQC' = \angle PB'A$. したがって，$\angle CQC'$

$= \angle AQC - \angle AQC' = \angle PBA - \angle PB'A = \angle BPB'$
$= 90°$. 求める軌跡は，CC′ を直径とする円となる．
Q は CC′ を直径とする円周上にある．

問　題（IV：一定問題）

問題 1 半円 AB の反対側にある直径 AB と垂直な半径の端点が求める定点である．$\angle OPQ$ の二等分線が円 O と交わる点を C とする．$\angle OPC = \angle CPQ$. $\triangle OPC$ は二等辺三角形だから，$\angle OPC = \angle OCP$. したがって，$\angle CPQ = \angle OCP$, $PQ \parallel OC$, $\angle COQ = 90°$. C は半円 AB の反対側の円 O 上にあって，AB と垂直な半径の一端となる．

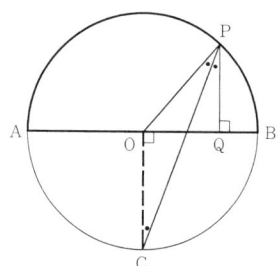

図-解答 6-IV-1

問題 2 半円 AB の反対側にある直径 AB と垂直な半径の端点が求める定点である．QR の延長が円 O（AB を直径とする円）と交わる点を C とする．$\triangle OQC$, $\triangle PQR$ はともに二等辺三角形だから，$\angle OCQ = \angle OQC$, $\angle PRQ = \angle PQR \Rightarrow \angle OCQ = \angle PRQ \Rightarrow PR \parallel OC$. したがって，$OC \perp AB$. QR の延長は，半円 AB の反対側にある直径 AB と垂直な半径の端点 C を通る．

問題 3 円 O の中心 O を通り，直線 ℓ と垂直な直線が，円 O と直線 ℓ から遠い側で交わる点 C が求める定点である．QR の延長が円 O と交わる点を C とすれば，$\triangle OCQ$, $\triangle PRQ$ がともに二等辺三角形となり，$\angle OCQ = \angle OQC = \angle PQR = \angle PRQ \Rightarrow CO \parallel PR \Rightarrow CO \perp \ell$.

問題 4 A から直線 OX, OY に下ろした垂線の足を B, C とすれば，$\triangle APB$, $\triangle AQC$ は合同となり，$\overline{OP} + \overline{OQ} = \overline{OB} + \overline{OC}$.

問題 5 □PQOR は直径 OP の円に内接し，弦 QR の円周角 $\angle AOD$ は一定となる．したがって，$\overline{QR} =$ 一定．

問題 6 直線 ℓ' にかんする A の対称点 C を中心と

して直線 ℓ' に接する円が求める定円である.

A から直線 ℓ' に下ろした垂線の足を B とおけば, $\angle BQC = \angle BQA$. 直線 $\ell \parallel \ell' \Rightarrow \angle BQA = \angle PAQ$, $\angle BQC = \angle PAQ = \dfrac{1}{2}\angle APQ$.

C から PQ の延長に下ろした垂線の足を R とすれば, $\angle BQR = \angle APQ = 2\angle BQC$ より $\angle RQC = \angle BQC$. $\angle QBC = \angle QRC = 90°$, $\triangle QBC$, $\triangle QRC$ は合同となり, $\overline{RC} = \overline{BC}$.

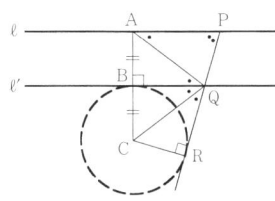

図-解答 6-IV-6

問題 7 A と円の中心 O をむすぶ線分 AO の中点 B を中心として, ある一定の長さの半径をもつ円が求める定円である.

R は弦 PQ の中点だから, $\angle ORQ = 90°$. ピタゴラスの定理によって, $\overline{RQ}^2 + \overline{RO}^2 = \overline{OQ}^2 =$ (円 O の半径)^2.

また, △PAQ は直角三角形だから, $\overline{RA} = \overline{RQ}$. $\overline{RA}^2 + \overline{RO}^2 = \overline{RQ}^2 + \overline{RO}^2 =$ (円 O の半径)^2 △RAO に三角形の中線定理を適用して,
$$\overline{RA}^2 + \overline{RO}^2 = 2(\overline{RB}^2 + \overline{AB}^2)$$
$$\overline{RB}^2 = \dfrac{1}{2}(円 O の半径)^2 - \overline{AB}^2$$

問題 8 P における接線が直線 ℓ と交わる点を Q とし, P から ℓ に下ろした垂線の足を R とする. A から PQ に下ろした垂線の足を S とすれば, $\triangle PQR \equiv \triangle AQS$, $\overline{PR} = \overline{AS}$. 他方, A から直線 ℓ' に下ろした垂線の足を B とすれば, $\overline{AB} = \overline{PR}$. したがって, $\overline{AS} = \overline{AB}$, $\angle ASP = \angle ABP = 90°$. ゆえに, P における接線 PQ は, A を中心とする半径 $\overline{AB}$ の円に接する.

問題 9 △AOB の外接円はすべて, 弦の長さ $\overline{AB}$ が等しく, その円周角 $\angle O$ も等しいから, 外接円の半径は一定の値 r をとる. △AOB の外接円の O を通る直径を OR とすれば, $\overline{OR} = 2r$ となり, △AOB の外接円は, 中心を O として半径 $2r$ の円に接する.

問題 10 △PQR の頂点 P は, 与えられた線分 AB を弦として円周角が $60°$ となるような円 O の上にある. △ABC が正三角形となるように, C を (AB に対して P と同じ側に) とる. このとき C も円 O の上にあり, $\angle CPA = \angle CBA = 60° = \angle PQR$ (P が C と B の間にある場合, C と A の間でも同じようにできる)$\Rightarrow OP \parallel QR$. したがって, C, P から対辺 QR に下ろした垂線の足をそれぞれ T, S とすれば, □CTSP は長方形となり, $\overline{CT} = \overline{PS}$.

したがって, △PQR の第3辺 QR は O を中心とする半径 $\overline{PS}$ の円に接する.

問題 11 △PQR の頂点 P は, 与えられた線分 AB を弦として円周角が $\angle P = \alpha$ となるような円 O の上にある. P を通って, 底辺 QR に平行な直線が円 O とふたたび交わる点を C とすれば, C は定点となる. 他の任意の △P'Q'R' の頂点 P' と C をむすぶとき, $CP' \parallel Q'R'$ となることを示せばよい. $CP \parallel QR$ だから, $\angle CPQ = \angle PQR$ ($\angle CPQ = 180° - \angle PQR$ もありうるが, 同じようにできる). △PQR $\equiv$ △P'Q'R' だから, $\angle P'Q'R' = \angle PQR$. また, $\angle CP'Q'$, $\angle CPQ$ はともに弦 CA の円周角だから, $\angle CP'Q' = \angle CPQ$. したがって, $\angle P'Q'R' = \angle CP'Q'$. すなわち, $CP' \parallel Q'R'$.

C から △PQR の辺 QR に下ろした垂線の足を H とすれば, CH の長さは △PQR の高さ h だから一定となる. したがって, △PQR の辺 QR は, C を中心とする半径 $h = \overline{CH}$ の円に接する.

❖ 第7章 作 図

問 題 (I)

問題 1 線分 O'A を A をこえて等しい長さだけ延長した点を C とする : $\overline{AC} = \overline{AO'}$.

△APC, △AQO' について, $\overline{AC} = \overline{AO'}$, $\overline{AP} = \overline{AQ}$, $\angle PAC = \angle QAO' \Rightarrow \triangle APC \equiv \triangle AQO' \Rightarrow \overline{CP} = \overline{O'Q}$.

作図 線分 O'A を A をこえて等しい長さだけ延長した点を C とする. $\overline{AC} = \overline{AO'}$.

C を中心として, 半径が円 O' の半径 $\overline{AO'}$ に等しい円をえがき, 円 O との交点を P とし, PA の延長が円 O' と交わる点を Q とすれば, $\overline{AP} = \overline{AQ}$.

問題 2 2つの三角形 △ABD, △ACD の外接円を円 O, O' とすれば, 頂点 A は円 O, O' の交点となる. 2つの円 O, O' について, $\angle BAD = \angle CAD = \dfrac{\alpha}{2}$,

$\overline{\mathrm{BD}}=b,\ \overline{\mathrm{CD}}=c$.

作図 長さ $b+c$ の線分 BC を引き，その上に $\overline{\mathrm{BD}}=b$ の点 D をとる．線分 BD, CD を弦として，円周角が $\dfrac{\alpha}{2}$ となるような円 O, O′ をえがき，その交点を A とすれば，△ABC が求める三角形となる．

問題3 BC の中点を D とし，AD, FD が BE と交わる点をそれぞれ G, K とする．G は △ABC の重心となり，$\overline{\mathrm{FG}}=\dfrac{1}{3}\overline{\mathrm{CF}}=\dfrac{c}{3}$．

また，FD ∥ AC だから，∠BFD =∠A= α，$\overline{\mathrm{BK}}=\dfrac{1}{2}\overline{\mathrm{BE}}=\dfrac{b}{2}$．

$$\overline{\mathrm{KG}}=\overline{\mathrm{BG}}-\overline{\mathrm{BK}}=\dfrac{2}{3}\overline{\mathrm{BE}}-\dfrac{1}{2}\overline{\mathrm{BE}}=\dfrac{1}{6}\overline{\mathrm{BE}}=\dfrac{b}{6}$$

作図 まず，円周角 α の弦 BK の長さが $\overline{\mathrm{BK}}=\dfrac{b}{2}$ となるような円 O をえがく．つぎに，線分 BK を K をこえて $\dfrac{b}{6}$ だけ延長した点 G をとり，G を中心として半径 $\dfrac{c}{3}$ の円 O′ をえがき，2つの円 O, O′ の交点を F とする．線分 BF を F をこえて等しい長さだけ延長した点を A とし，線分 FG を G をこえて2倍の長さだけ延長した点を C とすれば，△ABC が求める三角形である．

問題4 △ABC の重心を G とすれば

$$\overline{\mathrm{AG}}=\dfrac{2}{3}\overline{\mathrm{AD}}=\dfrac{2}{3}\ell,\quad \overline{\mathrm{BG}}=\dfrac{2}{3}\overline{\mathrm{BE}}=\dfrac{2}{3}m,$$

$$\overline{\mathrm{CG}}=\dfrac{2}{3}\overline{\mathrm{CF}}=\dfrac{2}{3}n$$

AD を D をこえて延長して，$\overline{\mathrm{GD}}=\overline{\mathrm{DK}}$ となるような点 K をとれば

$$\overline{\mathrm{BG}}=\dfrac{2}{3}m,\quad \overline{\mathrm{BK}}=\overline{\mathrm{CG}}=\dfrac{2}{3}n,$$

$$\overline{\mathrm{GK}}=2\overline{\mathrm{GD}}=\dfrac{2}{3}\ell$$

作図 3辺の長さが $\dfrac{2}{3}m,\dfrac{2}{3}n,\dfrac{2}{3}\ell$ の △GBK をえがく．KG を G をこえて等しい長さだけ延長した点を A とする．GK の中点を D とし，BD を D をこえて等しい長さだけ延長した点を C とすれば，△ABC が求める三角形である．

問題5 辺 BA を A をこえて AC に等しい長さだけ延長した点を D とすれば

$$\overline{\mathrm{AD}}=\overline{\mathrm{AC}},\qquad \overline{\mathrm{DB}}=\overline{\mathrm{AB}}+\overline{\mathrm{AC}}=s$$

$$\angle\mathrm{BDC}=\dfrac{1}{2}\angle\mathrm{BAC}=\dfrac{\alpha}{2}$$

作図 まず，長さ a の線分 BC を引き，BC を弦として円周角 $\dfrac{\alpha}{2}$ の弧をえがき，B を中心とする半径 s の円との交点を D とする．つぎに，BC を弦として円周角 α の弧をえがき，線分 BD との交点を A とする．△ABC が求める三角形である．

問題6 辺 BC を頂点 B, C をこえて延長して，$\overline{\mathrm{PB}}=\overline{\mathrm{AB}},\ \overline{\mathrm{QC}}=\overline{\mathrm{AC}}$ となる点 P, Q をとる．△BAP, △CAQ はともに二等辺三角形となり

$$\overline{\mathrm{PQ}}=\overline{\mathrm{PB}}+\overline{\mathrm{BC}}+\overline{\mathrm{CQ}}=\overline{\mathrm{AB}}+\overline{\mathrm{BC}}+\overline{\mathrm{CA}}=2s$$

∠B= β，∠C= γ ($\alpha+\beta+\gamma=180°$) とおけば

$$\angle\mathrm{PAB}=\dfrac{1}{2}\angle\mathrm{B}=\dfrac{\beta}{2},$$

$$\angle\mathrm{CAQ}=\dfrac{1}{2}\angle\mathrm{C}=\dfrac{\gamma}{2}$$

$$\angle\mathrm{PAQ}=\angle\mathrm{PAB}+\angle\mathrm{A}+\angle\mathrm{CAQ}$$

$$=\dfrac{\beta}{2}+\alpha+\dfrac{\gamma}{2}=90°+\dfrac{\alpha}{2}$$

作図 長さ $2s$ の線分 PQ を引き，PQ を弦として円周角 $90°+\dfrac{\alpha}{2}$ の弧をえがき，PQ に平行で高さ h の直線との交点を A とし，線分 AP, AQ の垂直二等分線が PQ と交わる点を B, C とすれば，△ABC が求める三角形となる．

問題7 辺 BC を頂点 B, C をこえて延長して，$\overline{\mathrm{PB}}=\overline{\mathrm{AB}},\ \overline{\mathrm{QC}}=\overline{\mathrm{AC}}$ となる点 P, Q をとれば

$$\overline{\mathrm{PQ}}=2s,\quad \angle\mathrm{APB}=\dfrac{\beta}{2},\quad \angle\mathrm{ACQ}=\dfrac{\gamma}{2}$$

作図 長さ $2s$ の線分 PQ を引き，P, Q から PQ とそれぞれ $\dfrac{\beta}{2},\dfrac{\gamma}{2}$ の角をなす直線を引き，その交点を A とする．線分 AP, AQ の垂直二等分線が PQ と交わる点をそれぞれ B, C とすれば，△ABC が求める三角形となる．

問題8 P は 3 つの三角形 △PBC, △PCA, △PAB の外接円の交点となる．また

$$\angle\mathrm{BPC}=\angle\mathrm{CPA}=\angle\mathrm{APB}=120°$$

作図 △ABC の各辺 BC, CA, AB 上の円周角が

120°となるような円をえがき，その交点 P を求めればよい．（この3つの円はかならず1点で交わる.）

問題9 □APQR の辺 QP を P をこえて線分 BR の長さだけ延長した点を C とする．$\overline{CP}=\overline{BR}$.

△ACP, △ABR について，$\overline{CP}=\overline{BR}$, $\overline{AP}=\overline{AR}$, ∠APC＝∠ARB＝90°⇒△ACP≡△ABR⇒$\overline{CA}=\overline{BA}$, ∠CAP＝∠BAR⇒∠CAB＝∠CAP＋∠PAB＝∠BAR＋∠PAB＝90°.

すなわち，線分 CA の長さは線分 BA の長さに等しく，∠CAB＝90°.

作図 $\overline{CA}=\overline{BA}$, ∠CAB＝90° となるような点 C をとる．C が円 O の外にある場合を考えることにして，C から円 O に引いた接線に A, B から下ろした垂線の足をそれぞれ P, Q とする．A を通り PQ に平行な直線を引き，BQ の延長と交わる点を R とすれば，□APQR が求める正方形となる．

問題10 A, B, C, D はそれぞれ辺 SP, PQ, QR, RS 上にあるとする．正方形 □PQRS の対角線 PR を引いて，△ABP, △CDR の外接円と交わる点をそれぞれ M, N とする．△ABP, △CDR はともに直角三角形だから，AB, CD は外接円の直径となり，∠APM＝∠DRN＝45°⇒M, N はそれぞれ弧 AB, 弧 CD の中点となる．

作図 □ABCD の相対する2つの辺 AB, CD を直径とする円をえがき，□ABCD の内側にとった弧 AB, 弧 CD の中点をそれぞれ M, N とする．2つの点 M, N をむすぶ直線が円 AB, 円 CD と交わるもう1つの点をそれぞれ P, R とする．直線 PB, CR の交点を Q とし，直線 PA, DR の交点を S とすれば，□PQRS が求める正方形となる．

問題11 辺 AB の方が辺 AC より長いとする．辺 AB の中点を M とし，BM を弦とする任意の円をえがき，A からこの円に引いた接線を AT とする．辺 AB 上に，$\overline{AP}=\overline{AT}$ となるような点 P をとり，P から辺 BC に平行な直線を引き，辺 AC との交点を Q とする．PQ が求める線分となる．

証明
$\overline{AT}^2=\overline{AM}\times\overline{AB}$ ⇒ $\overline{AB}:\overline{AT}=\overline{AT}:\overline{AM}$
また，$\overline{AP}=\overline{AT}$.
PQ∥BC ⇒ $\overline{AB}:\overline{AP}=\overline{AC}:\overline{AQ}$
したがって，$\overline{AP}:\overline{AM}=\overline{AC}:\overline{AQ}$⇒$\overline{AP}\times\overline{AQ}=\overline{AM}\times\overline{AC}=\frac{1}{2}\overline{AB}\times\overline{AC}$.

問題12 つぎのレンマを使って，辺 AB 上に点 P_0, 辺 BC 上に点 C_0, △ABC の内部に点 Q_0 をとって，辺 AB, BC の一部を2辺とする □$P_0BC_0Q_0$ をつくり
$$\overline{BP_0}=\overline{P_0Q_0}=\overline{Q_0C_0}, \quad \angle P_0BC_0=\angle B,$$
$$\angle Q_0C_0B=\angle C$$
という条件をみたすようにする．BQ_0 の延長が辺 AC と交わる点を Q とし，Q を通って P_0Q_0 に平行な直線が辺 AB と交わる点を P とすればよい．

レンマ 2つの角の大きさ β, γ が与えられている．つぎの条件をみたす（任意の大きさの）四角形 □$P_0BC_0Q_0$ を作図せよ．
$\overline{BP_0}=\overline{P_0Q_0}=\overline{Q_0C_0}$, $\angle P_0BC_0=\beta$, $\angle Q_0C_0B=\gamma$

レンマの解答 任意の線分 BC を引き，B を中心として，任意の半径 r の円をえがき，$\angle P_0BC=\beta$ をみたす点 P_0 をとる．P_0 を中心として同じ半径 r の円をえがく．同様に C を中心として半径 r の円をえがき，$\angle Q_0'CB=\gamma$ をみたす点 Q_0' をとる．Q_0' を通り，BC に平行な直線と，P_0 を中心とする円との交点が Q_0 となり，$\angle Q_0C_0B=\gamma$ となるような点 C_0 を BC 上にとればよい．

問 題（II）

問題1 線分 BC を直径とする円をえがき，弦 BC の同じ側の弧の上に D, E を $\overline{BD}=m$, $\overline{CE}=n$ となるようにとる．BE, CD の延長が交わる点を A とすれば，△ABC が求める三角形である．

問題2 $\angle BIC=\angle A+\angle ABI+\angle ACI=\angle A+\frac{1}{2}(\angle B+\angle C)=\angle A+\frac{1}{2}(180°-\angle A)=90°+\frac{\alpha}{2}$.

作図 長さ a の線分 BC を引き，BC を弦として，その円周角が $90°+\frac{\alpha}{2}$ に等しい円をえがく．弧 BC の上に弦 BC からの高さ r の点 I を求め，I を中心として半径 r の円をえがき，B, C から円 I に引いた接線の交点を A とすれば，△ABC が求める三角形である．

問題3 △ABC の辺 AC, AB と BH, CH の延長との交点をそれぞれ D, E とすると，∠ADH＝∠AEH＝90° より □AEHD は円に内接する．したがって ∠DHE＝∠BHC＝180°－α.

作図 まず，与えられた線分 BC を弦として円周角が 180°－α の円弧をえがき，B を中心とする半径 ℓ の円との交点を H とする．BC を弦として円周角が

α の円弧と，H を通る BC に垂直な直線との交点を A とすれば，△ABC が求める三角形となる．

問題 4 C を通り，辺 AB に平行な直線が AD の延長と交わる点を K とすれば
$$\angle DCK = \angle ABD, \quad \overline{AD}:\overline{DK} = \overline{BD}:\overline{DC} = p:q$$
$$\angle ACK = \angle ACD + \angle DCK = \angle ACD + \angle ABD$$
$$= 180° - \angle BAC = 180° - \alpha$$

作図 まず，長さ l の線分 AD を引き，線分 AD を $(p+q):q$ で外分する点 K を求める．
$$\overline{AD} = l, \quad \overline{AD}:\overline{DK} = p:q$$
AK を弦とし，その円周角が $180°-\alpha$ となるような円 O をえがき，D において AD に垂直な直線が円 O と交わる点を C とする．A を通り，CK に平行な直線が CD の延長と交わる点を B とすれば，△ABC が求める三角形となる．

問題 5 □RBPK は円に内接するから，∠BKP＝∠BRP＝180°－∠ARP．

また，∠QRP＝60°だから，∠BKP＝∠BRP＝120°－∠ARQ．

同じようにして，∠CKP＝∠CQP＝120°－∠AQR．

したがって，∠BKC＝∠BKP＋∠CKP＝240°－(∠ARQ＋∠AQR)＝60°＋∠A．

作図 各辺 BC, CA を弦として，円周角がそれぞれ $60°+\angle A$, $60°+\angle B$, $60°+\angle C$ となるような円をえがけば，この 2 つの円の交点 K が求める点となる．

問題 6 弦 AB の一端 A において AB に垂直な直線を立て，弦 AB の長さ $\overline{AB}$ に等しい点を K とし，K と弦 AB の中点 M をむすぶ直線が弧 AB と交わる点を P とする．P から AB に下ろした垂線の足を Q とし，P を通り AB に平行な直線が弧 AB と交わる点を S とし，S から AB に下ろした垂線の足を R とすれば，□PQRS が求める正方形である．

△PQM, △KAM は相似となるから，$\overline{PQ}:\overline{QM} = \overline{KA}:\overline{AM} = 2:1$．

したがって，$\overline{SR} = \overline{PQ}, \quad \overline{PS} = \overline{QR} = 2\overline{QM} = \overline{PQ}$．

ゆえに，□PQRS が正方形であることがわかる．

問題 7 C を通り弦 AB に平行で長さ l の線分 CK を引くと，□QCKR は平行四辺形となり
$$\angle KRD = \angle CPD = \alpha$$
(＝円 O の弦 CD に対する円周角)

作図 C を通り弦 AB に平行で長さ l の線分 CK を引く．KD を弦として，その円周角が α となるような円をえがき，弦 AB との交点を R とし，DR の延長が円 O と交わる点 P が求める点となる（2 点ある）．

問題 8 △PBQ に注目すると，∠P, ∠Q はそれぞれ円 O, O′ における弦 AB の円周角だから，一定の大きさをもつ．したがって，∠BRA も一定の大きさ α となる．

作図は，線分 AB を弦として円周角が α となるような円をえがき，B を中心として半径 l の円との交点を R とし，AR の延長が円 O, O′ と交わる点をそれぞれ P, Q とすればよい．

問題 9 AB, DC の延長の交点を E とすれば，□EBPD は円に内接する．

作図は，△EBD の外接円をえがき，対角線 AC との交点を P とすればよい．

問題 10 BC にかんする A の対称点を A′ とし，BA′ の延長が辺 DC の延長と交わる点を E とすれば，□PA′ED は円に内接する

作図は，△A′ED の外接円をえがき，辺 BC との交点を P とすればよい．

問題 11 PQ∥SR だから，∠PQB＋∠SRD＝∠C．

□PBQK, □RDSK はともに円に内接するから，∠PKB＝∠PQB, ∠SKD＝∠SRD．

また，□APKS も円に内接するから，∠PKS＝180°－∠A．

∠BKD ＝ ∠PKS＋(∠PKB＋∠SKD)
    ＝ (180°－∠A)＋∠C ＝ 180°－∠A＋∠C

ゆえに，K は BD を弦として，円周角が $180°-\angle A+\angle C$ の円の上にある．同じようにして，K は AC を弦として，円周角が $180°-\angle B+\angle D$ の円の上にある．

問題 12 まず，△PAB に注目する．アポロニウスの軌跡問題より線分 AC を $\overline{AB}:\overline{BC}$ の比で外分する点を E とすれば，P は BE を直径とする円の上にある．同じように，△PBD に注目し，線分 BD を $\overline{BC}:\overline{CD}$ の比で外分する点を F とすれば，P は CF を直径とする円の上にある．

問 題（Ⅲ）

問題 1 頂点 A, D を通り，EB, EC に平行な直線を引き，辺 BC の延長と交わる点を P, Q とし，線分 PQ の中点を F とすれば，EF が求める直線である．

△ABE, △PBE は底辺 EB を共有し，高さが等

しいから，△ABE＝△PBE．したがって，□ABFE
＝△ABE＋△EBF＝△PBE＋△EBF＝△EPF．
　同じようにして，□DCFE＝△EQF.
　　　　　□ABCD＝□ABFE＋□DCFE
　　　　　　　　＝△EPF＋△EQF＝△EPQ
F は PQ の中点であるから，△EPF＝△EQF＝$\frac{1}{2}$△EPQ，□ABFE＝□DCFE＝$\frac{1}{2}$□ABCD．

問題 2　辺 BC を C をこえて長さ l だけ延長した点を E とし，ED の延長と BA の延長の交点を F とする．F を通り辺 BC に平行な直線を引き，CD の延長との交点を P とする．さらに，E を通り CD に平行な直線を引き，AD，FP の延長と交わる点をそれぞれ Q, R とすれば，□PDQR が求める平行四辺形である．

　□PDQR が 1 辺の長さが l に等しい平行四辺形となることは明らかである．大きな平行四辺形 □FBER を考える．

　　□PDQR＝△FER−(△FDP＋△DEQ)，
　　□ABCD＝△FEB−(△FDA＋△DEC)
　　△FER＝△FEB，　△FDP＝△FDA，
　　　　　△DEQ＝△DEC

ゆえに，□PDQR＝□ABCD．

問題 3　D と E をむすぶ線分 DE の中点を M とする．線分 AM の延長が辺 BC と交わる点 P が求める点である．

　D, E から線分 AP に下ろした垂線の足をそれぞれ H, K とすれば，三角形 △DHM, △EKM は合同になり，$\overline{DH}=\overline{EK}$．△PAD, △PAE は，底辺 AP を共有し，高さが等しいから，面積が等しくなる．

問題 4　B から直線 XY に下ろした垂線 BH を等しい長さだけ延長した点を B′ とする．線分 AB′ を弦として，円周角が α となるような円をえがき，直線 XY との交点を P とすれば，P が求める点となる．

　∠BPY＝∠B′PY，∠APY＋∠BPY＝∠APY＋∠B′PY＝α となるからである．

問題 5　AO を 1 辺として，円 O′ の側にある正三角形を △AOK とする．△ACK は △ABO を A を中心として 60° の角度だけ回転させたものであるから，$\overline{CK}=\overline{BO}$．したがって，△ABC の頂点 C は K を中心として半径が円 O の半径に等しい円 K と円 O′ の交点となる．

作図　AO を 1 辺とする正三角形 △AOK を円 O′ の側にえがき，第 3 の頂点 K を中心として半径が円 O の半径に等しい円 K をえがく．円 K と円 O′ の交点を C とし，AC を 1 辺とする正三角形 △ABC を円 O の側にえがけば，△ABC が求める三角形となる．（円 K と円 O′ の交点 C は一般に 2 つある．）

　△ABO は △ACK を A を中心として 60° の角度だけ回転させたものであるから，$\overline{BO}=\overline{CK}$＝(円 O の半径)．ゆえに，B は円 O 上にある．

問題 6　A を頂点とし，1 辺 KM が直線 l 上にあるような正三角形を △AKM とする．△ABK は △ACM を A を中心として 60° の角度だけ回転させたものであるから，∠AKB＝∠AMC＝60°．したがって，求める三角形 △ABC の 1 頂点 C は，K（または M）を通り AK（または AM）と 60° の角度をもつ直線と直線 l' の交点となる．

作図　A を頂点とし，1 辺 KM が直線 l 上にあるような正三角形 △AKM をえがき，K を通り，直線 l および辺 AK と 60° の角度をもつ直線を引き，直線 l' との交点を C とする．AC を 1 辺とする △ABC が求める三角形である．

　△ACM は △ABK を A を中心として 60° の角度だけ回転させているから，∠AMK＝∠AKB＝60°．したがって，C は直線 l' 上にある．

問題 7　与えられた円 O に内接し，1 つの頂点 A を共有する正六角形，正十角形をつくり，それぞれの 1 辺を AB, AC とすれば，BC が求める正十五角形の 1 辺である．AB, AC の中心角はそれぞれ，$\frac{1}{6}\times 360°$，$\frac{1}{10}\times 360°$ だから，BC の中心角は，$\left(\frac{1}{6}-\frac{1}{10}\right)\times 360°=\frac{1}{15}\times 360°$ となるからである．

問題 8　円 O′ を l だけずらして円 O″ をえがき，円 O との交点を P とする．P を l だけ逆の方向にずらした点を Q とすれば，PQ が求める線分である．

　□QPO″O′ は平行四辺形だから，$\overline{QO'}=\overline{PO''}$，PQ＝O″O′＝$l$ となるからである．

問題 9　AB の中点を M とし，三角形 △APM をつくる．AC を 1 辺として，△APM と相似な △ACQ を △ABC の外側につくる．P を通り，AB に平行な直線が QA の延長と交わる点を R とする．3 点

P, Q, R を通る円をえがき，AC あるいは C をこえた延長との交点を E とし，線分 PE が AB と交わる点を D とする．このとき，直線 PDE は三角形△ABC の面積を二等分する $\left(\triangle ADE=\dfrac{1}{2}\triangle ABC\right)$.

このことはつぎのようにして証明できる．

△APM, △ACQ は相似で，M は AB の中点だから，$\overline{AP}:\overline{AC}=\overline{AM}:\overline{AQ}\Rightarrow \overline{AP}\times \overline{AQ}=\overline{AM}\times \overline{AC}=\dfrac{1}{2}\overline{AB}\times \overline{AC}$.

△APD, △AEQ について，∠PAD＝∠EAQ (△APM, △ACQ は相似)．∠ADP＝180°－∠RPD＝∠AQE (RP∥AD, □RPEQ は円に内接)．したがって，△APD, △AEQ は相似となり，$\overline{AP}:\overline{AE}=\overline{AD}:\overline{AQ}$, $\overline{AD}\times \overline{AE}=\overline{AP}\times \overline{AQ}=\dfrac{1}{2}\overline{AB}\times \overline{AC}$.

問題 10 A から OB に下ろした垂線 AC を 1 辺とする正方形□ACDE を O の反対側につくる．線分 OE が弧 AB と交わる点を S とし，S から OB に下ろした垂線の足を R とする．S を通り OB に平行な直線が OA と交わる点を P とし，P から OB に下ろした垂線の足を Q とすれば，□PQRS が求める正方形となる．SR∥ED だから，$\overline{SR}:\overline{ED}=\overline{OS}:\overline{OE}$.

PS∥AE だから，$\overline{PS}:\overline{AE}=\overline{OS}:\overline{OE}\Rightarrow \overline{SR}=\overline{PS}$. □PQRS は正方形となる．

問題 11 円 P が半径 OB，弧 AB に接する点をそれぞれ Q, R とすれば，R は∠AOB の二等分線上にある．また，△PQR は二等辺三角形となり，

$\angle OPQ=90°-\dfrac{\alpha}{2}$, $\angle PRQ=45°-\dfrac{\alpha}{4}$.

作図 ∠AOB の二等分線と弧 AB の交点を R とし，R で OR に立てた垂線と OB の延長との交点を C とし，∠OCR の二等分線と OR との交点を P とする．P を中心とする半径 $\overline{PQ}=\overline{PR}$ の円が求める円 P である．

問題 12 $\overline{PA}:\overline{PB}=p:q$ だから，P は線分 AB のアポロニウスの円上にある．すなわち，AB を $p:q$ の比に内分，外分する点を D, E とするとき，P は DE を直径とする円上にある．同じように，$\overline{PA}:\overline{PC}=p:r$ だから，AC を $p:r$ の比に内分，外分する点を F, G とするとき，P は FG を直径とする円上にある．

作図 AB を $p:q$ の比に内分，外分する点 D, E をむすぶ線分 DE を直径とする円と，AC を $p:r$ の比に内分，外分する点 F, G をむすぶ線分 FG を直径とする円をえがく．この 2 つの円の交点を P とすればよい．

❖ 第 8 章　アポロニウスの十大問題（幾何の歴史的問題）

パッポスの問題　△ABC の外接円 O をえがき，弧 BC の中点を M とすれば

$$\angle MBC=\angle MAC=\angle MAB=\dfrac{\alpha}{2}$$

したがって，MB は M から△ABD の外接円に引いた接線となり

$$\overline{MB}^2=\overline{MA}\times \overline{MD}=\overline{MA}\times (\overline{MA}-\overline{AD})$$

$d=\overline{AD}$ だから，$x=\overline{MA}$, $f=\overline{MB}$ とおけば

$$f^2=x(x-d)=x^2-dx=\left(x-\dfrac{d}{2}\right)^2-\left(\dfrac{d}{2}\right)^2$$

作図　長さ a の線分 BC を引き，BC に対する円周角が α となるような円 O をえがく．反対側の弧 BC の中点 M をとる．$f=\overline{MB}$ とおいて，直角をはさむ 2 辺の長さが $f, \dfrac{d}{2}$ の直角三角形をえがき，その斜辺より $\dfrac{d}{2}$ だけ長い線分を引き，その長さを x とする．M を中心として半径 x の円をえがき，円 O との交点を A とすれば，△ABC が求める三角形である（A′もありうる）．

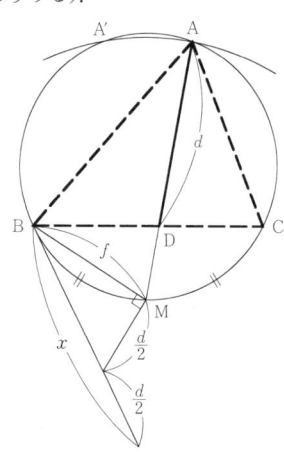

図-解答 8-パッポスの問題

パッポスの定理 △BPQ と直線 CAS に対してメネラウスの定理(第 4 章問題 I-4)を適用すると

$$\frac{\overline{QA}}{\overline{BA}} \times \frac{\overline{BC}}{\overline{PC}} \times \frac{\overline{PS}}{\overline{QS}} = 1$$

△BPQ と 3 直線 PA, BR, QC に対してチェバの定理(第 4 章問題 I-7)を適用すると

$$\frac{\overline{QA}}{\overline{BA}} \times \frac{\overline{BC}}{\overline{PC}} \times \frac{\overline{PR}}{\overline{QR}} = 1$$

ゆえに, $\dfrac{\overline{RP}}{\overline{RQ}} = \dfrac{\overline{SP}}{\overline{SQ}}$.

レギオモンタヌスの問題 辺 BC の C をこえた延長上に点 E をとり, ∠CDE＝∠ADB となるようにする. △DCE は △DAB と相似となり

$$\overline{AB} : \overline{CE} = \overline{DB} : \overline{DE} = \overline{DA} : \overline{DC}$$
$$a : \overline{CE} = \overline{DB} : \overline{DE} = d : c$$

$$\overline{CE} = a \times \frac{c}{d}, \quad \overline{DB} : \overline{DE} = d : c$$

作図 長さ b の線分 BC を引き, C をこえて $a \times \dfrac{c}{d}$ の長さに等しくなるように延長した点を E とする. 線分 BE にかんする比例比 $d:c$ のアポロニウスの円をえがき, C を中心として半径 c の円との交点を D とする. B, D を中心として半径がそれぞれ a, d の円をえがき, その交点を A とすれば, □ABCD が求める四角形である.

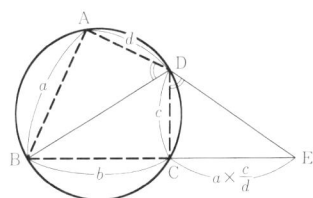

図-解答 8-レギオモンタヌスの問題

フェルマーの問題 各辺を見込む角がお互いに等しく, 120° となるような点 P_0 が求める点である. ∠AP_0B＝∠AP_0C＝∠BP_0C＝120°.

この点 P_0 が求める点となることはつぎのレンマからかんたんにわかる.

レンマ P が A を中心とし, △ABC の内部にある定円弧上を動くとき, $\overline{PB} + \overline{PC}$ が最小になるために必要, 十分な条件は, ∠APB＝∠APC となることである.

レンマの証明 ∠APB＝∠APC となる点 P における定円の接線が AB, AC と交わる点をそれぞれ Q,
R とし, QPR に対する C の対称点を C' とする. 定円上の任意の点 P' について P'B と QPR との交点を S とすると, $\overline{P'B} + \overline{P'C} > \overline{SB} + \overline{SC}$. また $\overline{SC} = \overline{SC'}$ だから $\overline{SB} + \overline{SC} = \overline{SB} + \overline{SC'} > \overline{BC'} = \overline{PB} + \overline{PC}$. 逆も明らか.

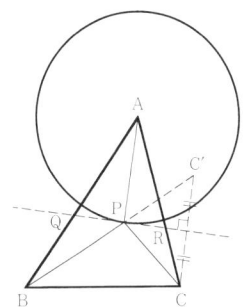

図-解答 8-フェルマーの問題(レンマ)

シュタイナーの作図 AC の中点を M とし, △ABC のなかに, △ABP∽△AQM となるような点 Q をとる. (第 7 章問題 III-9 の解答と同じようにすればよい.)

BP と QM の交点を N とし, P, N, Q を通る円をえがく. その円と AC との交点を E, EP と AB との交点を D とすると, ∠NPE(＝∠DPB)＝∠NQE. また ∠ABP＝∠AQM⇒∠ADP＝∠ABP＋∠DPB ＝∠AQM＋∠NQE＝∠AQE⇒△ADP∽△AQE⇒ $\overline{AD} : \overline{AQ} = \overline{AP} : \overline{AE}$. また $\overline{AP} : \overline{AM} = \overline{AB} : \overline{AQ}$ ⇒ $\overline{AD} \times \overline{AE} = \overline{AP} \times \overline{AQ} = \overline{AB} \times \overline{AM} = \dfrac{1}{2} \overline{AB} \times \overline{AC}$.

△ADE の面積は △ABC の面積の半分になる.

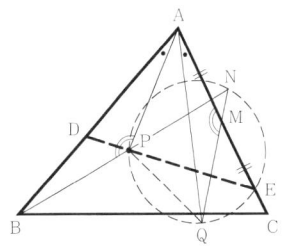

図-解答 8-シュタイナーの作図

ブロカールの問題 B において BC に立てた垂線と AB の垂直二等分線が交わる点 O を中心として, 半径 $\overline{OA} = \overline{OB}$ の円 O をえがく. また, A において AB に立てた垂線と AC の垂直二等分線が交わる点 O' を中心として, 半径 $\overline{O'A} = \overline{O'C}$ の円 O' をえがく.

この2つの円O,O'のA以外の交点をPとすれば，Pが求めるブロカール点である．

BCは円Oに接するから，∠PAB=∠PBC．また，ABは円O'に接するから，∠PCA=∠PAB．したがって，∠PAB=∠PBC=∠PCA．

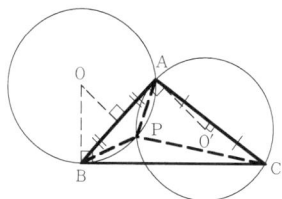

図-解答 8-ブロカールの問題

フォイエルバッハの定理 AB>ACとする．Aと内心Iをむすぶ直線がBCと交わる点をDとし，Dから円IにBC以外の接線を引き，その接点EとBCの中点Mとをむすぶ直線が円Iと交わる点をKとすれば，Kは九点円上にある．このことはつぎのようにして証明できる．

接線DEの延長がABと交わる点をC'とし，CC'とADの交点をFとすれば，FはCC'の中点で，AF⊥CC'．AからBCに下ろした垂線の足をHとすれば，□AFHCは円に内接し，∠FHD=∠DAC．また，FM∥AB⇒∠MFD=∠DAB=∠DAC⇒∠FHD=∠MFD⇒MFは△FDHの外接円に接する．

$$\overline{MF}^2 = \overline{MD} \times \overline{MH}$$

$$\overline{MF} = \frac{1}{2}\overline{BC'} = \frac{1}{2}(\overline{AB}-\overline{AC})$$

一方，BCが内接円Iと接する点をPとすれば，$\overline{MP}=\frac{1}{2}(\overline{AB}-\overline{AC})$が成立することがかんたんな計算でわかるから，$\overline{MF}=\overline{MP}\Rightarrow\overline{MD}\times\overline{MH}=\overline{MP}^2=\overline{ME}\times\overline{MK}\Rightarrow$□KEDHは円に内接する．

したがって，∠MKH=∠C'DB=∠AC'D−∠B=∠C−∠B．

九点円について，弦MHの円周角が∠C−∠Bとなることが，これもかんたんな計算でわかるから，Kは九点円上にあることが証明された(第2章問題II-11)．

Kにおける九点円の接線をKTとすれば，∠TKM=∠KHM．また□KEDHは円に内接するから，∠KHM=∠C'EK⇒∠TKM=∠C'EK．C'Eは円Iの接線だから，KTは内接円Iの接線ともなっている．ゆえに内接円Iは九点円に内接する．傍接円についても，同じようにして証明できる．

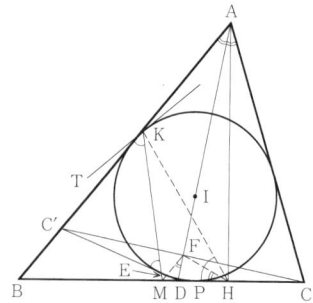

図-解答 8-フォイエルバッハの定理

宇沢弘文（1928〜2014）
東京大学理学部数学科卒業，スタンフォード大学助教授，シカゴ大学教授，東京大学教授，新潟大学教授，中央大学教授など歴任．
専攻―経済学
主著―『自動車の社会的費用』
　　　『経済学の考え方』
　　　『社会的共通資本』(以上，岩波新書)
　　　『二十世紀を超えて』
　　　『始まっている未来 新しい経済学は可能か』
　　　『宇沢弘文著作集―新しい経済学を求めて』(全12巻)
　　　『経済解析 基礎篇』
　　　『経済解析 展開篇』(以上，岩波書店)

図形を考える――幾何　新装版 好きになる数学入門2
2015年9月18日　第1刷発行
2019年8月6日　第2刷発行

著　者　宇沢弘文（うざわひろふみ）
発行者　岡本　厚
発行所　株式会社　岩波書店
　　　　〒101-8002 東京都千代田区一ツ橋2-5-5
　　　　電話案内 03-5210-4000
　　　　https://www.iwanami.co.jp/

印刷製本・法令印刷　カバー・精興社

©㈲宇沢国際学館 2015
ISBN 978-4-00-029842-1　Printed in Japan

新装版

好きになる数学入門 全6巻

数学はつまらない，わからない．それは考える力を育てずに，ただ覚えこもうとするからかも．数学は，はるか昔から人間の活動と深く結びつき，ほんとうは誰でもわかるものなのです．経済学者として大きな業績をのこした著者が，誰もが数学好きになってくれるよう願って書いた，ひと味違う数学の本．好評にこたえて新装再刊．

B5変型・並製カバー・平均228頁・定価(本体2600円+税)
＊本体 2700 円

＊1 方程式を解く ── 代数
方程式がわかれば数学好きになれます．数学の歴史を楽しく読みすすめながら，むずかしい算数の問題も実感をもって理解できます．

＊2 図形を考える ── 幾何
幾何は，わかればとびきり楽しい分野です．アポロニウスの十大問題に挑戦してみましょう．数学史の話もたくさん入っています．

3 代数で幾何を解く ── 解析幾何
座標と代数を使うと，むずかしい幾何の問題も，かんたんに解けてしまいます．2次曲線の性質もどんどんわかって楽しくなります．

4 図形を変換する ── 線形代数
線形代数を使うと，連立方程式は計算がかんたんになり，その意味がよくわかります．あなたの数学の世界はさらに広がっていきます．

5 関数をしらべる ── 微分法
単純な関数のグラフの傾きを計算することから，微分の考え方を理解します．いろいろな関数のグラフが描け，曲線の性質もわかります．

6 微分法を応用する ── 解析
積分の考え方と計算法を身につけ，さまざまな図形の面積や回転体の体積を求めます．そしてニュートンの万有引力の法則を導きます．

(2019年8月現在)